面向中国国家公园空间布局的自然景观保护优先区评估

NATURAL LANDSCAPE PROTECTED PRIORITIES
ASSESSMENT FOR SPATIAL DISTRIBUTION OF
NATIONAL PARKS IN CHINA

杜傲　卢琳琳　徐卫华◎著

中国林业出版社

图书在版编目(CIP)数据

面向中国国家公园空间布局的自然景观保护优先区评
估 / 杜傲, 卢琳琳, 徐卫华著 . -- 北京 : 中国林业出
版社, 2021.5

　　ISBN 978-7-5219-1214-2

　　Ⅰ. ①面… Ⅱ. ①杜… ②卢… ③徐… Ⅲ. ①国家公
园—自然景观—自然保护区—评估—中国 Ⅳ.
①S759.992

　　中国版本图书馆CIP数据核字(2021)第115444号

　　审图号GS(2021)6769号

中国林业出版社 · 自然保护分社（国家公园分社）
策划编辑: 肖静
责任编辑: 肖静

出版　中国林业出版社（100009　北京市西城区德内大街刘海胡同 7 号）
　　　　http://www.forestry.gov.cn/lycb.html　电话:（010）83143577
发行　中国林业出版社
印刷　河北京平诚乾印刷有限公司
版次　2021 年 5 月第 1 版
印次　2021 年 5 月第 1 次印刷
开本　710mm×1000mm　1/16
印张　17
字数　276 千字
定价　80.00 元

PREFACE

前言

我国疆域辽阔，自然条件复杂，形成了类型多样、丰富多彩的自然景观，拥有山地、海岸、冰川、喀斯特、丹霞等地文景观，河流、湖泊、瀑布等水域风光，森林、草地、野生动物栖息地等生物景观，及云海、极光、冰雪等天象景观，成为地方乃至国家的形象代表和"名片"。许多珍贵的自然景观被联合国教科文组织列为世界级"保护地"，包括55处世界遗产、34处世界生物圈保护区、39处世界地质公园，成为世界自然遗产的重要组成部分。

我国为了保护自然生态系统、野生生物、自然景观和遗迹等重要的自然资源建立了自然保护地。在我国自然保护地建设的60多年中，已形成各级各类自然保护地10000多处，其中，有8000多处涉及我国具有国家或区域重要意义的自然景观保护或脆弱、易受威胁和破坏的自然景观保护。然而，我国自然保护地体系仍存在重叠设置、多头管理、边界不清、权责不明、保护与发展矛盾突出等问题。对于以上问题，2019年，中共中央办公厅和国务院办公厅印发了《关于建立以国家公园为主体的自然保护地体系的指导意见》，明确了建立以国家公园为主体、自然保护区为基础、自然公园为补充的自然保护地体系。其中，国家公园主要保护我国自然生态系统中最重要、自然景观最独特、自然遗产最精华、生物多样性最富集的区域。

自然景观是国家公园的重要组成部分，其独特性和代表性成为建立国家公园的关键指标，也是国家公园全民公益性的直接反映。通过建立国家公园，我国对最独特且具有代表性的自然景观实行最严格的保护，为子孙后代留下珍贵的自然遗产。本书从国家公园布局规划的角度，对全国自然景观的典型性、观赏性、原真性、完整性、历史文化价值进行了综合评估，明确了我国自然景观的保护重要性等级和优先分布区。其主要内容包括以下六个方面：明确了自然景观范畴，对我国自然景观进行分类；整理了自然景观名录，并收集相关信息；制定了自然景观评估指标体系和标准，评估自然景观的重要性等级，明确其空间分布；根据我国国家公园建设对自然景观的要求，识别了自然景观保护优先区；分析了自然景观保护优先区对于自然景观、重要生态系统、重点保护物种、生态系统服务功能的保护效果；提出了我国基于自然景观保护的国家公园空间布局建议。由于香港、澳门、台湾的数据资料不全，本书关于自然景观的研究范围暂不包括香港、澳门、台湾。

本书得到了中国科学院A类战略性先导科技专项"全国自然保护地体系规划研究"和保尔森基金会、河仁基金会"中国国家公园总体空间布局研究"的资助。在撰写过程中，多次召开专家研讨会，得到了中国科学院生态环境研究中心、中国科学院大学建筑研究与设计中心、中国科学院地理科学与资源研究所、中国科学院动物研究所、清华大学、北京大学、北京林业大学、自然资源部第一海洋研究所、世界自然联盟中国代表处、国家林业和草原局调查规划设计院、中央美术学院、中国林业科学研究院、中国环境科学研究院、国家林业和草原局昆明勘查设计院、云南大学、东北林业大学、北京联合大学等单位专家的支持，为自然景观类型的划分、评估指标的构建、评估标准的制定提供了宝贵的意见，在此表示衷心的感谢。

　　由于本书涉及内容广泛，数据繁多，加上作者的能力和水平有限，不当之处在所难免，敬请读者批评指正。

著者

2021年5月于北京

目 录 CONTENTS

面向中国国家公园空间布局的自然景观保护优先区评估
NATURAL LANDSCAPE PROTECTED PRIORITIES ASSESSMENT
FOR SPATIAL DISTRIBUTION OF NATIONAL PARKS IN CHINA

第 1 章

我国自然景观与国家公园概况

Chapter　One

　　我国国土辽阔，海域宽广，自然资源丰富，孕育了复杂多样的地形地貌、生态系统，以及珍稀濒危野生生物资源，形成了丰富而珍贵的自然景观。它们是区域和国家的形象代表。保护自然景观等自然资源，为子孙后代留下珍贵的自然遗产，是我国新时期自然保护的使命。建立以国家公园为主体的自然保护地体系，是我国生态文明建设的重要内容。国家公园是国际公认的自然保护最有效手段之一，通过建立国家公园，可以对我国独特且具有代表性的自然景观实行最高级和最严格的保护。针对我国自然景观进行系统评估，全面了解自然景观的保护价值，识别自然景观保护的重要区域，以建立国家公园及相应自然保护地，实现对自然景观的合理有效保护。

1.1　我国自然景观保护现状及存在的问题

1.1.1　我国自然景观保护现状

　　目前，我国具有联合国教科文组织收录的55处世界遗产、34处世界生物圈保护区、39处世界地质公园，成为世界级"保护地"，以保护我国具有世界意义的自然遗产、自然生态系统、自然景观和遗迹。我国自1956年建立第一个自然保护区以来，自然保护地发展迅速。据不完全统计，目前，拥有各级各类自然保护地12797处，与自然景观保护相关的自然保护地主要有自然保护区、风景名胜区、森林公园、地质公园、湿地公园、沙漠公园、海洋公园等，约8000多处，总面积近200万km²，覆盖全国各省（直辖市、自治区），主要保护我国具有国家或区域重要价值的景观，或脆弱、易受威胁和破坏的自然景观区域，包括森林、草原、湿地、沙（荒）漠、珍稀濒危野生动植物栖息地、自然遗迹、海岸与海岛等。

1.1.2　自然景观存在的问题

　　受自然环境和人类因素的影响，部分自然景观仍受到威胁。自然环境变化方面，如土地沙化、草场退化使草原草甸面积减小，景观完整性受到破坏；全球气候变化，导致区域性和季节性水资源短缺问题突出，西北地区湖泊湿地蒸发量和人为用水量大，西藏高原湖泊水位下降、湖泊面积萎缩，河流径流量呈减少趋势，沼泽湿地退化等；森林过度砍伐使得森林面积减小，树种单一，生物多样性减少，物种栖息地受到威胁，景观的原真性和完整性受到极大的破坏；西南地区喀斯特石漠化现象，导致喀斯特景观受到破坏；地震、山火等自然灾害也对自然景观产生巨大威胁。

人类胁迫方面，主要体现在：第一，人类的生产活动，例如，砍伐、放牧、狩猎、捕捞、采药、开矿、采石、围湖造田等对自然景观产生不良影响；第二，经济社会的发展使城镇化进程加快，城镇建设用地面积不断增加，公路、铁路路网发达使森林、湿地、栖息地等景观的完整性和原真性被破坏；第三，旅游活动的影响，主要有游客数量过多，超过旅游区承载力，游客的不文明行为导致景观受到破坏，索道、观景台、酒店、餐厅等旅游设施的不合理建设，及区域内固体废弃物污染、水污染、噪声污染、空气污染等环境问题。

当前，我国自然保护地虽对自然景观起到了良好的保护作用，却也存在诸多问题：第一，缺乏保护地总体发展战略与规划，机构改革前各部门根据自身的职能建设了不同类型的保护地，保护地类型多样，但各类保护地的功能定位交叉；第二，单个保护地面积小，保护地破碎化、孤岛化现象严重，未形成合理完整的空间网络，影响保护效果；第三，不同类型的保护地空间重叠，"一地多牌"的保护地等现象普遍，导致多头管理、定位矛盾、管理目标模糊；第四，保护与开发利用的矛盾突出，保护成效不高（Xu et al.，2019；Xu et al.，2017；欧阳志云等，2014）。

1.2 国家公园功能定位与发展目标

1.2.1 国家公园定义

国家公园的概念源自美国，1872年美国建立了世界上第一个国家公园——黄石国家公园。经过100多年的发展，目前，全世界已有100多个国家建立了10000多处国家公园，其在生态系统、自然遗产和景观等自然资源保护方面扮演着重要角色，也是自然保护地体系中影响最广、深受世界人民欢迎的类别，促进了人类对大自然的认识和保护，构成了全球自然保护地体系最具生命力的一道亮丽风景线。美国、加拿大、南非、巴西、澳大利亚、日本、法国等国家的国家公园建设较发达，具有代表性。其中，美国国家公园体系建设最早，并十分完备，以保护其区域内多种多样的自然资源为主，被誉为"美国最好的想法"（National Park Service，1972）；加拿大国家公园建设紧随美国之后，以保护所有代表性的重要自然区域为主，并鼓励公众认识、欣赏和享受，为子孙后代留下完整的自然遗产（Environment Canada Parks Services，2019）；德国国家公园以保护独特、完整、大面积的自然区域为主，并为公众提供接触自然的机会（Heiland et al.，2012）；法国国家公园以保护植物、动物、土壤、空气、水、景观等自然环境为主，同时保护相应的独特文化遗产（Guignier and Prieur，2010）；英国国家公园以保护和加强区域内的自然和文化遗产为主，并促进公众了解和享受其特殊价值（UK Law，1949）；澳大利亚国家公园以保护自然生态系统为主，并兼具娱乐、进行自然环境研究和公众休闲等功能（Australia Government，2018）；南非国家公园以保护完整的生态系统、具有国家或国际重要性的生物多样性、具有代表性的自然系统、景观或文化遗产为主，为公众提供与环境相适的精神、科学、教育和游憩机会，并在可行的前提下为经济发展作出贡献等（SANParks，2019）。世界自然联盟（International Union for Conservation of Nature，IUCN）将国家公园划为自然保护地管理体系的第Ⅱ类，是大面积的自然或接近自然的生态系统保护起来的区域，以保护大范围的生态过程及其包含的物种和生态系统特征，同时，提供环境与文化兼容的精神享受、科学研究、自然教育、游憩和参观的机会（Dudley，2016）。

我国在生态文明建设的大背景下，稳步推进自然保护工作，逐步开展国家公园建设，以建立国家公园为契机，解决我国自然保护地体系的问题，实现自然生态系统、生物多样性和自然景观的有效保护。十八届三中全会通过的《中共中央关于全面深化改革若干重大问题的决定》明确提出，"划定生态保护红线。坚定不移实施主体功能区制度，建立国土空间开发保护制度，严格按照主体功能区定位推动发展，建立国家公园体制"，明确了建立国家公园体制的要求，并将之列为全面深化改革的优先工作领域之一（新华社，2013）；《中共中央国务院关于加快推进生态文明制度建设的指导意见》强调，"建立国家公园体制，实行分级、统一管理，保护自然生态和自然文化遗产原真性和完整性"（中共中央和国务院，2015）。《生态文明建设体制改革总体方案》，以及十八届五中全会进一步明确了关于国家公园体制建设的要求（中共中央和国务院，2015）。按照国务院统一部署，国家发展和改革委员会联合13个部委在全国9个省（直辖市）开展国家公园体制建设试点，《关于印发建立国家公园体制试点方案的通知》明确9个试点区，并提出试点建设目标和体制改革方向。2017年，中共中央办公厅和国务院办公厅印发了《建立国家公园体制总体方案》，提出国家公园是由国家批准设立并主导管理，边界清晰，以保护具有国家代表性的大面积自然生态系统为主要目的，实现自然资源科学保护和合理利用的特定陆地或海洋区域（中共中央办公厅和国务院办公厅，2017），成为我国国家公园建设的重要标志。2019年，中共中央办公厅、国务院办公厅印发的《关于建立以国家公园为主体的自然保护地体系的指导意见》明确了我国自然保护地体系的保护目标和建设要求，开启了我国自然保护地体系改革的新历程，提出国家公园是以保护具有国家代表性的自然生态系统为主要目的，实现自然资源科学保护和合理利用的特定陆域或海域，是我国自然生态系统中最重要、自然景观最独特、自然遗产最精华、生物多样性最富集的部分，保护范围大，生态过程完整，具有全球价值、国家象征，国民认同度高（中共中央办公厅和国务院办公厅，2019）。

国家公园是保护具有国家代表性的自然生态系统、自然景观和珍稀濒危动植物生境原真性、完整性而划定的严格保护与管理的区域，目的是为给子孙后代留下珍贵的自然遗产，并为人们提供亲近自然、认识自然的场所。国

006

面向中国国家公园空间布局的自然景观保护优先区评估
NATURAL LANDSCAPE PROTECTED PRIORITIES ASSESSMENT
FOR SPATIAL DISTRIBUTION OF NATIONAL PARKS IN CHINA

家公园与其他保护地共同构成我国自然保护体系，是保障国家生态安全的基础（欧阳志云等，2018）。

1.2.2　国家公园功能定位

国家公园是我国自然保护地最重要类型之一，属于全国主体功能区规划中的禁止开发区域，纳入全国生态保护红线区域管控范围，实行最严格的保护，其首要功能是重要自然生态系统的原真性、完整性保护，同时兼具科研、教育、游憩等综合功能（国务院，2017），是我国科学、美学和历史文化价值最高、最有代表性的地域空间综合体（谢凝高，2015）。国际上对于国家公园的定位通常为国家自然保护体系主要组成部分，以保护具有国家和区域代表性生态系统和自然景观为主要目标，并具有自然保护与游憩教育的双重功能。我国国家公园具有以下特征。

（1）国家公园是国家自然保护地类型之一，是国家自然保护地体系的主体

自1956年，我国建立第一个自然保护区以来，为了保护生物多样性、自然遗迹，以及森林、草地、湿地等自然资源，我国建立了自然保护区、风景名胜区、森林公园、地质公园、湿地公园、种质资源保护区、水源涵养区等类型的保护地。为了加强对具有国家代表性的自然生态系统、自然景观和珍稀濒危动植物生境的保护，为给子孙后代留下珍贵的自然遗产，并为人们提供亲近自然、认识自然的场所，我国提出建立国家公园。国家公园作为我国新的保护地类型，是国家保护地体系的一个重要类型和主要组成部分，是对现有保护体系的完善和空间优化，提高了自然保护地体系对国家经济社会可持续发展的支撑能力。

（2）国家公园具有全民公益性，是公众亲近自然的重要场所

国家公园属于全体人民，其不仅要保护自然生态系统和自然遗产原真性、完整性，同时，还是公众接触自然、亲近自然、开展生态教育和生态旅游的重要场所，必须保证国家公园无价遗产的全民利益最大化、国家利益最大化、民族利益最大化和人类利益最大化（杨锐，2017）。建立国家公园以服务社会，

为人民提供优质生态产品，为全社会提供科研、教育、体验、游憩等公共服务，因此国家公园具有保护与休闲游憩的双重功能。

（3）国家公园注重维持人与自然的永续发展，为子孙后代留下宝贵遗产

自然生态系统是人类赖以生存的生命支持系统，为人类提供生存空间和基本的生产资料，保持自然生态系统的完整、健康，直接关系到经济社会可持续发展，是国家安全的重要组成部分。自然景观和自然遗迹代表着国家独特的自然风景和地球的历史演变，是民族发展与历史进步的重要载体。建立国家公园保护自然生态系统和自然景观、遗迹，维护生物多样性，以维持人与自然和谐相处，实现资源的永续利用，并为子孙后代留下珍贵的自然遗产。

1.2.3 国家公园发展目标

（1）国家公园以保护具有国家代表性生态系统和自然景观为目标

我国生态系统类型多样，包括森林、草原和草甸、荒漠、湿地等代表性生态系统；同时，我国疆域辽阔、地大物博，复杂的地形地貌和气候条件，及丰富的生物资源，发育并保存了独特的自然景观。建立国家公园保护生态地理区代表性生态系统、生物区系与自然景观，实现资源的永续利用，并将宝贵的自然遗产留给子孙后代。

（2）国家公园有效保护生态系统结构、过程与功能的完整性

国家公园的目的是有效保护自然生态系统和自然景观，以及所具有生物多样性及其构成的生态结构和生态过程。我国生态系统类型多样、结构与过程复杂，自然景观资源丰富。由于受多部门和分级管理体制的制约，现有保护地体系面临类型多、数量多、总面积大、单个保护地面积小，保护地破碎化等问题，难以实现对生态系统结构、过程和生物区系的有效保护。通过国家公园建设，对具有重要保护意义的区域进行统一保护，整合各类保护地，实现生态系统与自然景观的整体保护。

（3）以建设国家公园带动自然保护地体系改革，优化保护地空间

建立国家公园体制，优化整合国家公园内的自然保护地，解决各保护地

之间的交叉重叠、多头管理、保护碎片化等问题，提高保护效率，保证了自然生态系统的完整性，也使物种多样性和栖息地得到有效、全面的保护。由于我国保护与开发利用的矛盾突出，保护成效不高，对重点保护植物、哺乳类、鸟类、两栖类、爬行类等物种的栖息地保护比例不高，对生态系统服务重点区域的保护也存在缺失。通过建立国家公园，完善保护地结构，填补保护空缺，使保护效率得到提升，并保障国家生态安全。

1.3　自然景观与国家公园的关系

1.3.1　建立国家公园是自然景观保护的有效手段

国家公园是大面积的自然或接近自然的区域，其设立的目的根据不同国家的资源条件和实际状况各有不同，但其建立的根本原则和首要目标均是自然保护，包括大面积的陆地或海洋生态系统，大尺度的生态过程，动物、植物、土地、空气、水及常规自然环境，生物和基因资源，及独特、美丽的自然景观。针对自然景观，美国国家公园对代表性的自然风景和自然遗产施以最高标准的保护，以免受到破坏（National Park Service，2006）；澳大利亚国家公园保护具有国家和世界意义的自然风景区域（Australia Government，2018）；南非国家公园包含南非代表性自然系统、风景名胜或文化遗产地的典型例证（Government Gazette，2004）；法国每一个国家公园都建立了对应的行政管理机构，其工作内容包括支持自然、文化和物质遗产的保护政策，支持和制定旨在增强知识和监测自然、文化和物质遗产的举措等（France Laws，2006）。

作为世界遗产总数居世界第一的国家，我国拥有众多珍贵的自然景观，不论是数量还是质量，都占据了重要地位，是我国重要的遗产，也是世界自然景观的重要组成部分，这些遗产不但有突出普遍的科学、美学或历史文化价值，而且必须保存"原作"的真实性和完整性（谢凝高，2000）。我国对于自然景观的保护，具有良好的成效，但也存在一些问题，主要有保护地重叠，一个景观区域挂有多个"牌子"，导致保护效率降低；景观保护不全面，存在保护空缺；

多数自然景观的保护已建立森林、湿地、沙漠、地质、海洋公园等，保护级别和管理的严格程度较低，导致了景观资源的破坏。因此，有必要通过建立国家公园，整合保护地建设，解决保护地重叠和保护空缺等问题；同时，国家公园作为我国最严格的保护地类型，可以有效保护我国最具有代表性的自然景观，实现对于自然景观的良好保护，为子孙后代留下珍贵的自然遗产。

1.3.2　自然景观在国家公园建设中具有重要地位

自然景观是国家公园建立的重要组成部分。纵观国家公园发展的历史，国家公园在建立之初，以自然景观作为其选址的首要依据，最早的国家公园就是"风景最优美的自然区域"（National Park Services，1972），之后，随着人们对于生态系统、野生动植物认知的加深，国家公园的定义和定位才得以逐渐完善，而自然景观始终是国家公园的重要组成部分。我国国家公园的建设也充分考虑自然景观状况，注重自然景观的国家代表性、原真性和完整性等，国家公园的选划布局以生态系统优先保护区、野生动植物物种集中分布区和代表性自然景观保护优先区为重点参考对象（欧阳志云等，2018）。

自然景观是国家公园的重点保护目标之一。国家公园的保护目标包括具有国家代表性的自然生态系统、最独特的自然景观、最精华的自然遗产，及生物多样性最富集的部分。自然景观作为国家公园的保护目标之一，通过设立国家公园，保护区域内的山岳、峡谷、地质遗迹、沙漠、湖泊、河流、沼泽、森林、草原、栖息地等自然景观，在坚持"山水林田湖草"作为一个生命共同体的同时，使其所反映出来的外在视觉表征的山川河流、森林草原、野生动植物等自然景观得到充分保护。

自然景观是国家公园全民公益性的直接反应。国家公园为公众提供环境与文化兼容的精神享受、科学研究、自然教育、游憩和参观的机会，具有全民公益性；自然景观作为国家公园的重要组成部分和保护对象，其独特性和观赏价值具有极强的旅游吸引力，是公众接触自然的动力，成为国家公园公益性的直接反映。

010

面向中国国家公园空间布局的自然景观保护优先区评估
NATURAL LANDSCAPE PROTECTED PRIORITIES ASSESSMENT
FOR SPATIAL DISTRIBUTION OF NATIONAL PARKS IN CHINA

因此，国家公园与自然景观具有密切联系，国家公园可以有效地保护自然景观，自然景观是国家公园重要组成部分，是国家公园的重点保护目标之一，也是国家公园全民公益性的直接反应。自然景观与生态系统、野生动植物物种共同组成国家公园的主要评估对象和重点保护目标，自然景观始终是各国建立国家公园需要考虑的主要因素之一。从科学的角度，自然景观是地球历史演变过程形成的代表性例证；从政策管理的角度，国家公园是自然景观的"避难所"，可以有效保护所在区域内的自然景观；从公众的角度，自然景观是公众与公园和自然间的桥梁，通过自然景观所产生的旅游吸引力，带动公众参观国家公园，进而接触大自然。

1.4　自然景观评估研究概况

1.4.1　自然景观概念

（1）风景园林学角度

"景观"一词最早出现在希伯来文本的《圣经》旧约全书中，用来描写耶路撒冷的瑰丽景色（Naveh and Lieberman，1984），并在欧洲广泛发展。16与17世纪，荷兰语将景观描述为自然景色，主要针对绘画术语，后引入英语，为"landscape"一词，泛指陆地自然风景（黄清平等，1999；Clark，1985），随后，18世纪英国学者Repton将景观概念引入园林设计，19世纪Humboldt将其引入地理学，Troll将其融入生态学（吴明霞等，2016）。《欧洲景观公约》将景观定义为，人们所感知的区域，其特征是自然和（或）人为因素的作用和相互作用的结果（ICOMOS，2017）。在我国，从东晋开始，"风景"成为艺术家们的重点研究对象，多出现于山水画领域，其含义也为文学艺术家们沿用至今（俞孔坚，1987）。在风景园林学中，景观的定义可大可小，可以指自然风光，也指一种环境空间，更突出强调"园林"。自然风景方面，学者以风景名胜、风景遗产、山水文化等为研究对象，探究风景的价值、性质、保护、展示、管理和传承等（刘敏等，2016；李可欣，2013；陈耀华等，2012；谢凝高，2010，1991a，b）。大尺度的风景规划，是国土空间规划体系重要组成部分，有利于全面认识资源保护和土地的综合利用，有效保护生态环境（李建伟，2019）。景观园林方面，主要从规划、设计等方面，关注城市和乡村生态、水体、植物、公园、基础设施等的建设（俞孔坚，2019，2010；周心琴等，2005；谢花林等，2003；刘滨谊等，2000）。

（2）地理学角度

"景观"一词古老并盛行，从地域到风景，拥有多重意义。景观地理是地理学传统的综合研究领域，大多数欧洲国家把这一领域的研究称为景观学或景观地理学，个别欧洲国家和我国称之为综合自然地理学（王凤慧，1987）。地理学中，景观概念最早来自Humboldt，他指出了景观的空间性及其自然和文化特征，景观概念的地理学方法强调空间部分中自然与文化过程之间的关系，并提出"自然地域综合体"，赋予了景观在地理学意义上的科学内涵（Freitas，2003）。Antrop（1989）提出，自然景观定义主要包括三个方面：第一，景观是一个整体的实体或者现象；第二，景观是被感知的土地的一部分，因此与观察者的理解和评估相关联；第三，景观是具有独特历史的动态现象。而Muir（1999）认为景观涉及的面很广，难以有明确的定义，包括景观历史和景观遗产，景观历史实践、结构和风景方法，景观意识、政治和权力，景观评估，象征性景观，美学方法，景观和场所。《中国大百科全书·地理学》（1990）将景观解释为四大方面：①某一区域的综合特征，包括自然、经济、人文诸方面；②一般自然综合体；③区域单位，相当于综合自然区划等级系统中最小一级的自然区；④任何区域分类单位。景观在地理学上是一种具体的一元物体，具有形式和结构，是区域或有限的土地，是地理学的研究对象之一（吴明霞等，2016）。

（3）生态学角度

景观生态学是一门研究和改善环境中的生态过程与特定生态系统之间的关系的学科，并建立在多种景观尺度，发展空间格局，以及研究和政策的组织层次上（Wu，2006），主要研究宏观尺度上景观类型的空间格局和生态过程的相互作用及其动态变化特征（傅伯杰等，2016）。作为生态学、地理科学和环境科学之间的一门综合交叉学科，景观生态学（landscape ecology）一词首先由德国的Troll于1939年提出，他认为景观不是一种精神构造，而是一种客观赋予的"有机实体"，即空间的和谐个体，把景观看作是人类生活环境中的"空间的总体和视觉所触及的一切的整体"（Troll，2007）。Forman和Godron（1986，1981）将景观定义为由一系列相互作用的生态系统组成的异质性区域，整个生态过程以相似的形式重复，并将森林、草地、沼泽和村庄列入景观生态系统作为范例，景观范围至少是几千米宽的区域。Wiens（1999）认为，无论规模如何，景观都是空间格局影响生态过程的模板。景观生态学的研究对象和内容包括：①景观结构，即景观组成单元的类型、多样性及其空间关系；②景观功能，即景观结构与生态学过程的相互作用，或景观结构单元之间的相互作用；③景观动态，即指景观在结构和功能方面随时间推移发生的变化（邬建国，2000）。作为景观生态学的重要学科基础，景观具有"风景""自然综合体""异质性镶嵌体"等多种含义，是风景美学、地理学和生态学等学科的研究对象（角媛梅等，2003），并由不同土地单元镶嵌组成，具有明显视觉特征的地理实体，处于生态系统之上、大地理区域之下的中间尺度，兼具经济、生态和美学价值（肖笃宁等，2010；肖笃宁等，1997）。我国学者在景观生态学方面，集中关注下列问题：土地利用格局与生态过程及尺度效应、城市景观演变的环境效应与景观安全格局构建、景观生态规划与自然保护区网络优化、干扰森林景观动态模拟与生态系统管理、景观破碎化与物种遗传多样性、梯田文化景观与多功能景观维持、源汇景观格局分析与水土流失危险评价等（陈利顶等，2014）。

1.4.2　自然景观评估指标体系

（1）国外国家公园自然景观评估指标与标准

自然景观是国内外国家公园建设的重要考量指标之一。IUCN提出国家公园"应包括主要自然区域以及生物和环境特征或者风景的典型实例""具有特别的精神、科研、教育、游憩或旅游价值",以及"足够大的面积和生态质量,以维持其正常的生态功能和过程"(Dudley,2016)。美国国家公园拥有着丰富自然资源或景观,并具有国家代表性(National Park Service,2006)。德国国家公园面积大,且景观资源完整、未受破坏,并具有独特性(Federal Ministry for the Environment, Nature Conservation and Nuclear Safety,2009)。日本国家公园选定的具体依据有景观、要素、保护及道路4方面,其中,景观主要考虑的是特殊性和典型性(张玉钧等,2016;张玉钧,2014)。南非国家公园包含了一种有代表性的南非自然生态系统、风景名胜区或者文化遗址(国家林业局森林公园管理办公室和中南林业科技大学旅游学院,2015)。综合以上,不同国家针对其自然资源状况、法规政策,以及管理的有效性和便利性提出了相应的国家公园评估指标和评估标准(表1-1),以保障国家公园选址的科学性,管理的有效性和发展的可持续性,实现自然生态系统和自然资源最大限度的保护。涉及国家公园自然景观的主要有以下几方面。

自然景观(自然遗迹) 纵观国家公园发展历史,最早的国家公园都是建立在自然景观独特的区域,优美的自然风光成为国家公园建立的首要条件。美国在1972年的国家公园建设标准和后来的修订标准中,均提出国家公园需具有突出的自然风景、壮丽的景色,或其他特殊的景观特征(National Park Service,2006,1972)。国家公园的自然景观在强调美学价值和独特性的同时,还需具有国家代表性(SANParks,2019;国家林业局森林公园管理办公室和中南林业科技大学旅游学院,2015;Ministry of the Environment, Government of Japan,2009)或世界意义(Australia Government,2018),也要注重自然景观的多样化(Ministry of the Environment, Government of Japan,2009,1957)及保存状况(Korea National Park Service,2019)。

动植物重要栖息地 国家公园是珍稀、受威胁或濒危动植物物种的集中分布区(Environment Canada Parks Services,2019;National Park Service,

表 1-1　国外国家公园评估对象和评估标准表

评估对象	评估标准
自然景观 （自然遗迹）	• 具有突出的自然风景，如奇特的地貌特征、地貌与植被的强烈对比、壮丽的景色，或其他特殊景观特征（美国）； • 具有国家代表性的优美景观，包括至少2个景观要素，以提供多样化风景（日本）； • 具有南非代表性自然生态系统、风景名胜或文化遗产地的典型例证（南非）； • 以精神、科学、教育、游憩或旅游为目的来保护具有国家和世界意义的自然风景区域（澳大利亚）； • 能够代表整个国家中某一广泛或独特的自然景观（瑞典）； • 具有特殊生态价值、历史价值和美学价值的自然资源（俄罗斯）； • 自然景观必须保存完好，没有损坏和污染（韩国）。
动植物重要 栖息地	• 是珍稀动植物物种的集中分布区，尤其是官方认可的受威胁或濒危的物种，是物种可持续生存的重要生境（美国）； • 特殊的自然现象，稀有、受威胁或濒危野生动物和植被（加拿大）； • 具有国际和（或）国家意义的栖息地（德国）； • 是国家级或世界级生物多样性重要分布区（南非）； • 生物群落、遗传资源和本地物种的代表性例证应尽可能保持其自然状态，以提供生态稳定性和多样性（澳大利亚）； • 占主导地位的地貌景观或特殊动植物群落（新西兰）。
国家公园 陆地面积 （范围）	• 区域的自然系统和（或）历史环境必须具有充足的面积和合理的布局来确保资源的长期保护并满足公众享用（美国）； • 面积大、完整、独特，至少10000hm²（德国）； • 原则上区域面积要超过30000hm²，海洋公园原则上面积要3000hm²（日本）； • 面积至少1000hm²（瑞典）。
自然区域 （自然环境）	• 根据地理和生物特征，从重要性和代表性方面综合评估，划分自然区（美国、加拿大）； • 代表性自然区域的质量（加拿大）； • 领土内重要自然保护区域的组成部分（德国）； • 自然地理区域的代表性例证应尽可能保持其自然状态，以提供生态稳定性（澳大利亚）； • 包括代表瑞典景观的自然区域，并保持他们的自然状态（瑞典）。
文化景观 （文化遗产）	• 重要的文化遗产特征或景观（加拿大）； • 必须拥有极具保护价值并能与自然景观相协调的文化或历史景观（韩国）。

2006），或国家甚至世界生物多样性重要分布区（SANParks，2019）、重要动植物栖息地（Heiland et al.，2012；Federal Agency for Nature Conservation (BfN)，2018），或生物群落、遗传资源和本地物种的代表性例证（Australia Government，2018），要保证这些区域的完整性和原真性。

面积（范围） 为确保资源的长期保护并满足公众享用，国家公园需要有充足的面积（National Park Service，2006），部分国家根据其国土面积情况，制定了国家公园面积标准：德国国家公园至少10000hm²（Federal Agency for Nature Conservation（BfN），2018；Heiland et al.，2012）；瑞典国家公园至少1000hm²（国家林业局森林公园管理办公室和中南林业科技大学旅游学院，2015）；日本国家公园陆地区域面积要超过30000hm²，海洋公园原则上面积要3000hm²（Ministry of the Environment，Government of Japan，2009）等。

自然区域（自然环境） 部分国家会考虑国家公园的外部环境，包括国家公园所在自然区的质量和状态（Environment Canada Parks Services，2019；国家林业局森林公园管理办公室和中南林业科技大学旅游学院，2015；Australia Government，2018），或是与其所在国家的领土关系，需是领土内重要自然保护区域的组成部分［Heiland et al.，2012；Federal Agency for Nature Conservation（BfN），2018］。

文化景观（文化遗产） 文化景观在各国的国家公园规划建设中均有渗透，而只有部分国家提出了明确的建设要求，加拿大国家公园需具有重要的文化遗产特征或文化景观（Environment Canada Parks Services，2019）；韩国国家公园必须拥有极具保护价值并能与自然景观相协调的文化或历史景观（Korea National Park Service，2019）。

（2）我国自然保护地自然景观评估指标

在自然保护区评价指标选取中，张建华等（1993）对各评价指标使用的频次进行统计，并对其使用频率较高的评价指标进行深入讨论。常用的7大评价指标为：自然性、多样性、代表性、稀有性、生态脆弱性、面积适宜性、人类威胁（陈传明，2015，2009；石金莲等，2003；徐慧等，2002；郑允文等，1994）（表1-2）。

表1-2 我国自然保护地自然景观评估指标

名称	评估指标		文献来源
自然保护区	常用指标	自然性、多样性、代表性、稀有性、生态脆弱性、面积适宜性、人类威胁	陈传明（2015）、孙永涛等（2011）、张昌贵等（2009）、刘健等（2003）、石金莲等（2003）、郑允文等（1994）、张建华等（1993）
	其他指标	完整性、典型性、濒危性、自然保护功能、宣传教育功能、科学研究功能、社会发展功能、经济发展功能、普遍价值、突出价值、保护与管理	罗春雨等（2015）、郑发辉等（2007）、吕一河等（2003）
地质公园	常用指标	科学价值、美学价值、景观价值、社会经济价值、旅游价值、开发条件、保护价值、利用价值	张洋等（2016）、杨望暾等（2013）、任凯珍等（2012）、申健等（2009）、姚强等（2006）、郝俊卿等（2004）
	其他指标	自然属性、社会属性、地貌丰富性、濒临动物栖息地、典型性、稀有性、系统性与完整性、康体性、地质遗迹资源、旅游环境水平	唐海燕等（2014）、郭峰等（2012）、黄喜峰等（2010）、张国庆等（2009）
森林公园	景观质量、开发条件、区位条件、资源条件（生物资源、水文资源、地文资源、人文资源）、生态环境、休闲保健、景观组合状况		张保兰等（2009）、陆道调等（2008）、杨尚英（2006）、冯书成等（2000）
风景名胜区	代表性、稳定性、协调性、奇特性、观赏性、社会性、梯度性；自然景观价值、名胜古迹价值、特色建筑价值、民俗风物价值；景观资源质量、环境条件、开发条件；新奇性、多样化程度、天然性与神秘性、科学价值与历史价值、和谐协调性；资源价值、旅游效益、旅游条件		陈洪凯等（2012）、王晓玲等（2012）、郭明珠等（2009）、梁美霞等（2007）、何东进等（2004）、杨定海等（2004）
湿地公园	多样性、代表性、稀有性、自然性、适宜性、生存威胁、生态脆弱性；生态保护成效、社会成效、经济成效、基本建设成效、可持续性成效；欣赏价值、科学价值、历史价值、游憩价值、生态特征、环境质量、规模范围		吴后建等（2014）、赵志强等（2011）、孙志高（2008）、张峥等（2000）

大多数学者通过这7项指标，对自然保护区进行景观和生态评价，而一些学者根据研究区域的特征，从中选取部分指标进行评价（王一涵等，2011；刘冀钊等，2003），另外还有一些学者会选择完整性、突出价值、宣传教育、科学研究、社会经济等价值功能进行评价（罗春雨等，2015；郑发辉等，2007；吕一河等，2003）。

地质公园最常见的指标有科学价值、美学价值、景观价值、社会经济价值、旅游价值、开发条件等（张洋等，2016；杨望暾等，2013；申健等，2009；郝俊卿等，2004）；其次，会选择地质遗迹的自然属性、社会属性、稀有性、典型性进行评价（唐海燕等，2014；郭峰等，2012）；地质遗迹资源、设施与管理等对地质公园评价也具有重要意义（黄喜峰等，2010）。

森林公园对于评价指标的选择有景观质量、开发条件、生态环境、景观组合状况等（陆道调等，2008；杨尚英，2006；冯书成等，2000）；张保兰等（2009）从资源的角度，对森林公园内各资源条件进行评价；另外，有些学者还从可见度、舒适度等方面对森林资源进行视觉评价和感官评价（齐津达等，2015）。

景观资源质量、环境条件、开发条件是风景名胜区景观评价的基本指标（郭明珠等，2009；杨定海等，2004）；何东进等（2004）针对武夷山风景名胜区构建了具有代表性的评价指标体系，包括景观的代表性、稳定性、协调性、奇特性、观赏性、社会性、梯度性；另外，旅游价值（王晓玲等，2012）、当地民俗文化价值（陈洪凯等，2012）也会给风景名胜区评估带来影响。从景观生态学角度，景观的正面美学特征主要包括：①合适的空间尺度；②景观结构的适量有序化；③多样性和变化性；④清洁性，即景观系统的清鲜、洁净与健康；⑤安静性，即景观的静谧、幽美；⑥运动性，包括景观的可达性和生物在其中的自由移动性；⑦持续性和自然性（肖笃宁等，2010）。

湿地公园评价指标按照自然保护区7大指标，进行湿地生态评价（赵志强等，2011；张峥等，2000，1999），包括对湿地内在属性的评价指标（崔丽娟等，2009）和对社会经济影响及市场需求的指标（吴后建等，2014；赵志强等，2011）等。

1.4.3　自然景观评估方法

自然景观的评估内容很多，主要包括对风景美、自然环境和经济条件等的评价。其中，风景美的评价是首要问题（谢凝高，1981）。国外自然景观评估发展较早较成熟，Appleton（1975）提出景观评估应该运用跨学科的方法，加强评估者沟通，最重要的是要以学术尊严为基础。自然地理学者设计测量参数评价景观视觉质量，人文地理学者探究个人和社会对于景观的认知态度（Dearden，1985）。定量和定性相结合的方法，成为自然景观评估的重要手段，综合定量法包含2种方式，即定量的公众偏好调查和景观特征清单（Arthur et al.，1977）。Dearden（1980）发现公众的风景偏好可以被量化为一种客观的评价手段。Daniel等（1983）将方法细分为形式美学、生态学、心理物理学和现象学模型。

本研究主要根据研究对象特征，以及自然景观独特性、保护重要性等要求，从自然景观美学评估方法、视觉评估方法，以及我国自然保护地主要的评估方法3个方面，对自然景观评估方法进行研究综述。

（1）自然景观美学评估方法

20世纪60~70年代初，自然景观评估主要从自然景观的审美价值出发，系统地分析和研究景观美的主要推动力（Zube et al.，1982）。在美学评估方面，早期公认的有四大学派：专家学派、心理物理学派、认知学派和经验学派（俞孔坚，1988）。专家学派将地形、植被、水体、土地利用等作为风景元素，以视觉要素（线形色质）和景观形态为标准，以形式美原则评价景观；心理物理学派把"景观-审美"关系理解为"刺激-反应"关系，通过景观客体要素与景色价值间的函数关系，建立数学模型，识别出起关键作用的风景要素预测景色美；认知学派以进化论美学、人类环境认知和信息接受论为依据，研究景观感受过程；经验学派强调景观评价中人的主观作用，从定性角度及人的个性、文化、背景、情趣、意志、体验出发，视景观客体为自然与人文综合体加以观察与描述（王保忠等，2006）。在各学派研究发展的基础

上，主要有以下方法：景观质量专家评估法在环境管理实践中占据主导地位
（US Department of Agriculture Forest Service，1974），经过专业培训的专家可以
系统地判断景观，并根据与景观美学相关的抽象设计参数的组合对景观进行
评估（Litton，1968）。然而，随着研究的深入，从专家的单一角度评估自然
景观的美学价值受到质疑，一些学者认为单纯的专家评估法尚不能证明其可
靠性（Craik and Feimer，1979；Feimer et al.，1979）。由此，衍生出了一系列
美学评估方法，美国林业部门最早提出美景度评价法（scenic beauty estimation
method），即SBE法（Daniel and Boster，1976），以景观照片或幻灯片作为评判
测量的媒介，通过逐个评分制定反映各风景优美程度的美景度量表（Tveit et
al.，2006；Daniel and Meitner，2001；Clay and Daniel，2000；Hull and Stewart，
1992；Balling and Falk，1982；Arthur et al.，1977）。之后，SBE法得到了充
分的应用（Brown and Daniel，1984），并与其他方法结合使用，不断改进和完
善评价方法，如SBE法与地图学的结合（Dramstad et al.，2006；Daniel et al.，
1977），SBE法与GIS空间分析相结合（Lin et al.，2012；Bishop and Hulse，
1994），更加全面地反映景观视觉质量。我国学者也广泛运用SBE法进行景观
评估（齐津达等，2015；李效文等，2007）。随着统计学和计算机技术的发展
和推广，学者们开始对自然风景做系统的研究，并使风景由定性分析转向定
量分析，包括调查分析法（descriptive inventories）、民意测验法（survey and
questionnaires）、直观评判法（perceptional preference assessments）、比较评判
法（law of comparative judgement，LCJ法）（俞孔坚，1988，1986）。另外，景
观美学评估方法也加入了文化和生物作用，来解释人类对景观的偏好（Bell，
1999；Norton et al.，1998）。

（2）自然景观视觉评估方法

感官评估是风景评估的重要方式，凭借评估者对于风景的感官认知，对
风景资源做出等级评价。国外学者常用照片评估的方法，从视觉角度对风
景价值等级进行划分（Vanderheyden and Schmitz，2013；Brown and Daniel，

1987）；视觉评价与GIS分析相结合增加了评价方法的客观性（Stefunkova and Cebecauer，2006；Ramos and Panagopoulos，2004）；Tveit 等（2006）总结前人研究成果，提出了9个视觉概念，包括管理（stewardship）、连贯性（coherence）、干扰因素（disturbance）、历史性（historicity）、视觉规模（visual scale）、形象（imageability）、复杂性（complexity）、自然性（naturalness）、暂时性（ephemera），每个概念具有4个抽象层次，是它们在景观中的自然表达。Panagopoulos（2009）、Tsunetsugu 等（2010）研究了森林景观对于人的视觉、嗅觉、味觉、听觉、触觉等感官影响；Mohameda 等（2012）从旅游动机、游客情况、景观照片视觉评价三方面对游客进行问卷调查。

景观特征评估（landscape character assessment，LCA）是由英国建立的景观评估体系，并广泛应用于规划过程的各个阶段。LCA法用来识别和描述景观元素和特征的独特组合，通过制图和描述其特有的类型和区域来使景观与众不同，也展示了人们如何感知、体验和珍视景观的（Gov. UK，2014）。目前，LCA法在城市认知、城镇景观评估和海景特征评估等方面应用性较强，其应用时，需要遵循下列原则：①所有的自然景观包括海洋景观需具有特色；②景观规模不受限制，评估过程中具有各种规模的景观；③应涉及人们如何理解和体验景观的；④需要提供证据基础，以告知决策和应用范围；⑤可以提供完整的框架。包括4大步骤：①定义评估的目的和范围（前期的调查准备工作）；②初步（案头）研究（背景文献研读及空间数据处理）；③实地调查（统一填写标准化的现场调查表，实地调查对于捕捉景观的美学、感知和体验质量至关重要）；④分类及说明（对景观特征的完善并输出）。通过以上对于自然景观的信息收集、数据处理及完善输出，进行景观特征的综合评判，并针对规划、管理、保护各领域的不同需求进一步评估工作（Tudor，2014；Swanwick，2002）。在此基础上，各国学者针对研究区域和对象，以LCA法为基础，开展景观研究（Fazio and Modica，2018；Bartlett et al.，2017；Butler，2016）。

视觉资源管理系统（Visual Resource Management system，VRM system）是由美国土地管理局开发的，用于维护和提高公共土地的风景质量（Bureau of Land Management，1984）。其步骤主要包括4个方面：第一，获取景观描述（为了有效地评估拟议项目的视觉影响，需要详细的项目描述）；第二，确定VRM目标；第三，选择主要的景观关注点；第四，准备视觉模拟（视觉模拟是有效评估所提议的景观影响因素的重要工具）。其关注的景观对象，有地形（水体）特征、植被特征、结构特征等（Bureau of Land Management，1980）。在1998年至2011年期间对公园体系进行的近100项调查的回顾中，90%的游客认为风景很重要或极为重要（Kulesza et al.，2013），景观的视觉影响对国家公园十分重要。在此基础上，美国自然资源管理和科学局的空气资源部正在制定视觉资源计划（Visual Resource Program，VRP），以帮助解决整个国家公园管理局的视觉资源问题。自20世纪70年代以来，视觉景观清单的概念以及随后的管理已经作为一种资源在美国存在。清单法，是描述风景，评估风景质量和其他风景价值，以及了解风景变化风险的一种系统方法，其清查过程是对国家公园体系区域内外重要景观视觉元素的系统描述，包括其风景质量以及国家公园访客体验和解释性目标的重要性（Meyer and Sullivan，2016）。视觉景观清单法主要包括4个步骤：第一，风景和景观清单区域的选择；第二，景观描述和风景质量等级评估，包括数据观测，景观描述，风景质量等级评估，景观特征完整性、生动性、视觉协调度；第三，风景重要性，包括景观视角和视野的描述、风景重要性等级评估；第四，风景清单价值，并将自然景观价值划分为非常高、高、中等高、低、非常低5个等级（Meyer and Sullivan，2016；Sullivan and Meyer，2016）。

（3）我国自然保护地自然景观评估方法

定性描述法，主要分为3类，一种是针对资源特征的描述性分析与评价，如吴成基等（2001）对西安翠华山山崩地质遗迹的评价，郑发辉等（2007）对井冈山国家级自然保护区的评价，张国庆等（2009）对赤峰地质资源的评价；一种是对资源进行等级划分评价，如胡海辉等（2007）对庐山风景区自然景观评价；还有根据国家标准或行业标准对景观资源进行的评价，如陈孝青等（2010）依据《风景名胜区规划规范》（GB50298-1999）对桃花山风景名胜区进行评价，于杰等（2016）依据国家标准《中国森林公园风景资源质量等级评价》（GB/T 18005-1999）对雾灵山森林公园的森林风景资源的质量、开发利用条件进行分析评定。

统计学方法，主要是层次分析法（AHP）和模糊综合评价法。目前，国内对保护地评价采用最多的方法就是层次分析法，层次分析法是应用最广、实用性最强、最基础的方法（吴后建等，2014；徐家红等，2013；王晓玲等，2012；金煜等，2011；张景群等，2006），层次分析法还常配合其他模型、方法进行综合评价。模糊综合评价法以模糊数学为基础，将景观资源进行分级赋分，再结合层次分析等方法对景观资源进行综合评价（蔡永茂等，2016；丁阳梅，2013；申健等，2009）。

定性和定量相结合的方法，是保护地评价的核心方法，以打分、赋值等定性手段确定评价指标体系及等级，利用统计模型进行综合评价。国内学者多选择问卷调查法、德尔菲法、层次分析法综合利用（李翠林等，2011；崔丽娟等，2009；梁美霞等，2007），通过问卷调查和专家访谈确定评价指标和等级，再运用层次分析法进行量化分析评价。此外，还有专家打分和量化评分体系的设计运用（朱琼，1994）、国家标准定性分级与层次分析法定量评价的综合利用（杨望暾等，2013；杨定海等，2004）、定性评价与层次分析法、因子分析法评价分析（彭永祥，2006；郭建强，2005）、德尔菲法、频度分析法和层次分析法的利用（杨超等，2014）。

"3S"技术，即地理信息系统（geography information system，GIS）、遥感技术（remote sensing，RS）和全球定位系统（global positioning system，GPS）。GIS空间分析可用于划定地理多样性特征区（邵蕊等，2011），提取景观斑块的数量、面积、周长等信息（陈传明，2015），并结合景观生态学原理与方法对景观格局进行分析（孙玉军等，2003）；RS 多与 GIS 相结合，对自然景观特征进行分析，多用于坡度、坡向、海拔、土壤、植被等特征分析（蔡丽丽等，2014；齐欣等，2013）；GPS 是野外调查复核空间信息定位的重要工具，具有提供全天候、连续、实时、高精度的三维位置以及时间数据的功能，可获取准确的景观基础数据（陈端吕等，2006）。

其他评估方法，主要有语义差别法（semantic differential method，SD），即通过言语尺度进行心理感受的测定，通常采用形容词测定人对照片中景观的直观感受，从而反映景观特征（齐童等，2013；简兴等，2010；曹娟等，2004），径向基函数神经网络（RBF），RBF 网络的森林景观评价模型是以森林景观评价指标分级标准值为学习样本数据训练网络，网络训练稳定后，以评价对象的实际值为评价样本数据仿真网络，根据网络的输出给予评价（胡欣欣，2009；胡欣欣等，2009），菲什拜因 – 罗森伯格模型，在自然保护地中多用于地质遗迹资源评价（张洋等，2016；秦子晗，2013；肖景义等，2012；袁荃等，2012），灰色系统评价法，李晖（2002）介绍了风景资源评价中新的量化方法 – 灰色聚类法，刘娟等（2014）通过灰色评价法对水利风景区进行评价。

1.4.4 存在的问题

国内外学者对自然景观评估的文献为本研究提供了研究基础，丰富了自然景观评估领域的研究，也为国家公园体系建设提供了景观方面的科学支持，但仍存在一些问题。

一是，由于我国保护地类型多样、问题突出，国家公园体系建设尚未明确，导致相应自然景观方面研究较为缺乏。

二是，国外自然景观评估方法多应用于城镇规划、乡村规划、景观规划、土地利用与开发等领域，我国保护地自然景观的评估多针对某一特定保护地，都属于小尺度具体区域问题。

三是，文献中的景观评估方法涉及大量数据信息，对于本研究全国尺度

面向中国国家公园空间布局的自然景观保护优先区评估
NATURAL LANDSCAPE PROTECTED PRIORITIES ASSESSMENT
FOR SPATIAL DISTRIBUTION OF NATIONAL PARKS IN CHINA

024

的自然景观评估具有较大困难。

    本研究旨在梳理国内外关于自然景观、保护地和国家公园的研究文献、法规政策的基础上，明确国家公园的功能定位和景观作用，根据我国景观状况，结合现有的国内外研究基础，制定适合全国自然景观保护重要性评估的方法。

第 2 章

自然景观保护
优先区评估方法

Chapter Two

　　自然景观是具有一个或多个独特自然特征的区域，包括地质地貌、河湖湿地、野生动植物等风景资源，具有较高的观赏价值和科学价值，在严格保护的前提下，可以开展科研、教育和旅游参观等活动。本章根据我国自然景观的属性特征，将我国自然景观划分为地文景观、水文景观、生物景观和天象景观4大类17小类。从典型性、观赏性、原真性、完整性、历史文化价值等方面，制定了针对不同类型自然景观的评估指标体系和标准，采取分等级评估的方式，通过"标准对照""清单列表""专家咨询"等方法，对全国自然景观进行阶段性筛选评估，以保护极重要自然景观和重要自然景观为主要目的划定保护优先区，并作为国家公园建设的候选区域。

2.1　自然景观分类

　　从自然风景资源的角度，谢凝高（1984）根据风景名胜区风景资源特征，最先分析了风景名胜区的类型，主要有山岳风景名胜区，包括高山、低山丘陵、岩溶和峡谷；河湖（水文）风景名胜区，包括江河、湖泊、泉水、瀑布等；海滨风景名胜区，海滨风景濒临大海、海湾或岛屿，以透明度较好的海水水域为主景，并与具有观赏游乐价值的沙滩或岩岸构成风景；森林草原风景名胜区，包括森林、草原；另外，还有文物古迹风景名胜区和特异景观名胜区。在资源管理和评估方面，最早对于风景资源的分类主要来自森林公园，《中国森林公园风景资源质量等级评定》将风景资源划分为5类，地文资源，包括典型地质构造、标准地层剖面、生物化石点等；水文资源，包括风景河段、漂流河段、湖泊、瀑布等；生物资源，包括森林、草原、草甸、古树名木等；人文资源，包括历史古迹、古今建筑、社会风情等；天象资源，包括雪景、雨景、云海等（国家质量技术监督局，1999）。风景名胜区在森林公园基础上，针对风景资源也进行了分类，将风景资源划分为自然风景资源和人文风景资源2大类，其中，自然风景资源分为天景、地景、水景、生景4类，天景包括日月星光、虹霞蜃景等8类，地景包括大尺度山地、山景、峡谷、洞府等14类，水景包括泉井、江河、湖泊等10类，生景包括森林、草地草原、古树名木等8类（国家质量技术监督局和中华人民共和国建设部，1999）。

从旅游资源的角度，郭来喜等（2000）将自然景观分为4大类37种类型，地文景观有地质现象、山岳景区、火山、丹霞等，水文景观有海面、湖泊（水库）、非峡谷风景河流、河口潮汐等，气候生物有天文（气象）景观、冰雪景观、原始植物群落、风景林、风景草原等，其他自然景观等。《旅游资源分类、调查与评价》将旅游资源划分为8主类31亚类155基本类型，与自然景观相关有4主类，分别是地文景观，包括综合自然旅游地、沉积与构造、地质地貌过程形迹等；水域风光，包括河段、天然湖泊与池沼、瀑布等；生物景观，包括树木、草原与草地、花卉地等；天象与气候景观，包括光现象、天气与气候现象等（中华人民共和国国家质量监督检验检疫总局和中国国家标准化管理委员会，2017）。一些学者针对生态旅游资源进行分类，从资源属性的角度，多采取"二分法"——自然生态和人文环境，和"三分法"——自然、人文、社会，并根据各大类资源中的个体属性，进一步细分小类（李海军等，2007）。

根据以上分类方式，结合自然景观本质属性特征，本书将我国自然景观划分为地文景观、水文景观、生物景观和天象景观4大类17小类，其中，地文景观是受地球内力和外力作用而形成的地形、地貌、地质遗迹等景观，主要包括山岳、沙漠、峡谷、丹霞、喀斯特、地质遗迹与典型地貌、海岸与海岛、火山等；水文景观是水体在地质、地貌、气候、生物等因素影响下形成的水域风光，主要包括河流湿地、湖泊湿地、瀑布、沼泽湿地等；生物景观是以野生动物、植物及其栖息地作为风景资源的景观，主要包括森林、草原草甸、珍稀动植物及栖息地等；天象景观是由不同地区的气候资源与特殊天气现象结合其他类型景观而构成的景观资源，主要包括云雾冰雪景观、日月星光等（表2-1）。将我国特色人文景观融入地文、水文、生物、天象景观中，作为各自然景观的重要组成部分，通过历史文化价值的评估予以体现。

028

面向中国国家公园空间布局的自然景观保护优先区评估
NATURAL LANDSCAPE PROTECTED PRIORITIES ASSESSMENT
FOR SPATIAL DISTRIBUTION OF NATIONAL PARKS IN CHINA

表 2-1　自然景观分类

大类	定义	小类（举例）
地文景观 I	受地球内力和外力作用而形成的地形、地貌、地质遗迹等景观	山岳 I_1（泰山）、沙漠 I_2（阿拉善沙漠）、峡谷 I_3（雅鲁藏布江大峡谷）、丹霞 I_4（丹霞山）、喀斯特 I_5（漓江山水）、地质遗迹与典型地貌 I_6（蓟县地质遗迹）、海岸与海岛 I_7（涠洲岛）、火山 I_8（五大连池火山群）
水文景观 II	水体在地质、地貌、气候、生物等因素影响下形成的水域风光	河流湿地 II_1（三江并流）、湖泊湿地 II_2（青海湖）、瀑布 III_3（黄果树瀑布）、沼泽湿地 II_4（若尔盖湿地）
生物景观 III	以野生动物、植物及其栖息地作为风景资源的景观	森林 III_1（大兴安岭兴安落叶松）、草原草甸 III_2（呼伦贝尔草原）、珍稀动植物及栖息地 III_3（卧龙大熊猫栖息地）
天象景观 IV	由不同地区的气候资源与特殊天气现象结合其他类型景观而构成的景观资源	日月星光 IV_1（峨眉山佛光）、云雾冰雪 IV_2（黄山云海）

2.2　自然景观保护重要性评估准则

2.2.1　遗产地、自然保护地等自然景观评估标准

由于保护级别、资源类型、建设目标、功能定位、管理部门的差异，世界遗产和我国现有自然保护地根据其类别，具有不同的评价标准。

（1）世界自然遗产

《保护世界文化与自然遗产公约》规定世界自然遗产需至少满足以下条件中的一项：①从美学或科学角度，具有突出、普遍价值的由地质和生物结构或这类结构群构成的自然面貌；②从科学或保护角度看，具有突出、普遍价值的地质和自然地理结构以及明确划定的濒危动植物物种生态区；③从科学、保护或自然美角度看，具有突出、普遍价值的天然名胜或明确划定的自然地带（中国世界遗产网，2004）。

列入《世界遗产名录》的自然遗产项目必须符合下列一项或几项标准：①包含奇特的自然现象或具有独特、罕见的自然风光和美学重要性区域；

②是代表地球演化史主要阶段的突出例证，包括生命记录、地貌发展中正在进行的重要地质过程或地貌特征；③是代表陆地、淡水、沿海和海洋生态系统以及动植物群落进化和发展中正在进行的重要生态过程和生物进程的杰出例证；④包含具有重要意义的以生物多样性原生境保护为目的的自然栖息地，包括从科学或保护的角度出发，濒临灭绝的具有普遍价值的物种（UNESCO，2013）。

（2）世界地质公园

世界地质公园是单一、统一的地理区域，依照完整的保护、教育和可持续发展理念对具有国际地质意义的遗产和景观进行管理。世界地质公园是必须具有明确界定的边界、具备足以发挥其职能的适当面积并拥有经科学专家独立核实具有国际意义的地质遗产（UNESCO，2018）。世界地质公园的设立标准主要包括尺寸和设立、管理和地方参与、经济发展、教育、保护、世界地质公园网络等方面。世界地质公园需考虑整个区域的地理环境，而不是仅包括具有地质意义的地点。地质多样性、生物多样性和文化间的协同，以及非地质主题的有形、无形遗产都是每个地质公园的重要组成部分，尤其当可以向参观者展示其在景观和地质方面的重要性时。因此，有必要加强考虑各地质公园的生态、考古、历史文化价值（UNESCO，2014）。

（3）自然保护区

自然保护区是指对有代表性的自然生态系统、珍稀濒危野生动植物物种的天然集中分布区、有特殊意义的自然遗迹等保护对象所在的陆地、陆地水体或者海域，依法划出一定面积予以特殊保护和管理的区域。建立自然保护区，需具有下列条件之一：①典型的自然地理区域、有代表性的自然生态系统区域以及已经遭受破坏但经保护能够恢复的同类自然生态系统区域；②珍稀濒危野生动植物物种的天然集中分布区域；③具有特殊保护价值的海域、海岸、岛屿、湿地、内陆水域、森林、草原和荒漠；④具有重大科学文化价值的地质构造、著名溶洞、化石、冰川、火山、温泉等自然遗迹分布区（国务院，1994）。

030

面向中国国家公园空间布局的自然景观保护优先区评估
NATURAL LANDSCAPE PROTECTED PRIORITIES ASSESSMENT
FOR SPATIAL DISTRIBUTION OF NATIONAL PARKS IN CHINA

在国内外有典型意义、在科学上有重大国际影响或者有特殊科学研究价值的自然保护区，被列为国家级自然保护区。国家级自然保护区由国务院批准建立，在全国或全球具有极高的科学、文化和经济价值，必须具备下列条件。①生态系统类：a.在全球或全国内所属生物气候带中具有高度的代表性和典型性；b.具有在全球稀有、在国内仅有的生物群落或生境类型；c.被认为在国内所属生物气候带中具有高度丰富的生物多样性；d.尚未遭到人为破坏或破坏很轻，保持着良好的自然性；e.完整或基本完整，保护区拥有足以维持这种完整性所需的面积，包括具备1000hm^{2}以上面积的核心区和相应面积的缓冲区。②野生生物类：a.国家重点保护野生动植物的集中分布区、主要栖息地和繁殖地；国内或所属生物地理界中著名的野生生物物种多样性的集中分布区；国家特别重要的野生经济动植物的主要产地，或国家特别重要的驯化栽培物种其野生亲缘种的主要产地；b.生境维持在良好的自然状态，几乎未受到人为破坏；c.保护区面积要求足以维持其保护物种种群的生存和正常繁衍，并要求具备相应面积的缓冲区。③自然遗迹类：a.在国内外同类自然遗迹中具有典型性和代表性；b.在国际上稀有，在国内仅有；c.保持良好的自然性，受人为影响小；d.保存完整，遗迹周围具有相当面积的缓冲区（国家环境保护局和国家质量技术监督局，1994）。

（4）风景名胜区

风景名胜区，是指具有观赏、文化或者科学价值，自然景观、人文景观比较集中，环境优美，可供人们游览或者进行科学、文化活动的区域。自然景观和人文景观能够反映重要自然变化过程和重大历史文化发展过程，基本处于自然状态或者保持历史原貌，具有国家代表性的，可以申请设立国家级风景名胜区（国务院，2006）。风景名胜区风景资源分级标准，符合下列条件：①风景资源评价分级必须分为特级、一级、二级、三级、四级等五级；②应根据景源评价单元的特征，及其不同层次的评价指标分值和吸引力范围，评出风景资源等级；③特级景源应具有珍贵、独特、世界遗产价值和意义，有世界奇迹般的吸引力；④一级景源应具有名贵、罕见、国家重点保护价值和国家代表性作用，在国内外著名和有国际吸引力；⑤二级景源应具有重要、特殊、省级重点保护价值和地方代表性作用，在省内外闻名和有省际吸引力；⑥三级景源应具有一定价值和游线辅助作用，有市（县）级保护价值和相关地区的吸引力；⑦四级景源应具有一般价值和构景作用，有本风景区或当地的吸引力（国家质量技术监督局和中华人民共和国建设部，1999）。国家重点风景名胜区审查指标中的资源价值评估标准，主要包括典型性、稀有性、丰富性、完整性、科学文化价值、游憩价值、风景名胜区面积、环境质量、环境污染程度和环境适宜性等方面（中华人民共和国建设部，2004）。

（5）森林公园

森林公园是指森林景观优美，自然景观和人文景观集中，具有一定规模，可供人们游览、休息或进行科学、文化、教育活动的场所；国家级森林公园，是森林景观特别优美，人文景观比较集中，观赏、科学、文化价值高，地理位置特殊，具有一定的区域代表性，旅游服务设施齐全，有较高的知名度。森林公园风景资源评价因子主要包括：典型度（风景资源在景观、环境等方面的典型程度）、自然度（风景资源主体及所处生态环境的保全程度）、多样度（风景资源的类别、形态、特征等方面的多样化程度）、科学度（风景资源在科普教育、科学研究等方面的价值）、利用度（风景资源开展旅游活动的难易程度和生态环境的承受能力）、吸引度（风景资源对旅游者的吸引程度）、地带度（生物资源水平地带性和垂直地带性分布的典型特征程度）、珍稀度（风景资源含有国家重点保护动植物、文物各级别的类别、数量等方面的独特程度）、组合度（风景资源类型之间的联系、补充、烘托等相互关系程度）（国家林业局，1999，1993）。

（6）地质公园

地质公园是以具有特殊地质科学意义，稀有的自然属性、较高的美学观赏价值，具有一定规模和分布范围的地质遗迹景观为主体，并融合其他自然

032

面向中国国家公园空间布局的自然景观保护优先区评估
NATURAL LANDSCAPE PROTECTED PRIORITIES ASSESSMENT
FOR SPATIAL DISTRIBUTION OF NATIONAL PARKS IN CHINA

景观与人文景观而构成的一种独特的自然区域。地质公园的建设目的是：第一，保护地质遗迹，保护自然环境；第二，普及地球科学知识，促进公众科学素质提高；第三，开展旅游活动，促进地方经济与社会可持续发展。地质公园建设主要从地质公园规划与地质遗迹保护，地质公园解说与标识系统，地质公园科学研究、科学普及与交流，地质公园管理机构与信息化建设，地质公园建设和地质遗迹保护资金，以及地质公园社会经济效益6大类21小类进行考核（中华人民共和国国土资源部，2013，2010，1995）。

（7）湿地公园

湿地公园是指以保护湿地生态系统、合理利用湿地资源为目的，可供开展湿地保护、恢复、宣传、教育、科研、监测、生态旅游等活动的特定区域。国家湿地公园的建立需具备下列条件：①湿地生态系统在全国或者区域范围内具有典型性；或者区域地位重要，湿地主体功能具有示范性；或者湿地生物多样性丰富；或者生物物种独特。②自然景观优美和（或）具有较高历史文化价值。③具有重要或者特殊科学研究、宣传教育价值（国家林业局，2010）。国家湿地公园评估指标体系由湿地生态系统、湿地环境质量、湿地景观、基础设施、管理和附加分6类23个因子组成，其中，湿地生态系统包括生态系统典型性、湿地面积比例、生态系统独特性、湿地物种多样性、湿地水资源；湿地景观包括科学价值、整体风貌、科普宣教价值、历史文化价值、美学价值（国家林业局，2008）。

（8）沙漠公园

沙漠公园是以沙漠景观为主体，以保护荒漠生态系统为目的，在促进防沙治沙和保护生态功能的基础上，合理利用沙区资源，开展公众游憩、旅游休闲和进行科学、文化、宣传和教育活动的特定区域。建设国家沙漠公园需具备以下条件：①所在的沙漠生态系统要具有典型性，或者位于全国防沙治沙的重要区位；②面积原则上不低于200hm²，公园中沙漠土地面积一般应占公园总面积的60%以上；③区域内水资源能够保证国家沙漠公园生态和其他用水需求；④在防沙治沙的理论研究和生态学、生物学、地学等方面有较高的科学价值；⑤自然和人文景观具有一定丰富度、愉悦度、完整度和奇异度（国家林业局，2016，2013）。

2.2.2 自然景观评估指标体系与准则

根据不同的遗产地、保护地评估标准，在考虑国家公园建设目标之一，"保护具有代表性、原真性和完整性自然景观"的基础上，制定了针对不同类型自然景观的评估指标体系和标准。依据典型性、观赏性、原真性、完整性、历史文化价值对自然景观进行分级，划分为"极重要、重要、较重要、一般重要"4个等级，其中，极重要自然景观具有世界意义，并作为国家公园建设的核心保护对象，重要自然景观具有国家代表性，较重要自然景观具有省级代表性，一般重要自然景观具有地方代表性（表2-2）。

（1）典型性

能够反映地球某一特殊历史阶段特征的地貌景观或地质遗迹，具有科学价值；或是具有重要的生态屏障和水源涵养功能的河湖湿地；或拥有伞护种、旗舰种等重点保护物种，或生物多样性高的栖息地；或具有奇特自然现象的自然美地带。

（2）观赏性

拥有以地质地貌、江河水域、动植物资源、自然现象为代表的自然风景，具有美学价值和旅游吸引力。

（3）原真性

地貌景观或自然遗迹保存完好，生态系统、动植物栖息地等呈原生或近原生状态，自然生境面积比例高，人类活动干扰少，基本处于自然状态。

（4）完整性

在同类自然景观中，完整保存且面积够大，足以覆盖自然景观。

（5）历史文化价值

自然景观所在区域能够反映特定历史阶段的人类社会发展，包括历史遗址、宗教文化、传统民居、生产生活方式、民族民俗文化等独特的人文景观和珍贵的文化遗产。

表 2-2　自然景观评估标准

评估指标	级别
典型性	• 极重要：是同类自然景观中的突出例证，为世界罕见，具有世界意义 • 重要：在同类自然景观中具有代表性，可作为典型范例，为中国特有，具有国家重要意义 • 较重要：在国内同类自然景观中拥有一定的代表性，具有省级重要意义 • 一般重要：在同类自然景观中代表性一般，景观特征不太明显，具有地方意义
观赏性	• 极重要：拥有十分独特而突出的自然风景，美学价值极高，具有全球旅游吸引力 • 重要：拥有独特而突出的自然风景，美学价值高，具有全国旅游吸引力 • 较重要：拥有独特的自然风景，美学价值较高，具有全省旅游吸引力 • 一般重要：自然风景具有一定的美学价值和旅游吸引力
原真性	• 极重要：自然景观呈原生状态，自然生境面积比例极高，人类活动干扰极少，处于自然状态 • 重要：自然景观呈原生或近原生状态，自然生境面积比例高，人类活动干扰少，基本处于自然状态 • 较重要：自然生境面积比例较高，人类活动干扰较少 • 一般重要：自然生境面积比例偏低，具有一定的人类活动干扰
完整性	• 极重要：在同类自然景观中，保存完好，面积大，能够完全覆盖自然景观 • 重要：在同类自然景观中，保存完好，面积较大，能够覆盖自然景观 • 较重要：在同类自然景观中，保存良好，基本覆盖自然景观 • 一般重要：在同类自然景观中，保存较好，但面积小，难以覆盖自然景观
历史文化价值	• 极重要：自然景观所在区域反映了中华民族传统风貌和民族精神，具有世界影响力的人文景观、文化遗产 • 重要：自然景观所在区域能够反映特定历史阶段人类社会发展，或民族特色与民族民俗，具有国家代表性的人文景观资源 • 较重要：自然景观所在区域具有较丰富的历史文化资源，能够反映当地独特的人文风情、历史发展特征或民族传统文化 • 一般重要：自然景观所在区域历史文化资源较少

2.3 自然景观评估与优先区划定方法

2.3.1 自然景观评估步骤

由于研究对象是全国尺度的自然景观，数据量较大，且我国此前尚未有全国尺度的相关研究和信息统计，资料十分缺乏，非著名自然景观的详细信息不足。因此，本研究采取分等级评估的方式，低级别自然景观采用简单、客观的方式进行评估，高级别的自然景观采用复杂、主观的专家经验进行判断，以提高评估的效率和准确率。分级评估方法一共分为3个阶段（图2-1）（Du et al.，2020）。

第一阶段：采用"标准对照法"进行评估。如果自然景观来自现有保护地，则将保护地标准与较重要自然景观标准要求进行对照，若自然景观来自文献，则根据文献评价，与较重要自然景观标准对照。在此阶段中，将较重要自然景观从自然景观中筛选出来，并进入第二阶段的评估，余下的自然景观作为一般重要自然景观。

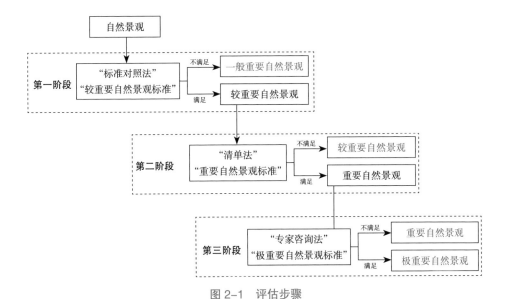

图 2-1　评估步骤

第二阶段：采用"清单法"进行评估。建立自然景观清单，包括景观名称、位置、类型、特征等。根据重要自然景观评估标准，将重要自然景观从较重要自然景观中筛选出来，并进入第三阶段的评估，余下的自然景观作为较重要自然景观。

第三阶段：采用"专家咨询法"进行评估。极重要自然景观是国家公园选址建设的核心保护对象，所以重点评估自然景观的国家代表性、原真性、完整性，历史文化价值，还考虑生态区位重要性、紧迫性、可行性和抗干扰性等国家公园建设必备条件（欧阳志云等，2018）。根据极重要自然景观标准，从重要自然景观中选出极重要自然景观，余下的自然景观作为重要自然景观。

2.3.2 自然景观分级评估方法

（1）标准对照法

标准对照法主要适用于自然景观第一评估阶段，对于较重要自然景观的筛选。较重要自然景观标准要求自然景观需满足下列条件：①典型性方面，在国内同类自然景观中拥有一定的代表性，具有省级重要意义；②观赏性方面，拥有独特的自然风景，美学价值较高，具有省级旅游吸引力；③原真性方面，自然生境面积比例较高，人类活动干扰较少；④完整性方面，在同类自然景观中，保存良好，基本覆盖自然景观；⑤历史文化价值方面，自然景观所在区域具有较丰富的历史文化资源，能够反映当地独特的人文风情、历史发展特征或民族传统文化。如果自然景观来自现有自然保护地，根据其所对应的自然保护地定义和评估标准，包括《中华人民共和国自然保护区管理条例》《风景名胜区规划规范》《国家地质公园建设标准》《中国森林公园风景资源质量等级评定》《国家湿地公园评估标准》《国家沙漠公园试点建设管理办法》等，与较重要自然景观标准要求进行对照，若自然景观来自文献，则根据文献评价，与较重要自然景观标准对照（图2-2）。通过标准对照法，将低级别自然景观（例如，地方代表性自然景观，或市、县级自然保护地）剔除，剩下的自然景观作为较重要自然景观，进入下一阶段评估。

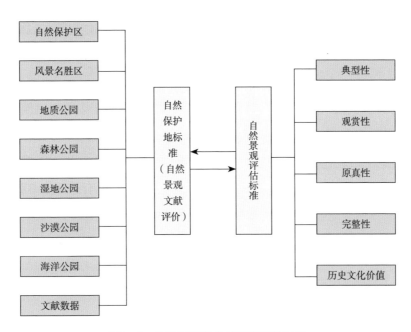

图 2-2 标准对照法自然景观评估过程

（2）清单法

清单法主要适用于自然景观第二评估阶段，对于重要自然景观的筛选。重要自然景观标准要求自然景观需满足下列条件：①典型性方面，在同类自然景观中具有代表性，可作为典型范例，为中国特有，具有国家重要意义；②观赏性方面，拥有独特而突出的自然风景，美学价值高，具有国家级旅游吸引力；③原真性方面，生态系统呈原生或近原生状态，自然生境面积比例高，人类活动干扰少，基本处于自然状态；④完整性方面，在同类自然景观中，保存完好，面积较大，能够覆盖自然景观；⑤历史文化价值方面，自然景观所在区域能够反映特定历史阶段人类社会发展，或民族特色与民族民俗，具有国家代表性的人文景观资源。参考美国国家公园管理局采用的"视觉资源计划（Visual Resource Program，VRP）"中的"视觉景观清单法（visual resource inventory，VRI）"（Meyer and Sullivan，2016；Sullivan and Meyer，2016），建立自然景观清单，清单中包括景观名称、位置、类型、面积、重点

038

面向中国国家公园空间布局的自然景观保护优先区评估
NATURAL LANDSCAPE PROTECTED PRIORITIES ASSESSMENT
FOR SPATIAL DISTRIBUTION OF NATIONAL PARKS IN CHINA

保护对象、自然景观特征、历史文化资源等属性信息，描述自然景观重要性，确定景观清单价值，将重要自然景观从较重要自然景观中筛选出来。

（3）专家咨询法

专家咨询法主要适用于自然景观第三评估阶段，对于极重要自然景观的筛选。极重要自然景观标准要求自然景观需满足下列条件：①典型性方面，是同类自然景观中的突出例证，为世界罕见，具有世界意义；②观赏性方面，拥有十分独特而突出的自然风景，美学价值极高，具有全球旅游吸引力；③原真性方面，生态系统呈原生状态，自然生境面积比例极高，人类活动干扰极少，处于自然状态；④完整性方面，在同类自然景观中，保存完好，面积大，能够完全覆盖自然景观；⑤历史文化价值方面，自然景观所在区域反映了中华民族传统风貌和民族精神，具有世界影响力的人文景观、文化遗产。极重要自然景观是国家公园建立和保护的主要目标对象，极重要自然景观的评估在充分考虑景观自身保护价值的同时，也要考虑国家公园在生态区位重要性、紧迫性、可行性和抗干扰性等方面的建设条件。通过专家咨询法，根据专家经验，选拔出极重要自然景观，从自然景观的角度，考虑国家公园建设的候选区域（表2-3）。

表2-3 专家评估指标体系

指标	说明
国家代表性（典型性和观赏性）	是同类自然景观中的突出例证，为世界罕见，具有世界意义，美学价值极高
原真性	生态系统呈原生状态，自然生境面积比例极高，景观原貌保持完好，人类活动干扰极少，处于自然状态
完整性	面积能够覆盖保护区域内自然景观或重点生态过程，以及物种栖息地
历史文化价值	民族性、影响力、传承性
生态区位重要性	国家或区域重要生态屏障，具有重要生态系统服务功能
紧迫性	保护紧迫性
可行性	自然资源资产所有权和经营权属明晰、交通干线便捷程度
抗干扰性	对自然资源开发利用、旅游等人类活动的敏感性程度

2.3.3　自然景观保护优先区边界划定

由于我国自然景观分布并不均匀，且用于保护的资金和人力投入有限，因此，通过建立自然景观保护优先区的方式，集中保护等级较高的自然景观，以最小的代价最大限度地保护区域珍贵的自然景观，以提高保护效益。优先区是国家公园建设的候选区域，本书主要从自然景观保护的角度考虑我国国家公园的空间布局。

作为国家公园建设的候选区域，优先区以保护极重要自然景观和重要自然景观为主，其边界的划定主要考虑以下原则：①优先区以保护极重要和重要自然景观为主要目的，并尽可能多地保护其他各类各级自然景观；②以极重要自然景观为优先区核心，并整合相邻的同类型自然景观，以保证自然景观的完整性；③参考自然景观所在的自然保护地边界，尤其是自然保护区边界；④缺乏边界的区域根据所在区域的生态系统、植被、地貌等自然地理情况进行划定。

自然景观保护优先区的特征主要由优先区内的典型自然景观，及自然保护区等自然保护地的网络资料整理而成。

本书运用了相对客观且多样化的方法对自然景观进行评估。以往对于自然景观的评估多采用主观的方式，从视觉的角度，透过人的主观感知，从风景园林学评估其美学价值，或通过遥感、GIS等技术手段，从景观生态学的角度评估其质量和完整性。本书需要探讨的是从自然保护的角度，综合考虑美学、完整性，以及独特性、原真性等系统全面的景观价值，而前两种方法多针对小尺度、小区域，难以满足对全国自然景观的全面评估。本书主要参考了英国LCA体系和美国VRI体系，在前人对于保护地景观方面的标准和评估基础上，采取不同的方法，分等级地层层推进，筛选"门槛"由低到高，方式由简单到复杂、由客观到主观，最终筛选出保护价值高的重要区域；研究方法打破传统主观评估，在借鉴已有研究资源基础上，进一步挖掘景观价值，并根据评估结果，以极重要自然景观为核心，整合相邻的同类型自然景观，划定自然景观保护优先区范围，以保证自然景观的完整性。

2.4　自然景观数据来源

　　根据我国自然资源情况和我国国家公园建设要求，中国国家公园是保护具有国家代表性的自然生态系统、自然景观和珍稀濒危动植物生境原真性、完整性而划定的严格保护与管理的区域（欧阳志云等，2018），是我国自然生态系统中最重要、自然景观最独特、自然遗产最精华、生物多样性最富集的部分，具有全球价值、国家象征，国民认同度高（国务院，2019）。基于我国国家公园建设要求，本研究提出面向国家公园规划的自然景观应是具有一个或多个独特自然特征的区域，包括地质地貌、河湖湿地、野生动植物等风景资源，具有较高的观赏价值和科学价值。在严格保护的前提下，该区域可以开展科研、教育和旅游参观等活动。

　　根据自然景观的定义要求，本研究收集了来自国际组织及我国各部门建立的现有景观类自然保护地作为基础数据，主要包括世界自然遗产、世界地质公园、国际重要湿地、自然保护区、风景名胜区、地质公园、森林公园、沙漠公园、湿地公园、海洋公园等。另外，为了避免自然保护地中的景观保护空缺，从《中国国家地理》《中华遗产》《中国国家旅游》《中国景色》《中国的名山大川》等地理、旅游、风景园林类的书籍、杂志、网站等文献资料中，选出满足以下条件的自然景观作为补充数据：第一，具有美学价值或科学价值的大面积自然区域；第二，具有独特的天然景观，以保证自然景观数据的完整性。共选取自然景观3823处，其中，3741处来自保护地数据，82处来自文献数据。数据基本涵盖了整个中国大陆的主要自然景观，属于本研究的范围。针对每处自然景观，整理了其基本属性，包括名称、位置、重点保护对象、面积、景观特征等以用于进一步分析。根据自然景观来源，针对不同类型的保护地及文献来源的自然景观特征，分属于不同的景观类型，以便对自然景观进行分类（图2-3）。

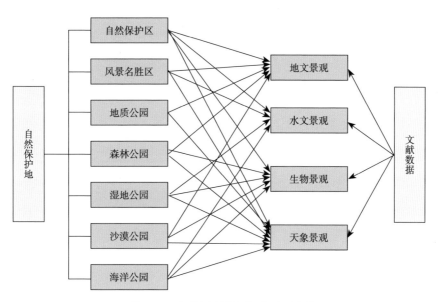

图 2-3　自然景观来源与类型对应关系

第 3 章

自然景观类型与
分布特征

Chapter Three

044

面向中国国家公园空间布局的自然景观保护优先区评估
NATURAL LANDSCAPE PROTECTED PRIORITIES ASSESSMENT
FOR SPATIAL DISTRIBUTION OF NATIONAL PARKS IN CHINA

根据我国自然景观的属性特征和自然景观分类要求，参考我国地形地貌分布状况，我国森林、草地、荒漠、湿地等生态系统空间分布特征，以及我国重点保护物种的栖息地分布情况，得到地文景观1080处、水文景观955处、生物景观1788处，天象景观68处（天象景观与其他类型自然景观有重叠）。小类中，森林、山岳、湖泊湿地、河流湿地景观数量较多，分别占自然景观数量的37.12%、15.38%、11.72%、10.78%。本章主要分析了各类自然景观的数量及空间分布特征。

3.1 地文景观分布特征

地文景观主要包括山岳、沙（荒）漠、峡谷、丹霞、喀斯特、火山、海岸与海岛、地质遗迹与典型地貌等，共1080处（表3-1、图3-1），其分布特征如下（图3-2）。

山岳景观588处，占地文景观的54.44%，依托我国主要山脉，分布范围广，多位于我国东北、西北、西南等地区，例如，大兴安岭、秦岭、祁连山、阿尔泰山、天山、昆仑山、横断山、喜马拉雅山、燕山、太行山、巫山等；依托我国宗教文化和传统文化，拥有深厚的历史底蕴，是我国文化载体，面积不大，蕴含丰富的人文景观，多分布在我国华东、华北等地区，例如，五台山、普陀山、峨眉山、九华山等佛教名山，齐云山、武当山、青城山、龙虎山等道教名山，以及泰山、嵩山、恒山、衡山、华山等五岳名山。

沙（荒）漠景观23处，占地文景观的2.13%，主要分布于我国西北干旱半干旱地区，面积广大，主要有西北地区的阿拉善沙漠、库木塔格沙漠、古尔班通古特沙漠、塔克拉玛干沙漠，及内蒙古高原中部、黄土高原北部的荒漠草原地带，例如，毛乌素沙地、巴音杭盖荒漠草原、鄂尔多斯沙地草地等。

峡谷景观49处，占地文景观数量的4.54%，主要依托于我国大型山脉和河流，形成高山峡谷区，主要包括雅鲁藏布江大峡谷、澜沧江梅里大峡谷、长江三峡、虎跳峡、鄂西大峡谷、太行山大峡谷、黄河晋陕大峡谷等。

表 3-1　各类地文景观数量与占比

类型	数量（处）	占地文景观数量比例（%）	占自然景观数量比例（%）
山岳	588	54.44	15.38
沙（荒）漠	23	2.13	0.60
峡谷	49	4.54	1.28
丹霞	42	3.89	1.10
喀斯特	107	9.91	2.80
火山	25	2.31	0.65
海岸与海岛	68	6.30	1.78
地质遗迹与典型地貌	178	16.48	4.66
总计	1080	100.00	28.25

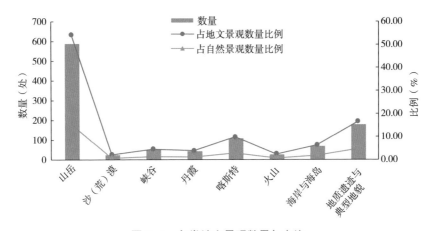

图 3-1　各类地文景观数量与占比

丹霞景观42处，占地文景观的3.89%，主要分布于我国华东、华中、华南和部分西北地区，包括武夷山、泰宁丹霞、丹霞山、赤水丹霞、云南老君山、崀山、龙虎山、张掖丹霞、火石寨等。

喀斯特景观107处，占地文景观的9.91%，集中分布于我国西南、华中、华南等地区，包括漓江山水、织金洞、乐业天坑群、荔波喀斯特、路南石林、罗平峰林、武隆喀斯特、丰都雪玉洞、白水洞等。

火山景观25处，占地文景观的2.31%，主要分布在东北地区、华东地区和西南地区，包括五大连池、长白山、靖宇火山群、雷琼火山群、漳州海滨

046

面向中国国家公园空间布局的自然景观保护优先区评估
NATURAL LANDSCAPE PROTECTED PRIORITIES ASSESSMENT
FOR SPATIAL DISTRIBUTION OF NATIONAL PARKS IN CHINA

火山、腾冲火山、平塘火山等。

海岸与海岛景观68处，占地文景观的6.30%，分布于我国东北、华东、华南的沿海地区，包括福鼎福瑶列岛、雷州半岛、威海成山头、万宁大洲岛等。

地质遗迹与典型地貌景观178处，占地文景观的16.48%，主要有地质遗迹、古生物遗迹和典型地貌景观3种，其中，地质遗迹包括标准地质剖面、地质构造、地质灾害遗迹等景观，如蓟县地质遗迹、房山地质遗迹、克什克腾地质遗迹，古生物遗迹景观如澄江化石地、自贡恐龙遗迹、南阳恐龙蛋化石遗迹，典型地貌景观为不属于以上地文景观类型，并具有独特景观特征的地貌景观，如张家界峰林、西北地区的雅丹地貌等景观。

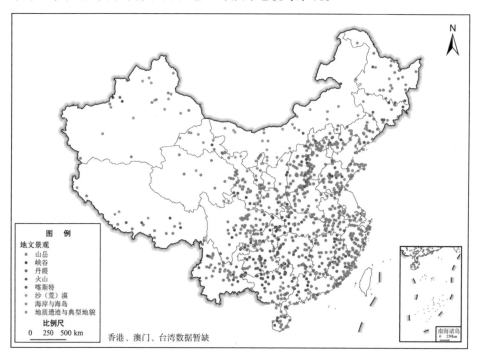

图 3-2　地文景观空间分布

3.2　水文景观分布特征

水文景观主要包括河流湿地、湖泊湿地、沼泽湿地、瀑布等，共955处

（表3-2、图3-3），其分布特征如下（图3-4）。

表 3-2　各类水文景观数量与占比

类型	数量（处）	占水文景观数量比例（%）	占自然景观数量比例（%）
河流湿地	412	43.14	10.78
湖泊湿地	448	46.91	11.72
沼泽湿地	84	8.80	2.20
瀑布	11	1.15	0.29
总计	955	100.00	24.98

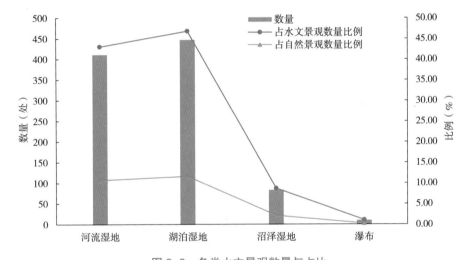

图 3-3　各类水文景观数量与占比

　　河流湿地景观412处，占水文景观的43.14%，主要分布于河流沿线，如黄河湿地（青海海南黄河湿地、河套平原湿地、郑州黄河湿地、黄河三角洲湿地等）、南滚河湿地、富春江湿地、雅砻河湿地、乌裕尔河湿地等。

　　湖泊湿地景观448处，占水文景观的46.91%，主要依托我国重要水系分布的湖泊景观，如长江中下游湖泊湿地景观（鄱阳湖、洞庭湖、巢湖、洪湖、太湖等）；青藏高原咸水湖景观，包括青海湖、纳木错、色林措、羊卓雍措等；东北地区火山湖景观，主要分布于黑龙江、吉林，如五大连池、长白山天池、镜泊湖等；西北地区荒漠绿洲湖泊湿地景观，包括甘家湖、艾比湖、平罗沙湖等。

048

面向中国国家公园空间布局的自然景观保护优先区评估
NATURAL LANDSCAPE PROTECTED PRIORITIES ASSESSMENT
FOR SPATIAL DISTRIBUTION OF NATIONAL PARKS IN CHINA

另外，还有部分城市湖泊水体景观，如北京野鸭湖、昆明滇池、上海淀山湖等。

沼泽湿地景观84处，占水文景观的8.80%，重点分布在三个区域：东北、华北、华东、华南地区的沿海滩涂湿地景观，包括辽河口湿地、北大港湿地、滨州湿地、苏北滨海湿地、崇明东滩湿地、闽江河口湿地等；东北地区森林沼泽湿地景观，主要分布于大兴安岭、小兴安岭等地区，包括多布库尔湿地、友好湿地、红星湿地、扎龙湿地、东方红湿地、珍宝岛湿地等；西南地区高寒草甸湿地景观，包括若尔盖湿地、黄河首曲湿地、香格里拉纳帕海湿地、普达措湿地等。

瀑布景观11处，占水文景观的1.15%，多分布在西南喀斯特地区，及高山峡谷区，如黄果树瀑布、德天瀑布、罗平九龙瀑布、藏布巴东瀑布群、诺日朗瀑布、黄河壶口瀑布、临江瀑布群等。

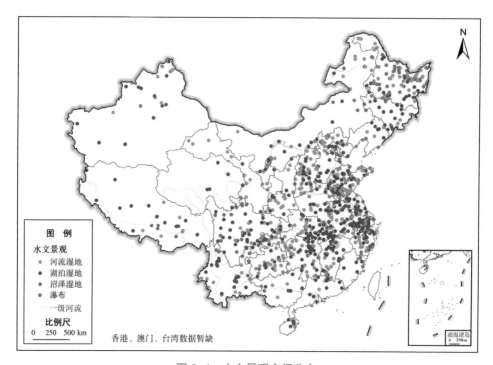

图 3-4　水文景观空间分布

3.3 生物景观分布特征

生物景观主要包括森林、草原草甸、珍稀动植物及栖息地等，共1788处（表3-3、图3-5），其分布特征如下（图3-6）。

表3-3 各类生物景观数量与占比

类型	数量（处）	占生物景观数量比例(%)	占自然景观数量比例(%)
森林	1419	79.36	37.12
草原草甸	46	2.57	1.20
珍稀动植物及栖息地	323	18.07	8.45
总计	1788	100.00	46.77

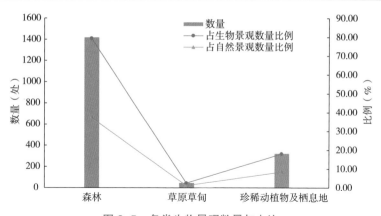

图3-5 各类生物景观数量与占比

森林景观1419处，占生物景观的79.36%，集中分布于东北、西南、华南等地区代表性森林生态系统，并包括西北部分地区独特的森林景观，典型的森林景观有大兴安岭兴安落叶松林、小兴安岭红松林、高黎贡山常绿阔叶林、西双版纳热带雨林、荔波喀斯特森林、蜀南竹林、东寨港红树林、天山雪岭云杉林、额济纳胡杨林、柴达木梭梭林等。另外，部分大城市郊区分布有城市森林景观，如上海佘山、共青、海湾城市森林，北京西山、上方山、鹫峰等。

草原草甸景观46处，占生物景观的2.57%，主要分布于内蒙古高原、青

050

面向中国国家公园空间布局的自然景观保护优先区评估
NATURAL LANDSCAPE PROTECTED PRIORITIES ASSESSMENT
FOR SPATIAL DISTRIBUTION OF NATIONAL PARKS IN CHINA

藏高原、天山腹地等地区，包括呼伦贝尔草原、锡林郭勒草原、科尔沁草原、甘南玛曲草原、那曲高寒草原、巴音布鲁克草原、伊犁草原等。

　　珍稀动植物及栖息地景观323处，占生物景观的18.07%，主要分布于秦岭中部、横断山区、青藏高原、长江中下游平原、东北地区和西北荒漠地区等，包括秦岭大熊猫栖息地、岷山大熊猫栖息地、可可西里野生动物栖息地、羌塘野生动物栖息地、滇西北金丝猴栖息地、西双版纳亚洲象栖息地、鄱阳湖越冬鸟类栖息地、长江淡水豚栖息地、崇明岛东滩鸟类栖息地、老爷岭东北虎豹栖息地、扎龙湿地丹顶鹤栖息地、罗布泊野骆驼栖息地、帕米尔高原野生动物栖息地等。

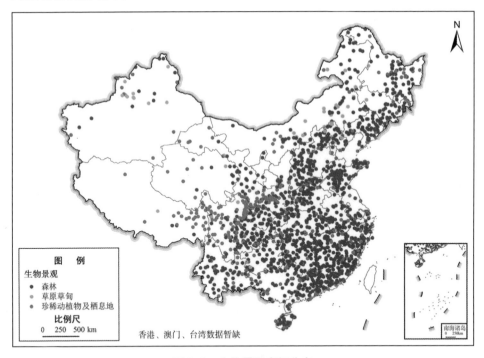

图3-6　生物景观空间分布

3.4　天象景观分布特征

　　天象景观主要包括日月星光和云雾冰雪，共68处（天象景观与其他类型自然景观有重叠）（表3-4、图3-7），其分布特征如下（图3-8）。

表 3-4　各类天象景观数量与占比

类型	数量（处）	占天象景观数量比例（%）
日月星光	39	57.35
云雾冰雪	29	42.65
合计	68	100.00

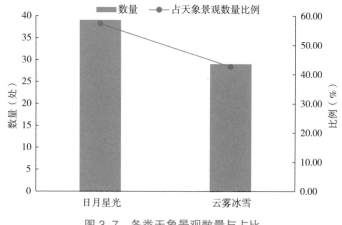

图 3-7　各类天象景观数量与占比

日月星光景观39处，主要包括日出日落、佛光、极光、星光景观等，代表性景观有泰山日出、华山东峰日出、青海湖日出、长白山日出、乌苏里江日出、敦煌日落、沙坡头日落、泸沽湖日出日落、漓江日出日落、峨眉山佛光、梵净山佛光、五台山佛光、大兴安岭极光、阿尔泰山极光、博斯腾湖星光、巴音布鲁克星空、纳木错星空、塔克拉玛干星空、羌塘星空等。

云雾冰雪景观29处，主要包括云雾、冰雪景观等，代表性景观有黄山云海、庐山瀑布云、三清山响云、苍山玉带云、牛背山云海、梵净山云雾、五指山云雾、罗平峰林云海、天山云雾、大兴安岭北极村冰雪景观、小兴安岭冰雪景观、长白山冰雪景观、呼伦贝尔冰雪景观、喀纳斯冰雪景观、帕米尔高原冰雪景观等。

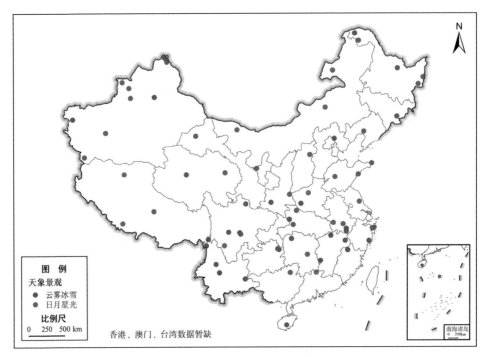

图 3-8　天象景观空间分布

第4章

自然景观保护
优先区评估

Chapter Four

054

面向中国国家公园空间布局的自然景观保护优先区评估
NATURAL LANDSCAPE PROTECTED PRIORITIES ASSESSMENT
FOR SPATIAL DISTRIBUTION OF NATIONAL PARKS IN CHINA

本章根据自然景观评估标准和评估方法，对我国自然景观进行综合评估，得到极重要自然景观76处，重要自然景观483处，较重要自然景观2053处，一般重要自然景观1211处，其中，西南地区自然景观数量众多，且高等级自然景观占比较大，是我国自然景观分布的最重要区域。综合自然景观重要性等级分布特征，划定自然景观保护优先区作为国家公园空间布局的候选区域，得到优先区67处，总面积122.56万km^2，优先区在我国华东、华北、华中和华南地区分布相对密集，但西北、西南和东北地区的优先区面积较大。

4.1 不同等级自然景观分布特征

通过"标准对照法""清单法""专家咨询法"，对我国自然景观进行综合评估，得到极重要自然景观76处，重要自然景观483处，较重要自然景观2053处，一般重要自然景观1211处（图4-1）。

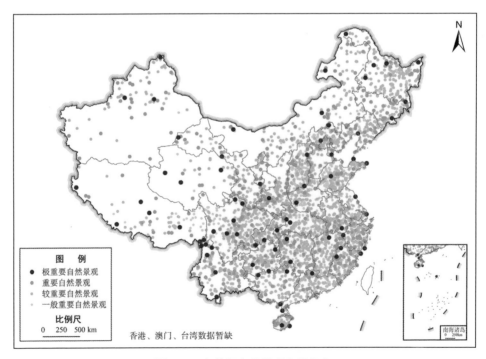

图 例
● 极重要自然景观
● 重要自然景观
● 较重要自然景观
· 一般重要自然景观

比例尺
0 250 500 km

香港、澳门、台湾数据暂缺

南海诸岛
0   250km

图 4-1　各等级自然景观空间分布

4.1.1 极重要自然景观空间分布特征

根据专家评估指标体系，从典型性、观赏性、原真性、完整性、历史文化价值5个方面评估，得到极重要自然景观共76处（图4-2），根据国家公园建设要求，其具有下列特征：①反映了我国"名山大川"中最精华的部分，是"名山大川"的重要载体；②原真性和完整性程度高，面积大；③是每种类型景观的最突出例证，也是全国乃至世界最有价值的自然景观；④同时具备较高的历史文化价值、生态区位重要性、紧迫性、可行性、抗干扰性等国家公园建设条件。极重要自然景观主要分布在我国西南地区，共24处，占总数的31.58%；其次是华东、西北、东北地区，分别为12处、11处、10处，占总数的15.79%、14.47%、13.16%；华北地区最少，仅4处（表4-1、图4-3）。

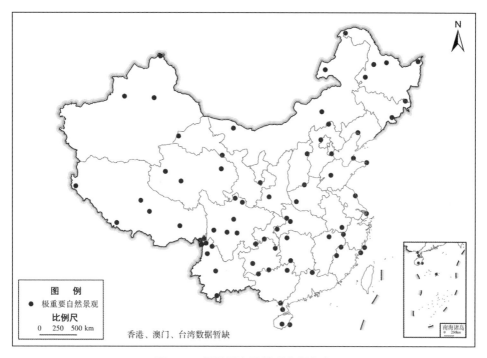

图 4-2 极重要自然景观空间分布

056

面向中国国家公园空间布局的自然景观保护优先区评估
NATURAL LANDSCAPE PROTECTED PRIORITIES ASSESSMENT
FOR SPATIAL DISTRIBUTION OF NATIONAL PARKS IN CHINA

表4-1 极重要自然景观数量及占比

地理区	省（自治区、直辖市）	极重要自然景观名称	数量（处）	占极重要自然景观数量比例（％）
东北	黑龙江	大兴安岭、小兴安岭湿地、三江平原湿地、五大连池、扎龙湿地	10	13.16
	吉林	东北虎豹栖息地、长白山		
	辽宁	辽河口湿地		
	内蒙古（东部）	呼伦贝尔草原、锡林郭勒草原		
华北	北京	燕山	4	5.26
	天津	北大港		
	河北	塞罕坝		
	山西、河北、北京	五台山		
华东	上海	崇明长江口湿地	12	15.79
	江苏	苏北沿海湿地		
	浙江	钱江源、南北麂列岛		
	安徽	黄山		
	江西	鄱阳湖		
	山东	泰山、渤海长山列岛、威海成山头		
	福建	泰宁丹霞、武夷山、东海福鼎福瑶列岛		
华中	河南	伏牛山	7	9.21
	河南、山西	南太行山		
	湖北	神农架、长江三峡、鄂西大峡谷		
	湖南	张家界、崀山		
华南	广东	丹霞山、雷州半岛	8	10.53
	广西	漓江山水、乐业大石围天坑群、北部湾		
	海南	海南岛热带雨林、南海珊瑚礁、万宁大洲岛		
西北	陕西	秦岭	11	14.47
	甘肃	祁连山、库木塔格沙漠		
	宁夏	六盘山		

（续）

地理区	省（自治区、直辖市）	极重要自然景观名称	数量（处）	占极重要自然景观数量比例（%）
西北	青海	青海湖、三江源、可可西里	11	14.47
	新疆	天山博格达峰、喀纳斯、西天山		
	内蒙古（西部）	阿拉善沙漠		
西南	重庆	金佛山、若尔盖湿地	24	31.58
	四川	九寨沟、稻城亚丁、峨眉山、四姑娘山、贡嘎山		
	贵州	黄果树瀑布、荔波喀斯特、梵净山、赤水丹霞		
	云南	金沙江虎跳峡、梅里雪山（含澜沧江梅里大峡谷）、怒江大峡谷、哀牢山、白马雪山、普达措、高黎贡山、西双版纳亚洲象栖息地		
	西藏	纳木错、色林措、雅鲁藏布大峡谷、珠穆朗玛峰、札达土林		
总计			76	100.00

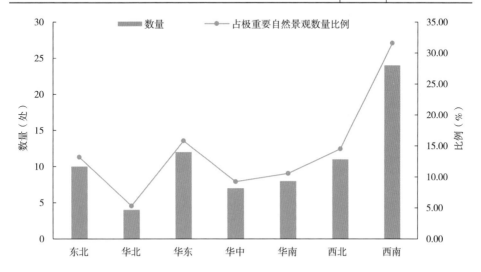

图4-3 极重要自然景观数量及占比

4.1.2 重要自然景观空间分布特征

通过清单法，建立自然景观清单，包括景观名称、位置、类型、面积、重点保护对象、自然景观特征、历史文化资源等属性信息，描述自然景观重要性，根据重要自然景观标准要求，得到重要自然景观共483处（图4-4），并具有下列特征：①在同种类型的自然景观中，具有较强的典型性，是同类景观的"范例"，具有重要的美学或科学价值；②原真性和完整性良好；③对照重要自然景观标准要求，重要自然景观多为国家级自然保护区、国家级风景名胜区，及重叠度较高且极具观赏价值的各类公园。景观数量以华东和西南最多，分别为98处、96处，占重要自然景观总数的20.29%、19.88%；其次是东北地区和西北地区，分别为79处、73处，占16.36%、15.11%；华中、华南、华北地区相对较少，分别为59处、41处、37处，占12.22%、8.49%、7.66%（表4-2、图4-5）。

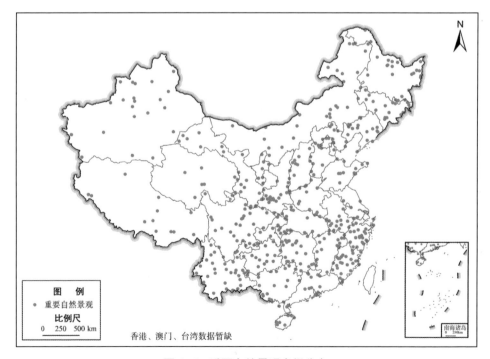

图 4-4　重要自然景观空间分布

表 4-2　重要自然景观数量及占比

地理区	省（自治区、直辖市）	数量（处）	总数（处）	占重要自然景观数量比例(％)
东北	黑龙江	28	79	16.36
	吉林	17		
	辽宁	15		
	内蒙古（东部）	19		
华北	北京	4	37	7.66
	天津	3		
	河北	15		
	山西	8		
	内蒙古（中部）	7		
华东	江苏	4	98	20.29
	浙江	25		
	安徽	14		
	江西	19		
	山东	11		
	福建	25		
华中	河南	14	59	12.22
	湖北	16		
	湖南	29		
华南	广东	13	41	8.49
	广西	21		
	海南	7		
西北	陕西	23	73	15.11
	甘肃	19		
	宁夏	5		
	青海	5		
	新疆	20		
	内蒙古（西部）	1		

060

面向中国国家公园空间布局的自然景观保护优先区评估
NATURAL LANDSCAPE PROTECTED PRIORITIES ASSESSMENT
FOR SPATIAL DISTRIBUTION OF NATIONAL PARKS IN CHINA

（续）

地理区	省（自治区、 直辖市）	数量（处）	总数（处）	占重要自然景 观数量比例(％)
西南	重庆	8	96	19.88
	四川	29		
	贵州	16		
	云南	31		
	西藏	12		
总计		483		100.00

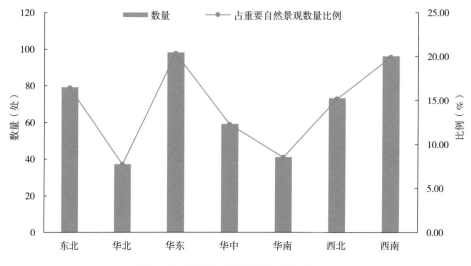

图4-5　重要自然景观数量及占比

4.1.3　较重要自然景观空间分布特征

通过标准对照法，根据各自然景观所在的保护地标准，或相关文献评价，与较重要自然景观标准对照，剔除低级别地方（市、县）代表性的自然景观，得到较重要自然景观共2053处（图4-6），并具有下列特征：①是全国同类自然景观的重要组成部分，每个省（直辖市、自治区）自然景观的杰出代表；②保存较为完好，原真性一般。较重要自然景观多为各类国家级公园，如地质公园、森林公园、湿地公园、沙漠公园等，主要分布在华东和西南地区，分别为452处、416处，占较重要自然景观总数的22.02%、20.26%；其次是东北、华中、西北和华南地区，分别为281处、255处、236处、232处，占13.69%、12.42%、11.50%、11.30%；华北地区较重要自然景观数量最少，有181处，占8.82%（表4-3、图4-7）。

图 4-6　较重要自然景观空间分布

表 4-3　较重要自然景观数量及占比

地理区	省（自治区、直辖市）	数量（处）	总数（处）	占较重要自然景观数量比例（%）
东北	黑龙江	124	281	13.69
	吉林	46		
	辽宁	59		
	内蒙古（东部）	52		

062

面向中国国家公园空间布局的自然景观保护优先区评估
NATURAL LANDSCAPE PROTECTED PRIORITIES ASSESSMENT
FOR SPATIAL DISTRIBUTION OF NATIONAL PARKS IN CHINA

（续）

地理区	省（自治区、直辖市）	数量（处）	总数（处）	占较重要自然景观数量比例（%）
华北	北京	17	181	8.82
	天津	6		
	河北	69		
	山西	59		
	内蒙古（中部）	30		
华东	上海	6	452	22.02
	江苏	40		
	浙江	81		
	安徽	68		
	江西	76		
	山东	98		
	福建	83		
华中	河南	66	255	12.42
	湖北	74		
	湖南	115		
华南	广东	105	232	11.30
	广西	92		
	海南	35		
西北	陕西	88	236	11.50
	甘肃	61		
	宁夏	15		
	青海	21		
	新疆	48		
	内蒙古（西部）	3		
西南	重庆	65	416	20.26
	四川	148		
	贵州	72		
	云南	100		
	西藏	31		
总计			2053	100.00

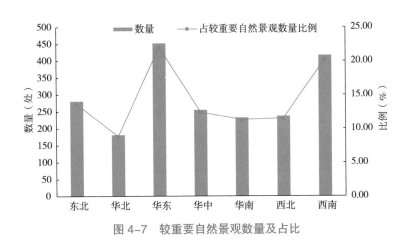

图 4-7　较重要自然景观数量及占比

4.1.4　一般重要自然景观空间分布特征

我国一般重要自然景观共1211处（图4-8），具有下列特征：①具有观赏性和旅游吸引力，可达性强，是公众休闲游憩的便利场所；②完整性和原真

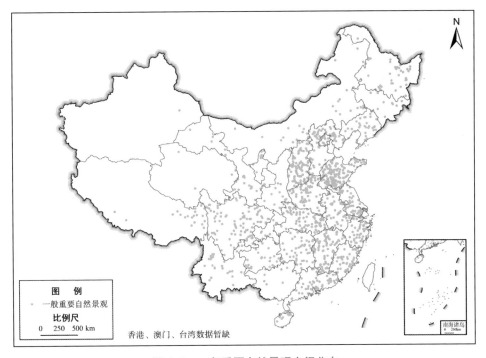

图 4-8　一般重要自然景观空间分布

性一般，面积相对较小。对照一般重要自然景观标准要求，一般重要自然景观多为各类地方级公园，主要分布在华东地区，有437处，占一般重要自然景观数量的36.09%；其次是华中、华北、西南地区，分别为188处、180处、174处，占15.53%、14.86%、14.37%；较少的是东北、华南、西北地区，分别为102处、79处、51处，占8.42%、6.52%、4.21%（表4-4、图4-9）。

表4-4　一般重要自然景观数量及占比

地理区	省（自治区、直辖市）	数量（处）	总数（处）	占一般重要自然景观数量比例(％)
东北	黑龙江	39	102	8.42
	吉林	12		
	辽宁	35		
	内蒙古（东部）	16		
华北	北京	13	180	14.86
	河北	65		
	山西	89		
	内蒙古（中部）	13		
华东	江苏	48	437	36.09
	浙江	48		
	安徽	40		
	江西	85		
	山东	172		
	福建	44		
华中	河南	63	188	15.53
	湖北	76		
	湖南	49		
华南	广东	59	79	6.52
	广西	9		
	海南	11		

（续）

地理区	省（自治区、直辖市）	数量（处）	总数（处）	占一般重要自然景观数量比例(%)
西北	陕西	13	51	4.21
	甘肃	22		
	宁夏	9		
	青海	4		
	新疆	2		
	内蒙古西部	1		
西南	重庆	9	174	14.37
	四川	96		
	贵州	24		
	云南	25		
	西藏	20		
总计			1211	100.00

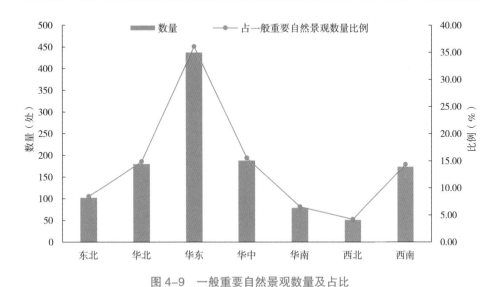

图4-9 一般重要自然景观数量及占比

4.1.5 区域分布特征

自然景观总体数量呈东多西少、南多北少趋势。我国自然景观共3823处，

066

面向中国国家公园空间布局的自然景观保护优先区评估
NATURAL LANDSCAPE PROTECTED PRIORITIES ASSESSMENT
FOR SPATIAL DISTRIBUTION OF NATIONAL PARKS IN CHINA

其中，华东地区分布数量最多，共999处，占景观总数的26.13%。其次是西南地区，共710处，占18.57%；华中地区，共509处，占13.31%；东北地区，共472处，占12.35%；华北地区，共402处，占10.52%。西北地区和华南地区分布相对较少，分别有371处和360处，分别占9.70%和9.24%（表4-5）。

自然景观等级分布特征主要呈西高东低的趋势，即重要性等级高的自然景观多分布于我国西部，而等级相对偏低的自然景观多分布于我国东部。西南地区和西北地区极重要自然景观占区域内景观数量的比例较高，为3.38%和2.96%，而华北地区最低，占区域景观数量的1.00%；西北、东北、西南地区重要自然景观占区域内景观数量比例较高，为19.68%、16.74%、13.52%；华南、西北和东北地区较重要自然景观占区域内景观数量比例较高，为64.44%、63.61%、58.59%；华北、华东和华中地区一般重要自然景观占区域内景观数量比例较高，为44.78%、43.74%、36.93%（表4-5、图4-10）。

综上所述，自然景观分布特征主要体现在：①西南地区自然景观数量众多，且高等级自然景观占比较大，是我国自然景观分布的最重要区域；②华东地区自然景观数量最多，但景观等级不高，以较重要和一般重要自然景观为主；③西北和东北地区景观数量较多，且等级较高，是仅次于西南地区的高等级自然景观分布区域；④华南、华中和华北地区景观数量相对较少，景观等级也相对偏低，除华南地区极重要自然景观数量稍高外。这与地形、地貌、气候、土壤等自然因素，及人口、经济、城建、生活生产等社会经济因素密切相关，西南、西北、东北地区地广人稀，具有多条大型山脉，成为我国主要大江大河的发源地，发育了众多独特的自然景观；华中地区景观以山岳、喀斯特、丹霞地貌等为主，景观规模中等，社会经济水平居中；华北、华东、华南地区，人居环境好，人口密度大，经济发达，自然景观分布密集，规模较小，可达性强，主要为公众的休闲和接触自然的场所。

表4-5 各地理区自然景观分布数量及比例

地理区	极重要		重要		较重要		一般重要		总数	
	数量（处）	占区域景观数量比例（%）	数量（处）	占区域景观数量比例（%）	数量（处）	占区域景观数量比例（%）	数量（处）	占区域景观数量比例（%）	数量（处）	占区域景观数量比例（%）
东北	10	2.12	79	16.74	281	59.53	102	21.61	472	12.35
华北	4	1.00	37	9.20	181	45.02	180	44.78	402	10.52
华东	12	1.20	98	9.81	452	45.25	437	43.74	999	26.13
华中	7	1.38	59	11.59	255	50.10	188	36.93	509	13.31
华南	8	2.22	41	11.39	232	64.44	79	21.94	360	9.42
西北	11	2.96	73	19.68	236	63.61	51	13.75	371	9.70
西南	24	3.38	96	13.52	416	58.59	174	24.51	710	18.57
总计	76	1.99	483	12.63	2053	53.70	1211	31.68	3823	100.00

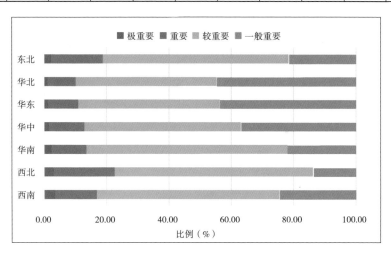

图4-10 各地理区不同等级自然景观分布比例

4.2 面向国家公园规划的自然景观保护优先区分布

4.2.1 优先区空间分布特征

根据自然景观保护优先区边界划定方法，对优先区边界范围进行划定，得到大兴安岭、呼伦贝尔、燕山、苏北滨海湿地、武夷山、神农架、张家界、南海珊瑚礁、岷山大熊猫栖息地、三江并流、珠穆朗玛峰、秦岭大熊猫栖息地、祁连山、三江源、天山等67处优先区（图4-11、表4-6），总面积122.56万km²。其中，陆域面积115.5万km²，占国土面积的12.03%；海域面积7.06万km²，占我国领海面积的1.5%。优先区在我国华东、华中、华南、华北地区分布相对密集，而西北、西南和东北地区的优先区面积远大于这些区域。西南地区优先区数量最多，拥有17处，面积34.26万km²，占优先区总面积的27.95%；西北地区拥有9处优先区，但面积最大，为50.15万km²，占优先区总面积的40.92%；东北地区拥有10处优先区，面积22.22万km²，占优先区总面积的18.13%；华东地区优先区数量较多，有12处，但面积仅占优先区总面积的2.66%；华北、华中、华南地区优先区数量少，且面积不大，三个区域的优先区面积仅占优先区总面积的10.34%（表4-7、图4-12）。

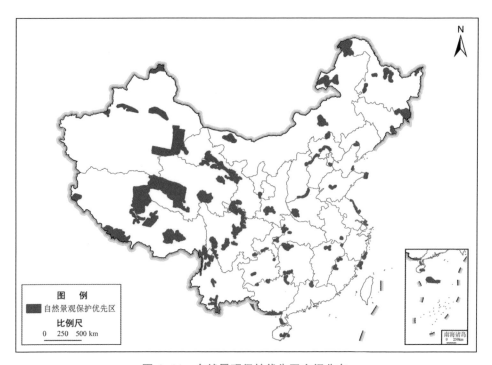

图4-11　自然景观保护优先区空间分布

类型方面，西南地区以山岳、珍稀动植物及栖息地、高原湖泊湿地、沼泽湿地、峡谷、喀斯特地貌等为主，包括珠穆朗玛峰、岷山大熊猫栖息地、羌塘、若尔盖、三江并流、荔波喀斯特等；西北地区以山岳、沙（荒）漠、高原湿地等为主，包括天山、祁连山、库木塔格沙漠、阿拉善沙漠、三江源等；东北地区以山岳、森林、草原草甸、湿地、火山地貌等景观为主，包括长白山、大兴安岭、呼伦贝尔、小兴安岭、五大连池等；华东地区以山岳、滨海沼泽湿地、丹霞、海岸与海岛等景观为主，包括泰山、黄山、苏北滨海湿地、武夷山、渤海长山列岛、福鼎福瑶列岛等；华北地区以山岳、湿地等景观为主，包括燕山、五台山、北大港湿地等；华中地区以山岳、峡谷、喀斯特地貌等景观为主，包括伏牛山、长江三峡、张家界等；华南地区以海岸与海岛、森林、喀斯特地貌等景观为主，包括雷州半岛、南海珊瑚礁、海南岛热带雨林、漓江山水等。

区域分布差异主要有以下原因：①受地形地貌、气候环境等自然因素的影响，西北、西南、东北大片区域为荒野地（如可可西里、羌塘高原、兴安岭部分地区等），极少数人甚至没有人类生存在那里，这些区域景观价值极高，而且非常脆弱，需要建立国家公园，实行优先保护；②华东、华北、华南、华中地区自然环境适合人类居住，因此，人口密度大，经济发达，耕地面积大，城市化水平高，交通可达性强，景观原真性较差，高级别景观相对较少，陆地优先区面积相对较小；③西北、西南、东北地区自然景观类型以大型山脉、沙漠、珍稀动物及其栖息地、草原草甸、森林等为主，而华东、华北、华中地区自然景观类型以山岳、丹霞、喀斯特地质遗迹与典型地貌等地貌为主，这些景观类型在规模上远不及以上三个区域，华南地区优先区面积相对较大，但以海岛与海岸等类型为主，而陆地部分则以山岳、喀斯特、丹霞等地貌为主，规模相对较小。

070

面向中国国家公园空间布局的自然景观保护优先区评估
NATURAL LANDSCAPE PROTECTED PRIORITIES ASSESSMENT
FOR SPATIAL DISTRIBUTION OF NATIONAL PARKS IN CHINA

表 4-6　自然景观保护优先区名单

序号	优先区名称	位置	地理区	面积（km²）	区内自然景观类型
1	五大连池	黑龙江	东北	4511	火山、地质遗迹与典型地貌、湖泊湿地
2	小兴安岭	黑龙江	东北	26720	沼泽湿地、河流湿地、森林
3	三江平原湿地	黑龙江	东北	3209	沼泽湿地、湖泊湿地、珍稀动植物及其栖息地
4	扎龙湿地	黑龙江	东北	7792	沼泽湿地、河流湿地、珍稀动植物及其栖息地
5	东北虎豹栖息地	黑龙江、吉林	东北	29406	珍稀动植物及其栖息地、森林、火山、峡谷
6	大兴安岭	黑龙江、内蒙古（东部）	东北	74095	森林、河流湿地
7	长白山	吉林	东北	5853	森林、火山、湖泊湿地
8	辽河口湿地	辽宁	东北	4005	沼泽湿地、河流湿地、珍稀动植物及其栖息地、海岸与海岛
9	呼伦贝尔草原	内蒙古东部	东北	45560	草原草甸、湖泊湿地、珍稀动植物及其栖息地
10	锡林郭勒草原	内蒙古东部	东北	21023	草原草甸、森林
11	燕山	北京、河北	华北	7219	森林、地质遗迹与典型地貌
12	北大港湿地	天津	华北	1578	沼泽湿地、珍稀动植物及其栖息地
13	塞罕坝	河北	华北	5857	草原草甸、森林
14	五台山	山西、河北、北京	华北	7779	山岳、森林、珍稀动植物及其栖息地
15	崇明长江口湿地	上海	华东	1475	沼泽湿地、珍稀动植物及其栖息地
16	苏北滨海湿地	江苏	华东	4261	沼泽湿地、珍稀动植物及其栖息地
17	南北麂列岛	浙江	华东	2878	海岸与海岛、山岳、珍稀动植物及其栖息地

（续）

序号	优先区名称	位置	地理区	面积（km²）	区内自然景观类型
18	钱江源	浙江、江西	华东	815	森林、珍稀动植物及其栖息地
19	黄山	安徽	华东	1386	山岳、森林、地质遗迹与典型地貌
20	鄱阳湖	江西	华东	3448	湖泊湿地、珍稀动植物及其栖息地
21	泰山	山东	华东	3993	山岳、森林
22	渤海长山列岛	山东	华东	1281	海岸与海岛
23	威海成山头	山东	华东	4287	海岸与海岛、山岳
24	武夷山	福建	华东	2353	丹霞、森林、珍稀动植物及其栖息地
25	泰宁丹霞	福建	华东	2299	丹霞、森林
26	福鼎福瑶列岛	福建	华东	4144	海岸与海岛、珍稀动植物及其栖息地
27	伏牛山	河南	华中	8819	山岳、森林、地质遗迹与典型地貌
28	南太行山	山西、河南	华中	6157	珍稀动植物及其栖息地、森林、山岳、河流湿地
29	神农架	湖北	华中	4835	森林、珍稀动植物及其栖息地、地质遗迹与典型地貌
30	鄂西大峡谷	湖北	华中	2510	峡谷、喀斯特、森林
31	长江三峡	湖北	华中	1117	峡谷、河流湿地、地质遗迹与典型地貌
32	张家界	湖南	华中	9630	地质遗迹与典型地貌、喀斯特、森林、河流湿地
33	南山–舜皇山	湖南	华中	3950	丹霞、喀斯特、森林
34	丹霞山	广东	华南	2534	丹霞、森林
35	雷州半岛	广东	华南	2444	海岸与海岛
36	漓江山水	广西	华南	3670	喀斯特、森林、河流湿地

（续）

序号	优先区名称	位置	地理区	面积（km²）	区内自然景观类型
37	乐业天坑群	广西	华南	931	喀斯特、森林、珍稀动植物及其栖息地、地质遗迹与典型地貌
38	北部湾沙田半岛	广西	华南	21614	海岸与海岛、珍稀动植物及其栖息地
39	海南岛热带雨林	海南	华南	2086	森林、珍稀动植物及其栖息地
40	大洲岛	海南	华南	618	海岸与海岛、珍稀动植物及其栖息地
41	南海珊瑚礁	海南	华南	33369	海岸与海岛、珍稀动植物及其栖息地
42	秦岭	陕西	西北	11222	珍稀动植物及其栖息地、森林、河流湿地
43	祁连山	甘肃、青海	西北	69383	草原草甸、丹霞、森林、珍稀动植物及其栖息地
44	库木塔格沙漠	甘肃、新疆	西北	125920	沙（荒）漠、珍稀动植物及其栖息地
45	六盘山	宁夏、甘肃	西北	2840	山岳、丹霞、珍稀动植物及其栖息地
46	三江源	青海	西北	184101	珍稀动植物及栖息地、河流湿地、湖泊湿地、沼泽湿地
47	青海湖	青海	西北	8979	湖泊湿地、珍稀动植物及其栖息地
48	天山	新疆	西北	57774	山岳、森林、草原草甸、地质遗迹与典型地貌、湖泊湿地
49	阿尔泰山	新疆	西北	21586	山岳、森林、湖泊湿地、河流湿地
50	阿拉善沙漠	内蒙古西部	西北	19697	沙（荒）漠、湖泊湿地、地质遗迹与典型地貌
51	金佛山	重庆、贵州	西南	2024	喀斯特、森林、珍稀动植物及其栖息地

（续）

序号	优先区名称	位置	地理区	面积（km²）	区内自然景观类型
52	岷山大熊猫栖息地	四川	西南	26341	珍稀动植物及其栖息地、湖泊湿地、森林
53	贡嘎山	四川	西南	8383	珍稀动植物及其栖息地、森林、山岳、地质遗迹与典型地貌
54	峨眉山	四川	西南	2221	山岳、森林、珍稀动植物及其栖息地
55	若尔盖	四川、甘肃	西南	22545	沼泽湿地、草原草甸、珍稀动植物及其栖息地
56	亚丁-泸沽湖	四川、云南	西南	14965	沼泽湿地、湖泊湿地、草原草甸、地质遗迹与典型地貌
57	荔波喀斯特	贵州	西南	1728	喀斯特、森林
58	梵净山	贵州	西南	686	森林、珍稀动植物及其栖息地
59	赤水丹霞	贵州	西南	1077	丹霞、森林
60	北盘江峡谷	贵州	西南	1991	峡谷、喀斯特、森林
61	三江并流	云南	西南	21959	珍稀动植物及栖息地、森林、峡谷、山岳、丹霞、河流湿地、沼泽湿地、
62	哀牢山	云南	西南	2704	森林、珍稀动植物及栖其息地
63	西双版纳亚洲象栖息地	云南	西南	7633	珍稀动植物及其栖息地、森林
64	珠穆朗玛峰	西藏	西南	44078	山岳、珍稀动植物及其栖息地
65	羌塘	西藏	西南	133468	珍稀动植物及其栖息地、湖泊湿地、沼泽湿地、草原草甸
66	雅鲁藏布江大峡谷	西藏	西南	41043	峡谷、瀑布、山岳、河流湿地、森林、珍稀动植物及其栖息地、地质遗迹地与典型地貌
67	札达土林	西藏	西南	9741	地质遗迹与典型地貌

074

面向中国国家公园空间布局的自然景观保护优先区评估
NATURAL LANDSCAPE PROTECTED PRIORITIES ASSESSMENT
FOR SPATIAL DISTRIBUTION OF NATIONAL PARKS IN CHINA

表 4-7　优先区分布数量与面积

地理区	数量（处）	面积（万 km^2）	占优先区总面积比例（%）
东北	10	22.22	18.13
华北	4	2.24	1.83
华东	12	3.26	2.66
华中	7	3.70	3.02
华南	8	6.73	5.49
西北	9	50.15	40.92
西南	17	34.26	27.95
总计	67	122.56	100.00

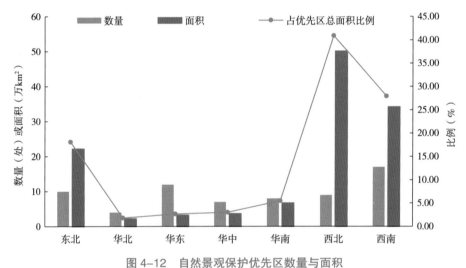

图 4-12　自然景观保护优先区数量与面积

4.2.2　各优先区特征

（1）东北地区

①大兴安岭优先区

大兴安岭优先区位于大兴安岭山脉北部，行政范围涉及黑龙江漠河、呼玛，内蒙古额尔古纳等县（市），面积约 7.41 万 km^2，保护对象为森林、河流湿地等景观，是我国保存最为完整、最为原始的寒温带原始明亮针叶林地区，森林植被垂直分布明显，森林和湿地景观独具特色，有河流湿地、湖泊湿地、沼泽湿地3大类湿地，是呼玛河的发源地，对维护黑龙江流域的生态安全具有重要意义。大兴安岭既是中国北方游猎部族和游牧民族的发祥地，也是东胡、鲜卑、契丹、蒙古民族起源的摇篮，并有鄂温克、鄂伦春、达斡尔、锡伯等少数民族，历史文化资源丰富。区内极重要自然景观有大兴安岭，还有潮查原始森林、汗马原始森林、呼中原始森林等自然景观。

②小兴安岭优先区

小兴安岭优先区位于小兴安岭北麓，行政范围涉及黑龙江伊春、逊克等县（市），面积2.67万km²，保护对象为森林、沼泽湿地等景观，具有我国保存最完整、最具代表性的森林沼泽、灌丛沼泽、草丛沼泽等湿地，也是欧亚东北亚水禽迁徙过境的重要通道和野生动植物的重要栖息地和繁殖地，野生动植物资源十分丰富，拥有类型最齐全、发育最典型、造型最丰富的印支期花岗岩石林地质遗迹等，是松花江及黑龙江流域重要的生态屏障和水源涵养地，生态区位十分重要。小兴安岭"金祖文化"具有重要价值和意义，涵盖了大量历史，反映了辽金历史和女真人的历史文化。区内极重要自然景观有小兴安岭湿地，还有红星湿地、乌伊岭、大沾河湿地、友好湿地、丰林红松林等自然景观。

③三江平原湿地优先区

三江平原湿地优先区位于黑龙江与乌苏里江汇流的三角地带，行政范围涉及黑龙江抚远、同江等县（市），面积3209km²，保护对象为沼泽湿地等景观，泡沼遍布、河流纵横、岛屿众多，是全球少见的淡水沼泽湿地之一，为三江平原东端受人为干扰最小的湿地景观典型代表，野生动植物资源十分丰富，如大天鹅、丹顶鹤、东方白鹳等珍贵水禽，是东北亚候鸟南归北迁的重要停歇地和繁殖地，自然景观价值极高。三江平原湿地是"六小民族"之一——赫哲族的聚居区，保留了众多历史文化遗产和民族风俗传统，也是东北地区生态系统服务功能的重要区域。区内极重要自然景观有三江平原湿地，

076

面向中国国家公园空间布局的自然景观保护优先区评估
NATURAL LANDSCAPE PROTECTED PRIORITIES ASSESSMENT
FOR SPATIAL DISTRIBUTION OF NATIONAL PARKS IN CHINA

还有黑瞎子岛等自然景观。

④五大连池优先区

五大连池优先区位于小兴安岭与松嫩平原的过渡地带，行政范围涉及黑龙江五大连池市，面积4511km²，保护对象为火山等景观，保存着完整的熔岩台地和火山地貌，是我国火山最集中的区域，由14座火山及5个堰寒湖组成，是世界上少见的类型齐全的火山景观，有世界稀有的火山喷气锥、喷气碟，典型的绳状熔岩、翻花状熔岩及美学价值极高的象形熔岩、火山弹、浮石、熔岩隧道等，是我国首屈一指的世界著名的火山。五大连池矿泉水是世界三大冷泉之一，有铁硅质、镁钙型重碳酸低温冷矿泉水，也有偏硅酸、氡等类型矿泉水，享有"药泉""圣水"之誉，也被称为"中国矿泉水之乡"。五大连池拥有众多神话传说，人文资源较为丰富。区内极重要自然景观有五大连池，还有山口地质遗迹等自然景观。

⑤扎龙湿地优先区

扎龙湿地优先区位于大小兴安岭与长白山脉及松辽分水岭之间的松辽盆地中部区域，行政范围涉及黑龙江齐齐哈尔铁锋区、富裕、林甸、杜尔伯特等县（市），面积7792km²，保护对象为沼泽湿地、丹顶鹤栖息地等景观，拥有中国北方同纬度地区中保留最完整、最原始、最开阔的湿地景观，是众多鸟类和珍稀水禽的栖息繁殖地，重点保护动物为鹤类，包括丹顶鹤、白鹤、白头鹤、白枕鹤、蓑羽鹤等，被誉为世界"鹤乡"，也是重要的水源涵养区，具有涵养水源和调节气候的作用。扎龙湿地毗邻东北地区少数民族聚居区，有满族、达斡尔族、柯尔克孜族等，民族风情浓郁，是东北少数民族文化和鹤文化的重要分布区。区内极重要自然景观有扎龙湿地，还有乌裕尔河湿地等自然景观。

⑥东北虎豹栖息地优先区

东北虎豹栖息地优先区位于长白山支脉老爷岭南部，吉林延边朝鲜族自治州中、俄、朝三国交界地带，行政范围涉及吉林汪清、珲春、敦化，黑龙江东宁、穆棱、宁安等县（市），面积2.94万km²，保护对象为东北虎豹栖息地等景观，野生动植物资源极为丰富，堪称图们江流域世界级的"生态宝库"，是中国野生东北虎豹分布数量与密度最高的区域，也是俄罗斯东北虎豹种源向中国境内扩散的重要通道和栖息地，还有梅花鹿、紫貂、原麝、丹顶鹤、金雕、虎头海雕等珍稀野生动物资源。该区地处朝鲜族聚居区，民俗风情浓郁，人文历史资源丰富。区内极重要自然景观有东北虎豹栖息地，还有珲春东北虎栖息地、汪清东北虎栖息地、穆棱红豆杉林、老爷岭、镜泊湖等自然景观。

⑦长白山优先区

长白山优先区位于长白山脉东南部，与朝鲜相毗邻，行政范围涉及吉林长白、抚松、安图等县（市），面积5853km²，保护对象为火山、森林、湖泊湿地等景观，是欧亚大陆北半部最具代表性的典型自然综合体，世界少有的"物种基因库"，有东北红豆杉、长白松、东北虎等生物资源，长白山是一座巨型复合式盾状休眠火山，火山地貌十分典型，集中反映了世界上最突出的4种地貌类型，即火山熔岩地貌、流水地貌、喀斯特地貌和冰川冰缘地貌。长白山是满族的发祥地，也是朝鲜族聚集区，历史悠久，文化内涵博大精深。区内极重要自然景观有长白山，还有长白山天池等自然景观。

⑧辽河口湿地优先区

辽河口湿地优先区位于渤海辽东湾的顶部、辽河三角洲中心区域，行政范围涉及辽宁大洼、凌海、盘山等县（市），面积4005km²，保护对象为沼泽湿地、丹顶鹤等珍稀动植物及其栖息地等景观，是天然的物种基因库，也是东亚—澳大利西亚水禽迁徙路线上的中转站、目的地，有丹顶鹤、白鹤、白鹳、黑鹳等重点保护动物景观，并有"黑嘴鸥之乡"的美誉，辽河口湿地以苇海为主的自然景观独特，芦苇沼泽面积居亚洲第一，碱蓬滩涂形成举世罕见的红海滩，景观价值极高，也是世界上生态系统保存完整的湿地之一。辽河三角洲人文资源丰富，有湿地文化、鹤文化、古代海洋文明口头文学非物

078

面向中国国家公园空间布局的自然景观保护优先区评估
NATURAL LANDSCAPE PROTECTED PRIORITIES ASSESSMENT
FOR SPATIAL DISTRIBUTION OF NATIONAL PARKS IN CHINA

质文化遗产、民间戏曲等，历史文化价值较高。区内极重要自然景观有辽河口湿地，还有辽东湾、渤海湾、莱州湾等自然景观。

⑨呼伦贝尔草原优先区

呼伦贝尔草原优先区位于大兴安岭南段西坡，呼伦贝尔大草原内，空间范围涉及内蒙古新巴尔虎右旗、新巴尔虎左旗、鄂温克族自治旗、陈巴尔虎旗等县（市），面积4.56万 km^2，保护对象为草原草甸、湖泊湿地等景观，是世界著名的天然牧场，世界四大草原之一，被称为世界上最好的草原。草原内的呼伦湖和贝尔湖是国际重要的候鸟繁殖地之一，有丰富的湿地珍禽景观。呼伦贝尔草原拥有独特的原始草原、湖泊、动植物及其栖息地等多种自然景观，极具景观美学价值，是东北亚乃至全球重要的生态屏障，生态区位十分重要。呼伦贝尔是北方众多游牧民族的主要发祥地，拥有灿烂的民族文化，被誉为"中国北方游牧民族摇篮"，在世界史上占据较大地位。区内极重要自然景观有呼伦贝尔草原，还有呼伦湖、贝尔湖等自然景观。

⑩锡林郭勒草原优先区

锡林郭勒草原优先区位于大兴安岭以南，内蒙古草原中南部地区，行政范围涉及内蒙古锡林浩特、克什克腾旗、西乌珠穆沁旗等县（市），面积2.1万 km^2，保护对象为草原草甸、森林等景观，是我国草原类型复杂、保存较为完好、生物多样性丰富，在温带草原中具有代表性和典型性的草原，保留有完整的温带草原景观，包括草甸草原、典型草原、荒漠草原、沙地植被等，以及森林、湖泊、沼泽湿地、沙地、火山遗迹等多种自然景观，具有较高的景观价值。锡林郭勒草原既是蒙古族发祥地之一，又是成吉思汗及其子孙走向中原、走向世界的地方，具有浓郁的蒙古族传统民俗，及悠久的历史文化。区内极重要自然景观有锡林郭勒草原，还有白音敖包沙地云杉林等自然景观。

（2）华北地区

①燕山优先区

燕山优先区位于燕山山脉西端，海坨山南麓，行政范围涉及北京延庆、怀柔、密云，河北怀来、滦平、赤城等县（市），面积7219km²，保护对象为森林、地质遗迹与典型地貌等景观，拥有华北地区唯一成片的天然次生油松林，在华北地区具有很强的代表性，动植物资源丰富。区内的松山拥有丰富的地质遗迹，以硅化木化石和恐龙足迹化石为代表，集构造、沉积、古生物、岩浆活动及北方岩溶地貌于一体，景观价值极高。燕山具有较高的历史文化价值，出土有大量新旧石器和多处文化遗存，长城遗址是我国宝贵的文化遗产。其生态区位重要，是首都的生态屏障，在水源涵养、抵御风沙及空气净化等方面具有重要作用。区内极重要自然景观有燕山，还有松山、大海坨、云蒙山、延庆地质遗迹等自然景观。

②北大港湿地优先区

北大港湿地优先区位于渤海湾西岸，行政范围涉及天津滨海新区，面积1578km²，保护对象为沼泽湿地、鸟类等珍稀动植物及其栖息地等景观，温带滩涂湿地景观，面积较大，保存较完整，生物多样性丰富，处于亚洲东部鸟类迁徙的线路上，是东亚—澳大利西亚候鸟迁徙的必经之地，生态区位十分重要。每年春秋两季，大量鸟类会途经北大港湿地停歇、栖息、觅食，是我国重要的候鸟栖息地之一。北大港历史文化资源丰富，有石油文化、港口文化等，是津门文化的重要组成部分，也是京津冀一体化建设的重要环节。区内极重要自然景观北大港湿地，还有团泊鸟类等自然景观。

③塞罕坝优先区

塞罕坝优先区位于内蒙古高原的东南缘，阴山、大兴安岭和燕山余脉交汇处，空间范围涉及河北围场，面积5857km²，保护对象为草原草甸、森林等景观，天然植被群落保护完好，森林草甸植被和湿地沼泽基本处于自然状态，保存着大面积的华北北部典型森林，是华北地区重要的生物物种基因库，自然景观类型丰富多样，森林草原交错相连、河流湖泊星罗棋布，景观价值高。塞罕坝是清代皇家猎苑的一部分，也是满、蒙民族聚居区，文化相互交融，民族风情浓厚，拥有较高的历史文化价值。塞罕坝是京津地区生态安全的重

080

面向中国国家公园空间布局的自然景观保护优先区评估
NATURAL LANDSCAPE PROTECTED PRIORITIES ASSESSMENT
FOR SPATIAL DISTRIBUTION OF NATIONAL PARKS IN CHINA

要屏障，对于抵御风沙、涵养水源具有重要意义。区内极重要自然景观有塞罕坝，还有滦河上游森林草原、围场红松洼等自然景观。

④五台山优先区

五台山优先区位于太行山北端，行政范围涉及山西五台、繁峙、灵丘，河北涞源、蔚县、涿鹿，北京门头沟等县（区），面积7779km²，保护对象为山岳、森林等景观，暖温带落叶阔叶林景观，动植物资源丰富，拥有独特而完整的地球早期地质构造、地层剖面、古生物化石遗迹、新生代夷平面及冰缘地貌，完整记录了地球新太古代晚期—古元古代地质演化历史，具有世界性地质构造和年代地层划界意义和对比价值。五台山是世界文化景观遗产，也是我国佛教四大名山之首，保留有众多珍贵的历史文物、宗教古建等，历史文化价值极高。区内极重要自然景观有五台山，还有小五台山、繁峙臭冷杉林等自然景观。

（3）华东地区

①崇明长江口优先区

崇明长江口优先区位于长江入海口，崇明岛东南端，行政范围涉及上海崇明区，面积1475km²，保护对象为沼泽湿地、鸟类栖息地等景观，是目前长江口规模最大、发育最完善的河口型潮汐滩涂湿地，陆地和海洋之间的生态交错带，也是为数不多和较为典型的咸淡水河口湿地，并保留有自然原生状态。崇明长江口是亚太地区迁徙水鸟的重要通道，重点保护鸟类有白头鹤、黑鹳、东方白鹳、白尾海雕等，也是中华鲟等多种生物周年性溯河和降河洄游的必经通道，有着独特的水域天象景观和生物景观资源。历史文化资源丰富，背靠我国经济中心上海，具有海派文化、吴越文化等特征。区内极重要自然景观有崇明长江口湿地，还有崇明东滩和九段沙湿地等自然景观。

②苏北滨海湿地优先区

苏北滨海湿地优先区位于黄海之滨，长江三角洲北翼，行政范围涉及江苏响水、滨海、射阳、大丰、东台等县（市），面积4261km²，保护对象为沼泽湿地、珍稀动物及其栖息地等景观，以滨海滩涂湿地和动物栖息地景观为代表，植被为盐生草甸、盐土沼泽、水生植被，原始生态环境保存完好，并拥有全省最大的沿海滩涂，有丹顶鹤、白头鹤、白鹤、东方白鹳、黑鹳等珍稀水禽，并拥有世界最大的野生麋鹿种群，是世界最大的麋鹿基因库，被誉为"丹顶鹤的家园""麋鹿的故乡"。历史文化底蕴深厚，海盐文化为文化之根，盐城曾是华中敌后抗日根据地的政治、军事和文化中心。区内极重要自然景观有苏北滨海湿地，还有大丰麋鹿栖息地等自然景观。

③南北麂列岛优先区

南北麂列岛优先区位于浙江东海，行政范围涉及浙江平阳、瑞安等县，面积2878km²，保护对象为海岸与海岛、珍稀动植物及其栖息地等景观，主要保护贝类、藻类、鸟类、水仙花等珍稀濒危生物以及海岛、海岸、海水等景观，被誉为"贝藻王国"。区内极重要自然景观有南北麂列岛，还有洞头、大鹿岛等自然景观。

④钱江源优先区

钱江源优先区位于东南沿海，南岭山系怀玉山脉，行政范围涉及浙江开化，江西婺源等县，面积815km²，保护对象为森林、珍稀动植物及其栖息地等景观，保存有原始状态的大片天然次生林，是联系华南到华北植物的典型过渡带、华东地区重要的生态屏障、保存生物物种的天然基因库，为钱塘江的源头，峰峦叠嶂，具有典型的江南古陆强烈上升山地的地貌特征，形成了山河相间的地形特点，自然景观类型多样，包括山岳、峡谷、瀑布、河流、古树名木等，美学价值极高。钱江源人文资源丰富，名胜古迹众多，保留有宋明时期寺庙、抗战时期遗址，及大量历史传说和重点文物，历史文化价值较高。区内极重要自然景观有钱江源，还有古田山等自然景观。

⑤黄山优先区

黄山优先区位于皖南山区，行政范围涉及安徽黄山市，面积1386km²，保护对象为山岳、森林、地质遗迹与典型地貌等景观，有"华东植物宝库"之称，是重要的动物栖息和繁衍地，自然景观独特，以奇松、怪石、云海、温泉、冬雪"五绝"闻名，地质遗迹丰富，以峰林、冰川遗迹为主，兼有花岗岩造型石、花岗岩洞室、泉潭溪瀑等。黄山历史地位极高，素有"五岳归来不看山，黄山归来不看岳"的美誉，黄山迎客松已成为中国与世界人民和平友谊的象征；皇帝文化、宗教文化、徽州文化、诗词文化等以黄山为载体，历史文化价值极高。区内极重要自然景观有黄山，还有天湖山、太平湖、九龙峰等自然景观。

⑥鄱阳湖优先区

鄱阳湖优先区位于长江中下游南岸，行政范围涉及江西新建、余干、都昌、永修、星子等县（市），面积3448km²，保护对象为湖泊湿地、鸟类和鱼类栖息地等景观，是中国第一大淡水湖，生态系统结构完整，是湿地生物多样性最丰富的地区之一，是世界重要的候鸟越冬栖息地和最大的鸿雁种群越冬地，也是中国最大的小天鹅种群越冬地以及大量珍稀候鸟的重要迁徙通道和停歇地，还是长江江豚重要栖息地和种质资源库。鄱阳湖独特的湿地景观被世人誉为"珍禽王国""候鸟乐园"。鄱阳湖是长江干流重要的调蓄性湖泊，在长江流域中发挥着巨大的调蓄洪水功能。"鄱阳湖文化"的鱼耕、商贾、戏曲等，自秦朝兴起一直流传至今。区内极重要自然景观有鄱阳湖，还有鄱阳湖南矶湿地、鄱阳湖候鸟、鄱阳湖鲤鲫鱼产卵场等自然景观。

⑦泰山优先区

泰山优先区位于华北平原和山东半岛的过渡地带泰沂山脉北部，行政范围涉及山东泰安、莱芜等市，面积3993km²，保护对象为山岳、森林等景观，是世界文化与自然双遗产，位居"五岳之首"，是中华民族的象征，极具国家代表性，地貌类型繁多，分为侵蚀构造中山、侵蚀构造低山、侵蚀丘陵和山前冲洪积台地等类型，森林景观以温带落叶阔叶林景观为代表，动植物资源丰富，主要为鲁中南山地丘陵动物地理区的代表性类群，景观价值高。泰山是黄河流域古代文化的发祥地之一，人文历史悠久，文化遗产丰厚，曾是皇帝封禅、祭祀活动的重要场所。区内极重要自然景观有泰山，还有徂徕山等自然景观。

⑧渤海长山列岛优先区

渤海长山列岛优先区位于我国渤海，行政范围涉及山东长岛县，面积1281km²，保护对象为温带海洋和海岛景观，也是生物多样性高度集中分布区，具有独特的海岛地层景观和海蚀地貌、海岛黄土地层景观、渤海和黄海分界线地质景观、海鸟迁移齐飞景观、斑海豹群游景观等。长山列岛的"神仙文化"长盛不衰，有三神山、徐福东渡、八仙过海等众多神话传说。区内极重要自然景观有渤海长山列岛。

⑨威海成山头优先区

威海成山头优先区位于胶东半岛最东边，行政范围涉及山东荣成市，面积4287km²，保护对象为海岸与海岛、山岳等景观，因地处成山山脉最东端而得名，是中国陆海交接处的最东端，最早看见海上日出的地方，自古就被誉为"太阳启升的地方"，有"中国的好望角"之称，是中国最美海岸之一，具有中国少有的典型沙嘴、海蚀柱、海蚀洞等海蚀地貌，以及受到国内外地质学家高度重视的柳夼红层等自然遗迹。自古成山头就是兵家必争地，拥有众多历史典故。区域内极重要自然景观有威海成山头，还有荣成大天鹅栖息地等自然景观。

⑩武夷山优先区

武夷山优先区位于武夷山脉北端，行政范围涉及福建武夷山、建阳、光泽、邵武等县（市），面积2353km²，保护对象为丹霞、森林、珍稀动植物及其栖息地等景观，保存有世界同纬度带大量完整无损、多种多样的森林景观，几乎囊括中国亚热带所有原生性常绿阔叶林和岩生性植被群落，其中很多为中国独有，并以两栖类、爬行类和昆虫类分布众多而闻名，是世界著名的模式标本产地。武夷山是我国丹霞地貌的代表，也具有丰富的地质遗迹，主要有前震旦系和震旦系的变质岩系，中生代的火山岩、花岗岩和碎屑岩、火山机构、河湖相沉积，及丰富的动植物化石，具有极高的科研价值。武夷山是我国重要的佛道名山，也是朱子理学的摇篮，具有较高的历史文化价值。区内极重要自然景观有武夷山，包括江西武夷山、福建武夷山等。

⑪泰宁丹霞优先区

泰宁丹霞优先区位于武夷山脉中南部，行政范围涉及福建泰宁、建宁、将乐、明溪等县（市），面积2299km²，保护对象为丹霞、森林等景观，是世界自然遗产"中国丹霞"的重要组成部分，是中国亚热带湿润区青年期低海拔山原–峡谷型丹霞的唯一代表，也是中国丹霞从青年期—壮年期—老年期地貌演化过程中不可或缺的重要一环，以最密集的网状谷地、最发育的崖壁洞穴、最完好的古夷平面、最丰富的岩穴文化、最宏大的水上丹霞为特色，极具国家代表性。泰宁是"汉唐古镇，两宋名城"，保留有众多历史古迹，其中尚书第、世德堂是中国保存最为完好的明代江南古建筑群，还留有众多非物质文化遗产，具有较高的历史文化价值。区内极重要自然景观有泰宁丹霞，还有大金湖、猫儿山、闽江源、君子峰等自然景观。

⑫福鼎福瑶列岛优先区

福鼎福瑶列岛优先区位于福建东海，行政边界涉及福建宁德，面积4144km²，主要保护对象为刀蛏、龟足、海鸟、红树林等珍稀动植物及其栖息地、海岸与海岛等景观。福瑶列岛是闽东第一大岛，岛内有"天湖泛彩""蚁舟夕照""少滩奇纹""南国天山""海角晴空"等胜景，大嵛山、小嵛山、鸳鸯岛、银屿、鸟屿、观音礁等岛礁，其中，大嵛山岛是我国最美十大海岛之一。福瑶列岛古称意为"福地、美玉"，相传是由西王母送给东海龙王的蟠桃变成，为海上仙岛，拥有众多神话传说和历史故事，传奇而神秘。区内极重要自然景观有福鼎福瑶列岛。

（4）华中地区

①伏牛山优先区

伏牛山优先区位于秦岭东段支脉，行政范围涉及河南西峡、栾川、嵩县、南召、内乡、镇平、淅川等县（市），面积8819km²，保护对象为山岳、森林、地质遗迹与典型地貌等景观，有北亚热带和暖温带地区天然阔叶林保存最为完整的森林景观，地质遗迹极为丰富、类型多样，主要保护对象有恐龙化石、含蛋化石的典型地层剖面、秦岭造山带重要的断裂缝合带构造遗迹、火山熔岩岩枕群及气孔状流纹状岩石构造遗迹、岩溶洞穴、梯式瀑布群等，具有典型性、代表性、稀有性、国际性。伏牛山地处中原文化区，具有中原宗教文化、三国文化、酒文化、红色文化等，人文资源较为丰富，景观价值较高。区内极重要自然景观有伏牛山，还有南阳恐龙蛋化石群、宝天曼、熊耳山等自然景观。

②南太行山优先区

南太行山优先区位于太行山脉南段，行政范围涉及河南林州、辉县、修武、焦作、博爱、沁阳、济源，山西平顺、壶关、陵川、晋城、阳城等县（市），面积6157km²，保护对象为森林、珍稀动植物及其栖息地等景观，保存有较为完整的天然次生植被和原生植物群落景观，是当今世界猕猴分布的最北限，还有麝、大鲵、金钱豹、金猫、金雕等珍稀动物资源。区域内的云台山地貌类型复杂，地质遗迹丰富，形成群峡间列、峰谷交错、悬崖长墙、崖台梯叠的"云台地貌"景观，是新构造运动的典型遗迹。历史文化底蕴深厚，中原文化、宗教文化浓郁，是儒、释、道景观并存的宗教名山，并保留了众多历史古迹，如云台寺、清静宫、二仙庙等。区内极重要自然景观有南太行山，还有黛眉山、云台山、王屋山、林虑山等自然景观。

③神农架优先区

神农架优先区位于大巴山脉东南部，行政范围涉及湖北神农架林区、竹山、竹溪，重庆巫山等县（市），面积4835km²，保护对象为森林、珍稀动植物及其栖息地、地质遗迹与典型地貌等景观，是世界自然遗产、世界地质公园、世界生物圈保护区，代表了中纬度地区最具典型意义的、保存完好的森林景观，生物景观丰富，地质地貌景观多样，主要地貌类型有岩石地貌、冰

086

面向中国国家公园空间布局的自然景观保护优先区评估
NATURAL LANDSCAPE PROTECTED PRIORITIES ASSESSMENT
FOR SPATIAL DISTRIBUTION OF NATIONAL PARKS IN CHINA

川地貌、流水地貌、构造地貌。神农架历史悠久，流传着中华民族先祖神农氏采药尝百草、开拓中华农业文明的传说，有1000多年历史的川鄂古盐道、古代屯兵的遗迹等。区内极重要自然景观有神农架，还有阴条岭、五里坡、堵河源等自然景观。

④鄂西大峡谷优先区

鄂西大峡谷优先区位于我国长江中游，大巴山脉与武陵山脉之间，行政范围涉及湖北利川、恩施、咸丰等县（市），面积2510km²，保护对象为峡谷、喀斯特、森林等景观。区内星斗山是世界上唯一现存的水杉原生群落集中分布区，具有极高的典型性，为中国重要的物种基因库之一；腾龙洞属中国目前最大的溶洞，世界特级洞穴之一，以雄、险、奇、幽、绝的独特魅力驰名中外。鄂西大峡谷为土家族、苗族、侗族、彝族等少数民族聚居区，民族风情浓郁，并保存有牌坊、摩崖石刻、书院等大量古遗址和名胜古迹，历史文化价值较高。区内极重要自然景观有鄂西大峡谷，还有星斗山、腾龙洞大峡谷等自然景观。

⑤长江三峡优先区

长江三峡优先区位于长江中游，是瞿塘峡，巫峡和西陵峡三段峡谷的总称，空间范围涉及湖北秭归、宜昌、兴山等县（市），面积1117km²，保护对象为峡谷、河流湿地、地质遗迹与典型地貌等景观，拥有完整丰富的地质遗迹，包括最古老的变质岩基底，自晚太古宇以来地壳和古地理演化历史完整的地层剖面和所发育的各门类化石，及重大构造地质事件和海平面升降事件所留下的记录。景观类型多样，主要有峡谷、溶洞、河湖等。长江三峡是人类文明的发祥地之一，有"巫山人""大溪文化""巴楚文化"和"三国遗址"等古文化遗存，并留有大量千古传诵的诗篇。长江三峡是世界上少有的集峡谷、溶洞、山水和人文景观为一体的区域。区内极重要自然景观有长江三峡。

⑥张家界优先区

张家界优先区位于武陵源山脉中段，行政范围涉及湖南桑植、慈利、张家界武陵源区等县（市），面积9630km²，保护对象为地质遗迹与典型地貌、喀斯特、森林等景观，森林植物和野生动物资源极为丰富，被誉为"自然博物馆和天然植物园"，保留了长江流域古代植物群落的原始风貌，拥有中外罕见的石英砂岩峰林地貌和"湘西型"岩溶地貌，数以千计的石峰构成世上独一无二的峰林景观，并兼有大量的地质历史遗迹。张家界是土家族聚居区，民居建筑、非物质文化遗产、民族文化等异彩纷呈。区内极重要自然景观有张家界，还有武陵源、八大公山、索溪峪等自然景观。

⑦南山–舜皇山优先区

南山–舜皇山优先区位于越城岭腹地，行政范围涉及湖南遂宁、城步、新宁、东安等县（市），面积3950km²，保护对象为丹霞、喀斯特、森林等景观，拥有"南岭明珠""南方树木王国""生物基因库"的美称，区域内崀山地貌类型多样，属丹霞喀斯特混合地貌，有褶皱、断裂和节理发育等构造地貌，溶洞、地下河、石芽、溶峰等岩溶地貌，是红色砂砾岩发育到极致的景观，在世界上极为罕见，也是中国丹霞地貌景观中丰度和品位最具代表性的地区之一。有瑶、苗、侗、壮、土家等少数民族，民族风情浓郁，舜皇山是历史名山，舜文化的发祥地之一，拥有众多历史传说、典故等，文化底蕴十分深厚。区内极重要自然景观有崀山，还有南山、舜皇山、金童山等自然景观。

（5）华南地区

①丹霞山优先区

丹霞山优先区位于南岭山脉东部，行政范围涉及广东韶关、仁化、曲江等县（市），面积2534km²，保护对象为丹霞、森林等景观，拥有南岭南缘保存较完整、面积较大、分布较集中、原生性较强、中国特有的原始季雨林景观，是世界上发育最典型、类型最齐全、造型最丰富、风景最优美的丹霞地貌集中分布区，丹霞地貌发育具有典型性、代表性、多样性和不可替代性。丹霞山是岭南著名的宗教圣地，人文历史丰厚，拥有众多古代的寺庙、石窟、

088

面向中国国家公园空间布局的自然景观保护优先区评估
NATURAL LANDSCAPE PROTECTED PRIORITIES ASSESSMENT
FOR SPATIAL DISTRIBUTION OF NATIONAL PARKS IN CHINA

山寨遗址、古代悬棺岩墓、摩崖石刻及岩画等。区内极重要自然景观有丹霞山，还有始兴南山、小坑等自然景观。

②雷州半岛优先区

雷州半岛优先区位于北部湾，行政边界涉及广东雷州、徐闻等县，面积2444km²，主要保护对象为海岸与海岛、珊瑚、白蝶贝等珍稀动植物及其栖息地等景观。雷州半岛历史悠久，文化璀璨，包括雷州方言、雷祖雷神、雷歌雷剧、雷州音乐、雷州傩舞、雷州石狗、雷州珍珠等。雷州文化与广府、潮州、客家文化并称为广东四大文化。区内极重要自然景观有雷州半岛。

③漓江山水优先区

漓江山水优先区位于云贵高原东南端越城岭山脉南麓，行政范围涉及广西龙胜、兴安、灵川、临桂、桂林、阳朔、恭城等县（市），面积3670km²，保护对象为喀斯特、森林、河流湿地等景观，是世界上保存最完好的典型原生性亚热带山地常绿落叶阔叶混交林植被地带之一，是我国山水的代表。区内典型的喀斯特地貌构成了独特的自然景观，是世界自然遗产"中国南方喀斯特"的重要组成部分，享有"桂林山水甲天下"的美誉，具有极高的景观价值。桂林历史文化底蕴深厚，拥有史前人类文化、古代军事水利文化、山水诗文文化、抗战文化等，还有龙脊梯田等人文景观，历史文化价值极高。区内极重要自然景观有漓江山水，还有猫儿山、龙胜温泉等自然景观。

④乐业天坑群优先区

乐业天坑群优先区位于云贵高原向广西盆地过渡地带，行政范围涉及广西乐业等县，面积931km²，保护对象为喀斯特、森林、地质遗迹与典型地貌等景观，是世界上最大的天坑群，有"天然绝壁地宫"之美称，天坑数量和天坑分布密度世界绝无仅有，被誉为"世界天坑之都"。区内地质遗迹丰富，包括溶洞、峡谷、暗河、高峰丛夷平面、天生桥和大熊猫头骨化石等，生态系统类型为亚热带常绿阔叶林，动植物资源丰富。乐业是少数民族聚居区，拥有瑶、苗、布依等十余个少数民族，民族文化价值高。区内极重要自然景观有乐业大石围天坑群，还有雅长兰科植物栖息地、黄猄洞天坑等自然景观。

⑤北部湾沙田半岛优先区

北部湾沙田半岛优先区位于北部湾，行政范围涉及广西合浦县，面积2.16万km²，保护对象为海岸与海岛、珍稀动植物及其栖息地等景观，是我国典型的红树林、海草床，及海洋珍稀濒危物种集中分布区，还有贝类和藻类等海洋生物的原生种群，以及独特的红树林植被景观、海鸟齐飞景观、中华白海豚群游景观，具有广西沙田疍家文化等。区内极重要自然景观有北部湾沙田半岛，还有北仑河口、山口红树林等自然景观。

⑥海南岛热带雨林优先区

海南岛热带雨林优先区位于海南中部山区，行政范围涉及海南琼中、保亭、陵水、万宁、琼海等县（市），面积2086km²，保护对象为森林、珍稀动植物及其栖息地等景观，是中国热带地区面积最大的热带原始森林之一，也是全球保存最完好的3块热带雨林之一，原真性和完整性高，自然景观类型丰富多样，生态区位十分重要。区内五指山是海南岛的象征，也是海南少数民族集聚区，曾是中国红军在海南的根据地，历史文化价值较高。区内极重要自然景观有五指山，还有吊罗山、尖峰岭等自然景观。

⑦大洲岛优先区

大洲岛优先区位于我国南海，行政边界涉及海南万宁市，面积618km²，保护对象为是海岸与海岛、珍稀动植物及其栖息地等景观，环海南沿海线上最大荒岛，是我国唯一的金丝燕栖息地，主要保护珊瑚、海鸟等珍稀濒危生物以及海岛、海水等景观。区内极重要自然景观有大洲岛。

⑧南海珊瑚礁优先区

南海珊瑚礁优先区位于我国南海，行政范围涉及海南三沙市，面积3.34万km²，保护对象为海岸与海岛、珍稀动植物及其栖息地等景观，是我国珊瑚礁的典型集中分布区，也是海洋珍稀濒危高度集中分布区。海面有绿海龟等珍稀濒危生物资源分布，海底有贝类和藻类等海洋生物的原生种群，以及独

090

面向中国国家公园空间布局的自然景观保护优先区评估
NATURAL LANDSCAPE PROTECTED PRIORITIES ASSESSMENT
FOR SPATIAL DISTRIBUTION OF NATIONAL PARKS IN CHINA

特珊瑚岛礁景观、深邃蓝洞景观等。该区拥有海耕、海洋贸易、海疆及海洋信仰等海洋文化。区内极重要自然景观有南海珊瑚礁。

（6）西北地区

①秦岭优先区

秦岭优先区位于秦岭山脉中段，空间范围涉及陕西太白、留坝、洋县、佛坪、宁陕、周至、眉县等县（市），面积1.12万km^2，保护对象为森林、大熊猫等珍稀动植物及其栖息地等景观，是大熊猫、金丝猴、扭角羚、羚牛、朱鹮、黑鹳等国家重点保护野生动物的主要栖息地，自然生境面积比例高，保持了原始、完整的森林景观，生物多样性十分丰富，地貌类型多样，垂直地带性显著，低山区黄土覆盖，中山区石峰发育，高山区保留冰川遗迹，极具国家代表性。秦岭是我国南北地理分界线，生态区位十分重要，也是儒、道、佛文化的重要中心地，被尊为"华夏文明的龙脉"。区内极重要自然景观有秦岭，还有太白山、观音山、佛坪大熊猫栖息地、太白湑水河等自然景观。

②祁连山优先区

祁连山优先区位于祁连山北坡中、东段，行政范围涉及甘肃玉门、肃南、民乐、祁连、山丹、武威、天祝，青海门源、大通、互助、天峻、德令哈等县（市），面积6.94万km^2，保护对象为森林、草原草甸、珍稀动植物及其栖息地等景观，具有温带高原针叶林、灌木林构成的森林景观，并伴随高山草甸景观、湿地景观等，是我国生物多样性保护的优先区域，是西北地区重要的生物种质资源库和野生动物迁徙的重要廊道，也是黑河、疏勒河、石羊河三大内陆河的发源地，还是黄河、青海湖的重要水源补给区，有荒漠、冰川景观等。祁连山是西北地区重要的生态安全屏障，维护了我国西部生态安全。祁连山自古以来是河西走廊的重要通道，历史古迹众多，宗教民族文化深厚，也是我国"一带一路"建设的重要区域。区内极重要自然景观有祁连山，还有张掖丹霞、青海北山等自然景观。

③库木塔格沙漠优先区

库木塔格沙漠优先区位于阿尔金山北麓，库木塔格沙漠东南沿，甘肃西部和新疆东南部交界处，空间范围涉及新疆哈密、若羌，甘肃敦煌、阿克塞等县（市），面积12.59万 km²，保护对象为沙（荒）漠、野生动植物及其栖息地等景观，是极旱荒漠景观的典型区，以超旱生和旱生植物为主，是世界极度濒危物种——野骆驼的模式产地，景观类型多样，包括被誉为"地球之耳"的罗布泊，孔雀河，雅丹、风棱石、风蚀坑等风蚀地貌，格状、新月形、蜂窝状等沙丘类型。人文遗址众多，有楼兰古城遗址、营盘汉代遗址、敦煌莫高窟等。库木塔格是丝绸之路的重要组成部分，是中国古代多民族文化及欧亚文化的交汇处，具有极高的历史文化价值。区内极重要自然景观有库木塔格沙漠，还有敦煌西湖荒漠、阳关荒漠、安南坝野骆驼栖息地等自然景观。

④六盘山优先区

六盘山优先区位于黄土高原六盘山脉中南部，行政范围涉及宁夏固原、泾源，甘肃平凉、华亭、庄浪等县（市），面积2840km²，保护对象为森林、山岳、丹霞、珍稀动植物及其栖息地等景观，拥有暖温带针叶、落叶阔叶混交林、暖温带森林草原，及红腹锦鸡、勺鸡、金雕等丰富的生物景观，是中国最年轻的山脉之一。区内有以火石寨为代表的丹霞景观，是我国北方面积最大的丹霞地貌分布区，及我国海拔最高的丹霞地貌群。六盘山生态区位重要，对宁夏南部山区水源涵养、防风固沙、环境改善具有十分重要的意义。六盘山历史文化底蕴深厚，有佛教文化、红色文化、回族文化等，是毛主席率领红军长征时翻越的最后一座大山，也是我国回族聚居区。区内极重要自然景观有六盘山，还有崆峒山、火石寨丹霞等自然景观。

⑤三江源优先区

三江源优先区位于青藏高原腹地，行政范围涉及青海治多、杂多、玛多、曲麻莱等县，面积18.41万 km²，保护对象为河流湿地、湖泊湿地、沼泽湿地、珍稀动植物及其栖息地等景观，是长江、黄河、澜沧江三大江河的发源地，被誉为"中华水塔"，区域内分布发育着大面积的冰蚀地貌、雪山冰川、辫状水系、林丛峡谷，还有高寒草原草甸、灌丛等景观，野生动植物景观丰富且独特，有藏羚羊、野牦牛、藏野驴、雪豹、黑颈鹤、天鹅等，有"高寒生物种质资源库"之称，其自然景观、生态系统服务功能、生物多样性具有全国乃至全球意义的保护价值。三江源是藏族聚居区，还有回族、蒙古族、土族等，少数民族风情浓郁，并拥有多项非物质文化遗产。区内极重要自然景观有三江源，还有可可西里等自然景观。

⑥青海湖优先区

青海湖优先区位于青藏高原东北部，行政范围涉及青海刚察、海晏、共和等县，面积8979km²，保护对象为湖泊湿地、珍稀动植物及其栖息地等景观，是我国最大的内陆湖，是水禽的集中栖息地和繁殖育雏场所，也是极度濒危动物普氏原羚的唯一栖息地，有高原湖泊景观、草原草甸景观和野生动物栖息地景观，完整性和原真性较高，是维系青藏高原东北部生态安全的重要水体，也是阻挡西部荒漠化向东蔓延的天然屏障，生态区位十分重要。青海湖历史传说众多，藏族、蒙古族等少数民族民俗风情浓郁。区内极重要自然景观有青海湖。

⑦天山优先区

天山优先区包含三部分，分别位于天山山脉中东段的博格达峰、中天山西段伊犁草原和最西段托木尔峰，行政范围涉及新疆乌鲁木齐、米泉、阜康、吉木萨尔、奇台、鄯善、吐鲁番、和静、新源、巩留、特克斯、温宿等县（市），面积5.78万km²，保护对象为森林、湖泊湿地、地质遗迹与典型地貌、山岳、草原草甸等景观，是世界自然遗产，面积较大，保存完整，拥有博格达峰、高山湖泊天山天池、火焰山、西部最大的原始针叶林、伊犁草原、巴音布鲁克湿地、托木尔峰等，还有冰川遗迹、现代冰川、烧变岩、古生物化石、古火山弧、峡谷与瀑布等自然景观。天山拥有少数民族民俗文化、高山草原游牧文化、宗教文化等，历史文化价值高。天山是处于塔里木盆地和准噶尔盆地的天然分界线，生态区位十分重要。区内极重要自然景观有天山博格达峰、西天山，还有天山天池、吐鲁番火焰山、巴音布鲁克湿地、那拉提草原、托木尔峰等自然景观。

⑧阿尔泰山优先区

阿尔泰山优先区位于阿尔泰山中段，中国与哈萨克斯坦、俄罗斯、蒙古国接壤地带，行政范围涉及新疆布尔津、哈巴河等县（市），面积2.16万km²，保护对象为山岳、森林、河流湿地、湖泊湿地等景观，主要有寒温带针阔混交林，是西伯利亚泰加林在中国的唯一延伸带，森林生态系统保存完整，是我国唯一的西伯利亚生物区系代表，也是中国唯一的大陆性苔原地带。阿尔泰山垂直分层明显，包括森林、草原、草甸、湖泊、冰川等自然景观，喀纳斯湖风景优美，是中国最深的冰碛堰塞湖。阿尔泰山是中国蒙古族图瓦人唯一的聚居地，少数民族风情浓郁，历史传说众多，文化积淀深厚。区内极重要自然景观有阿尔泰山，还有喀纳斯湖、贾登峪森林、白哈巴河等自然景观。

⑨阿拉善沙漠优先区

阿拉善沙漠优先区位于阿拉善沙漠北部，空间范围涉及内蒙古额济纳旗，面积1.97万km²，保护对象为沙（荒）漠、湖泊湿地、地质遗迹与典型地貌等景观，以温带荒漠景观及天然胡杨林构成的荒漠绿洲森林景观为主，还有戈壁景观、峡谷景观和风蚀地貌景观等。额济纳胡杨林是世界三大胡杨林区之一，也是内蒙古西部荒漠区唯一的乔木林区，景观美学价值极高。阿拉善沙漠拥有丰富灿烂的历史文化，是蒙古族游牧文化的摇篮，还有众多著名遗址，如黑城遗址、绿城遗址、大同城遗址、居延城、五座塔和哈工城子等。区内极重要自然景观有阿拉善沙漠，还有居延海、额济纳胡杨林等自然景观。

（7）西南地区

①金佛山优先区

金佛山优先区位于大娄山脉北部，四川盆地东南缘与云贵高原的过渡地带，行政范围涉及重庆万盛、南川、武隆，贵州道真等县（市），面积

094

面向中国国家公园空间布局的自然景观保护优先区评估
NATURAL LANDSCAPE PROTECTED PRIORITIES ASSESSMENT
FOR SPATIAL DISTRIBUTION OF NATIONAL PARKS IN CHINA

2024km²，保护对象为喀斯特、珍稀动植物及其栖息地等景观，是我国珍贵的生物物种基因库和天然植物园，较为完整地保持了古老而又不同地质年代的原始自然生态，属典型的喀斯特地质地貌，形成年代久远，规模庞大，较为完整，是中国南方喀斯特的重要组成部分。地质构造运动形成了溶丘洼地、落水洞、穿洞、石林、岩柱、瀑布、峡谷、悬谷、单面山等喀斯特地貌景观，并伴有冰雪、雾凇、云海、日出、佛光等自然天象景观。金佛山佛教文化悠久，有抗蒙遗址龙岩城等。区内极重要自然景观有金佛山，还有青山湖、黑山等自然景观。

②岷山大熊猫栖息地优先区

岷山大熊猫栖息地优先区位于岷山山脉南段，空间范围涉及四川九寨沟、平武、松潘、北川、茂县、安县、绵竹、汶川、小金等县（市），面积2.63万km²，保护对象为森林、湖泊湿地、大熊猫等珍稀动物及其栖息地等景观，属中亚热带常绿阔叶林景观，自然生境面积比例高，是岷山山脉大熊猫A种群的核心地带，大熊猫、金丝猴、白唇鹿、扭角羚等珍稀动物栖息地。其中，九寨沟自然景观丰富，有地质遗迹钙化湖泊、滩流、瀑布景观、岩溶水系统等多种类型，并以高山湖泊群、瀑布、彩林、雪峰、蓝冰和藏族风情著称，被誉为"童话世界""水景之王"。岷山是藏、羌等少数民族的聚居区，拥有众多民族特色人文景观和非物质文化遗产，展现出少数民族浓郁而神秘的特色。区内极重要自然景观有九寨沟、四姑娘山，还有王朗、黄龙寺、卧龙等自然景观。

③贡嘎山优先区

贡嘎山优先区位于青藏高原东部边缘，横断山区的大雪山中段，大渡河与雅砻江之间，行政范围涉及四川泸定、康定、九龙等县（市），面积8383km²，保护对象为森林、山岳、珍稀动植物及其栖息地、地质遗迹与典型地貌等景观，被誉为"蜀山之王"，是世界上非常重要的物种基因库，有大熊猫、川金丝猴、白唇鹿、黑颈鹤、雪豹等，保存有古冰川遗迹、现代冰川、原始森林、温泉、湖泊、雪峰等。贡嘎山是世界上海洋性冰川最早发育地区之一,有冰桌冰椅、冰面湖、冰窟窿、冰蘑菇、冰川城门洞等奇特景观。贡嘎山是藏族聚居区,也是藏族人民心中的圣山,保留有众多宗教景观,及藏族特色传统文化,也是登山爱好者所向往的山峰。区内极重要自然景观有贡嘎山,还有海螺沟、湾坝等自然景观。

④峨眉山优先区

峨眉山优先区位于四川盆地西南边缘,邛崃山南段余脉,行政范围涉及四川荥经、洪雅、峨眉山等,面积2221km²,保护对象为山岳、森林、动植物栖息地等景观,保存有完整的亚热带植被体系,生物种类丰富,是多种稀有动物的栖居地,也是世界文化与自然双遗产,景观类型多样,素有“峨眉天下秀”之称。峨眉山地貌复杂,有构造地貌、流水地貌、岩溶地貌、冰川地貌等类型,并有峨眉佛光、云雾等天象景观。峨眉山佛教文化源远流长,是我国“四大佛教名山”之一,保留众多寺庙、古迹,及造像、法器、礼仪、音乐、绘画等人文古迹,另外,武术文化也是其历史文化的重要组成部分,历史文化价值极高。区内极重要自然景观有峨眉山,还有龙苍沟、周公河等自然景观。

⑤若尔盖优先区

若尔盖优先区位于青藏高原东北边缘,行政范围涉及四川若尔盖、红原,甘肃玛曲等(市),面积2.25万km²,保护对象为沼泽湿地、草原草甸、珍稀动物栖息地等景观,是中国第一大高原沼泽湿地,也是世界上面积最大、保存最完好的高原泥炭沼泽,具有国家乃至世界代表性,是黑颈鹤、白鹳等众多珍稀水禽的栖息地。若尔盖以高原浅丘沼泽地貌为主,形成大面积的沼泽地和众多的牛轭湖,景观独特,具有较高的美学价值。若尔盖是西藏文化三大区域之一——安多文化区的重要组成部分,是中华民族重要族源“古羌人”繁衍发祥的重要场所,历史文化价值极高。区内极重要自然景观有若尔盖湿地,还有黄河首曲候鸟栖息地、甘南草原、洮河湿地等自然景观。

096

面向中国国家公园空间布局的自然景观保护优先区评估
NATURAL LANDSCAPE PROTECTED PRIORITIES ASSESSMENT
FOR SPATIAL DISTRIBUTION OF NATIONAL PARKS IN CHINA

⑥亚丁－泸沽湖优先区

亚丁－泸沽湖优先区位于青藏高原东部横断山脉中段，行政范围涉及四川稻城、理塘、木里、盐源，云南宁蒗等县（市），面积1.5万km²，景观丰富且罕见，保护对象以沼泽湿地、湖泊湿地和高原草甸为主的自然景观，并形成了特有的高原峡谷地貌和冰川遗迹。亚丁至今还保存着原始状态的自然景观，包括距今250万年多数地区已绝迹的珍稀动物、植物、昆虫等活化石，成为重要的地质历史博物馆和物种基因库。泸沽湖是中国第三深的淡水湖，自然风景秀丽，被摩梭人奉为"母亲湖"，美学价值高，具有世界旅游吸引力。亚丁－泸沽湖拥有藏族、蒙古族、摩梭族、彝族和普米族等，环境基本未受人类活动的干扰和破坏，原始风貌保存较完整，被誉为"最后的香格里拉""神秘的女儿国"等。区内极重要自然景观有亚丁－泸沽湖，还有三神山、格木等自然景观。

⑦荔波喀斯特优先区

荔波喀斯特优先区位于云贵高原向广西丘陵过渡地带，行政范围涉及贵州荔波等县，面积1728km²，保护对象为喀斯特、森林等景观，有地球同纬度地区残存下来的面积最大、相对集中、原生性强、相对稳定的喀斯特森林景观，独特的喀斯特地貌形态与森林组合形成漏斗森林，包括洼地森林、谷地森林（盆地森林）和槽谷森林等类型，是全球喀斯特地貌上生态保存最为完好且绝无仅有的绿色明珠，被誉为"地球腰带上的绿宝石"。荔波是多民族杂居，有着众多的文物古迹和浓郁的民族风情文化，构成了少数民族独特的人文景观。区内极重要自然景观有荔波喀斯特，还有茂兰、木论喀斯特、荔波漳江等自然景观。

⑧梵净山优先区

梵净山优先区位于武陵山脉主峰的梵净山，行政范围涉及贵州江口、印江、松桃等县（市），面积686km²，保护对象为森林、珍稀动植物及其栖息地等景观，保存了世界上少有的亚热带原生森林景观，是最珍贵、最具科学价值的黔金丝猴的唯一分布区，还有白颈长尾雉、豹等珍稀野生动物资源，天象景观丰富独特，有云瀑、禅雾、幻影、佛光四大天象景观。梵净山是弥勒菩萨道场，著名的佛教名山，人文古迹众多，宗教文化深厚，在佛教史上具有重要的地位，同时，居住着土家族、苗族、侗族等少数民族，民族风情浓郁，历史文化价值极高。区内极重要自然景观有梵净山。

⑨赤水丹霞优先区

赤水丹霞优先区位于大娄山北坡与四川盆地南缘的过渡地带，行政范围涉及贵州赤水、古蔺、习水等县（市），面积1077km²，保护对象为丹霞森林等景观，是世界自然遗产"中国丹霞"的重要组成部分，也是我国面积最大、发育最完整、最具典型性和代表性、最年轻的丹霞地貌，景观价值极高，保存有地球同纬度上面积最广、最完好的中亚热带常绿阔叶林带，是我国亚热带地区重要的珍稀物种种源库与栖息地，生物多样性丰富。赤水人类活动历史悠久，活动遗迹跨越新石器、陶器、瓷器、铜器、铁器以及到当代的各个时期，也是我国重要的革命老区。区内极重要自然景观有赤水丹霞，还有赤水桫椤、习水常绿阔叶林等自然景观。

⑩北盘江峡谷优先区

北盘江峡谷优先区发源于云南与贵州交界的库拉河和可渡河，行政范围涉及贵州镇宁、安顺、普定等县（市），面积1991km²，保护对象以喀斯特及丹霞地貌大峡谷景观为主，包括峰林、溶洞、瀑布、溪流和原始森林等自然景观，以黄果树瀑布为中心，分布有众多瀑布，被评为世界上最大的瀑布群，列入吉尼斯世界纪录，也有以叶琪桐、西康玉兰、红豆杉等为主的森林景观。峡谷内人文资源丰富，且价值较高，包括远古壁画、古城遗址、铁索桥、摩崖石刻、古驿道等，也是贵州少数民族聚居区。区内极重要自然景观有北盘江峡谷，还有黄果树瀑布、龙宫、九龙山等自然景观。

⑪三江并流优先区

三江并流优先区位于横断山脉西部，行政范围涉及云南贡山、德钦、中甸、丽江、剑川等县，面积2.2万km²，包括高黎贡山、梅里雪山、白马雪山、普达措、玉龙雪山、老君山等区域，保护对象为山岳、峡谷、河流湿地、沼泽湿地、野生动植物栖息地等景观，有中国最完整、最原始的常绿阔叶林和典型的温性、寒温性针叶林森林，及世界上纬度海拔最高的热带雨林等森林景观；是世界生物多样性最丰富的地区之一，拥有滇金丝猴、黑颈鹤等珍贵动物栖息地，野生动植物景观丰富；有碧塔海、纳帕海等高原沼泽湿地景观；有怒江大峡谷、澜沧江梅里大峡谷、虎跳峡等知名峡谷景观；有我国迄今为止发现的面积最大、海拔最高的丹霞地貌老君山；并有雪山、冰川遗迹、构造山地、断陷盆地、深切峡谷等地质地貌景观。三江并流拥有藏族、纳西族等独特的少数民族，梅里雪山为藏传佛教四大神山之一，玉龙雪山是纳西人的神山，拥有民族文化、宗教文化、语言文字、戏曲艺术、神话传说等人文历史资源，是重要的文化遗产。区内极重要自然景观有高黎贡山、梅里雪山、怒江大峡谷、普达措、金沙江虎跳峡，还有纳帕海湿地、老君山、玉龙雪山等自然景观。

⑫哀牢山优先区

哀牢山优先区位于横断山脉南端，是云贵高原、横断山脉和青藏高原三大地理区域的结合部，行政范围涉及云南南涧、弥渡、南华、景东等县（市），面积2704km²，保护对象为森林、珍稀动植物及其栖息地等景观，有中亚热带中山湿性、半湿润常绿阔叶林景观，原真性较高，是世界同纬度生物多样性、同类型植物群落保留最完整的地区，有丰富的动植物资源，还有哈尼梯田、元阳梯田、茶马古道等文化景观，美学价值极高。哀牢山是元江与墨江的分水岭，云贵高原气候的天然屏障，生态区位十分重要。哀牢山居住着哈尼、彝、苗、壮、瑶等少数民族，并保持着原始的劳作和生活方式，北部的大理保存了古南诏国和大理国文化。区内极重要自然景观有哀牢山，还有无量山、南涧土林等自然景观。

⑬西双版纳亚洲象栖息地优先区

西双版纳亚洲象栖息地优先区位于横断山脉南端，空间范围涉及云南勐海、景洪、勐腊、思茅、普洱等县（市），面积7633km²，保护对象为森林、亚洲象等珍稀动物及其栖息地等景观，有中国保存最完整、最典型、面积最大的热带雨林景观，也是我国亚洲象种群数量最多、分布较为集中的地区，并有江河、溪流等景观。西双版纳是我国重要的少数民族聚居区，有傣族、哈尼族、布朗族等少数民族，是傣族文化和小乘佛教文化的代表区域，由此衍生出的文字、歌舞、传统民居等独具一格，别有风味。区内极重要自然景观有亚洲象栖息地，还有版纳河流域湿地、糯扎渡、普洱松山等自然景观。

⑭珠穆朗玛峰优先区

珠穆朗玛峰优先区位于喜马拉雅山脉的主峰珠穆朗玛峰，中国西藏自治区与尼泊尔王国交界处，行政范围涉及西藏定结、定日、聂拉木、吉隆等县（市），面积4.41万km²，保护对象为山岳、珍稀动植物及其栖息地等景观，是世界最高峰，自然景观独特并基本保持原貌，有灌丛草原草甸景观、野生动植物景观、高原河湖湿地景观和冰川、冰缘、风沙等多种地貌类型及其复杂的现代地表形态，还有众多地史学遗迹，包括聂汝雄拉上新世的三趾马化石群、希夏邦玛峰的高山栎化石群等。珠穆朗玛峰被视为西藏的"圣山"，中国高度的象征，历史文化底蕴深厚，极具国家代表性，也是世界登山者的向往之地。区内极重要自然景观有珠穆朗玛峰，还有多庆湖等自然景观。

⑮羌塘优先区

羌塘优先区位于昆仑山脉、唐古拉山脉和冈底斯山脉之间，行政范围涉及西藏改则、尼玛、班戈等县（市），面积13.35万km²，保护对象为珍稀动植物及其栖息地、沼泽湿地、草原草甸、湖泊湿地等景观，羌塘高原是青藏高原的核心和主体，是世界上海拔最高、气候条件最恶劣的高原，也是世界上湖泊数量最多、湖面最高的高原内陆湖区，极具国家代表性和世界代表性，拥有丰富的野生动植物及其栖息地、草原草甸、荒漠、雪山、冰川、湖泊等景观，代表性湖泊有西藏第一大湖泊及中国第二大咸水湖的色林错，和西藏第二大湖泊及"三大圣湖"之一的纳木错。羌塘居住着少数藏族牧民，保留

100

面向中国国家公园空间布局的自然景观保护优先区评估
NATURAL LANDSCAPE PROTECTED PRIORITIES ASSESSMENT
FOR SPATIAL DISTRIBUTION OF NATIONAL PARKS IN CHINA

了传统的生活方式和民族、宗教文化，拥有最原始的文明。区内极重要自然景观有色林错、纳木错，还有羌塘野生动物、那曲高寒草原等自然景观。

⑯雅鲁藏布江大峡谷优先区

雅鲁藏布江大峡谷优先区位于青藏高原雅鲁藏布江下游，行政范围涉及西藏工布江达、林芝、波密、墨脱、米林、朗县等县（市），面积4.1万km²，保护对象为峡谷、森林、珍稀动植物及其栖息地、地质遗迹与典型地貌等景观，是"植物类型天然博物馆"，也是地球上最深的峡谷，高峰与拐弯峡谷的组合在世界峡谷河流发育史上十分罕见，并有特殊的地质构造和古冰川遗迹，包括完整的古冰川"U"形谷，形成我国罕见的地貌反差。雅鲁藏布江是西藏文明诞生和发展的摇篮，也是汉藏文化交流的见证，文化价值高。区内极重要自然景观有雅鲁藏布江大峡谷，还有藏布巴东瀑布群、南迦巴瓦峰、比日神山等自然景观。

⑰札达土林优先区

札达土林优先区位于喜马拉雅山北麓，行政范围涉及西藏札达等县，面积9741km²，保护对象为土林地貌、地质遗迹等景观，以土林地貌为主要地质遗迹景观，是目前世界上发现的最典型、保存最完整、形态最奇特、分布面积最大的第三系地层风化形成的土林地貌，有宝瓶式土林、"秦甬"式土林、房顶式土林、残留式土林、峰丛与城堡分列式土林、双色台阶式土林、台阶与峰丛分列式土林、鼻状土林、古钟式土林、哥特式土林、尖峰状土林、塔式土林等众多微地貌形态，是研究土林地貌发育与演变的典型地区。札达土林历史文化价值高，是古格王国旧址，拥有大量古格王国历史遗址，也是藏族聚居区，古格文化、藏族文化、藏传佛教文化深厚。区内极重要自然景观有札达土林。

自然景观保护
优先区保护效果

Chapter Five

102

面向中国国家公园空间布局的自然景观保护优先区评估
NATURAL LANDSCAPE PROTECTED PRIORITIES ASSESSMENT
FOR SPATIAL DISTRIBUTION OF NATIONAL PARKS IN CHINA

　　国家公园是我国自然生态系统中最重要、自然景观最独特、生物多样性最富集的区域，在维护国家生态安全方面发挥了重要作用。因此，本章对作为国家公园建设候选区域的自然景观保护优先区，在自然景观、重要生态系统、重点保护物种、生态系统服务功能4个方面的保护效果进行分析。结果表明，优先区能够实现对我国主要代表性自然景观的良好保护，且保护了我国近60%的重要生态系统和7.55%的重点保护物种栖息地，并在水源涵养、土壤保持、防风固沙、固碳4个生态系统服务功能方面实现了较好的保护。

5.1　自然景观保护效果

　　统计优先区内的自然景观数量。由于优先区是国家公园建设的潜在区域，根据国家公园是自然景观最独特、自然遗产最精华的部分（国务院，2019），自然景观保护效果的统计以极重要自然景观和重要自然景观为主，较重要和一般重要自然景观可作为其他保护地的候选区域予以保护。

5.1.1　总体情况

　　自然景观保护优先区内共有自然景观402处，其中，极重要自然景观76处、重要自然景观98处、较重要自然景观180处、一般重要自然景观48处，保护了全部极重要自然景观和20.29%的重要自然景观，能够实现对我国主要代表性自然景观的良好保护（表5-1、图5-1）。

表 5-1　优先区内自然景观数量　　　　　　　　单位：处

优先区名称	极重要	重要	较重要	一般重要	总数
五大连池	1	0	2	0	3
小兴安岭	1	5	7	2	15
三江平原湿地	1	0	0	0	1
扎龙湿地	1	1	1	0	3
东北虎豹栖息地	1	5	2	2	10

（续）

优先区名称	极重要	重要	较重要	一般重要	总数
大兴安岭	1	3	4	0	8
长白山	1	0	1	0	2
辽河口	1	0	1	1	3
呼伦贝尔	1	2	1	0	4
锡林郭勒	1	1	2	0	4
燕山	1	3	3	7	14
北大港	1	0	1	0	2
塞罕坝	1	2	2	0	5
五台山	1	2	3	3	9
崇明长江口	1	0	2	0	3
苏北滨海湿地	1	2	0	0	3
南北麂列岛	1	0	3	0	4
钱江源	1	1	0	0	2
黄山	1	0	1	0	2
鄱阳湖	1	0	4	0	5
泰山	1	0	2	4	7
渤海长山列岛	1	0	1	0	2
威海成山头	1	1	1	1	4
武夷山	1	0	1	0	2
泰宁丹霞	1	3	1	1	6
福鼎福瑶列岛	1	0	0	0	1
伏牛山	1	2	5	1	9
南太行山	1	3	5	3	12
神农架	1	3	2	0	6
鄂西大峡谷	1	2	2	0	5
长江三峡	1	0	0	0	1
张家界	1	1	8	1	11

（续）

优先区名称	极重要	重要	较重要	一般重要	总数
南山–舜皇山	1	3	4	0	8
丹霞山	1	0	3	1	5
雷州半岛	1	0	0	0	1
漓江山水	1	1	5	1	8
乐业天坑群	1	1	1	0	3
北部湾沙田半岛	1	2	0	0	3
海南岛热带雨林	1	2	7	0	10
大洲岛	1	0	0	0	1
南海珊瑚礁	1	0	0	0	1
秦岭	1	10	6	0	17
祁连山	1	2	9	2	14
库木塔格	1	3	2	0	6
六盘山	1	1	2	0	4
三江源	2	2	0	0	4
青海湖	1	1	0	0	2
天山	2	3	11	0	16
阿尔泰山	1	0	4	0	5
阿拉善沙漠	1	1	2	1	5
金佛山	1	0	2	1	4
岷山大熊猫栖息地	2	6	24	4	36
贡嘎山	1	1	4	0	6
峨眉山	1	0	3	1	5
若尔盖	1	4	2	5	12
亚丁–泸沽湖	1	2	0	4	7
荔波喀斯特	1	1	0	0	2
梵净山	1	0	1	0	2
赤水丹霞	1	2	1	0	4

（续）

优先区名称	极重要	重要	较重要	一般重要	总数
北盘江峡谷	1	0	1	0	2
三江并流	6	2	5	0	13
哀牢山	1	2	1	2	6
西双版纳亚洲象栖息地	1	1	3	0	5
珠穆朗玛峰	1	0	1	0	2
羌塘	2	1	0	0	3
雅鲁藏布江大峡谷	1	2	8	0	11
札达土林	1	0	0	0	1
合计	76	98	180	48	402

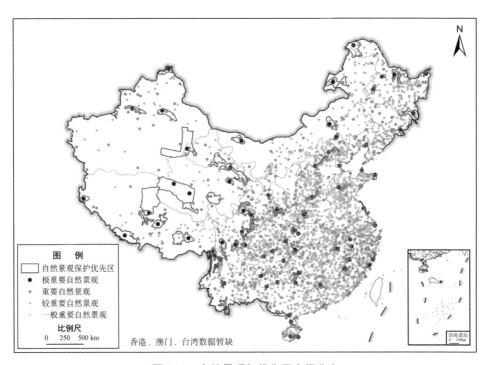

图 5-1　自然景观与优先区空间分布

106

面向中国国家公园空间布局的自然景观保护优先区评估
NATURAL LANDSCAPE PROTECTED PRIORITIES ASSESSMENT
FOR SPATIAL DISTRIBUTION OF NATIONAL PARKS IN CHINA

5.1.2 各区域优先区自然景观保护效果

在我国各地理区自然景观保护优先区中，西南优先区的自然景观数量最多，有121处，占景观总数的30.1%，其中，极重要自然景观24处、重要自然景观24处、较重要自然景观56处、一般重要自然景观17处，分别占各等级数量的31.58%、24.49%、31.11%、35.42%；其次是西北优先区，共73处，占总数的18.16%，各等级数量中，极重要11处，占14.47%，重要23处，占23.47%，较重要36处，占20%，一般重要3处，占6.25%；东北优先区共53处，占总数的13.18%，其中，极重要和重要自然景观分别有10处、17处，占两等级数量的13.16%、17.35%；华中优先区共52处，占总数的12.49%，其中，极重要和重要自然景观共21处，占两等级数量的12.07%；华东优先区共41处，占总数的10.2%，其中，极重要和重要自然景观共19处，占10.92%；华南优先区共32处，占总数的7.96%，其中，极重要和重要自然景观共14处，占8.05%；自然景观数量最少的是华北优先区，共30处，其中，极重要自然景观4处，重要自然景观7处（表5-2、图5-2）。西南和西北优先区自然景观数量多，保护价值高，面积大，更宜建立国家公园；华北、华东、华南等部分地区的自然景观重要性相对偏低，在建立国家公园的基础上，针对价值低、面积小、原真性低的自然景观区域，更适宜建立自然公园等其他类型保护地予以保护。

表 5-2　各地理区优先区内自然景观数量与比例

地理区	极重要		重要		较重要		一般重要		总数	
	数量（处）	占比（%）	数量（处）	占比（%）	数量（处）	占比（%）	数量（处）	占比（%）	数量（处）	占比（%）
东北	10	13.16	17	17.35	21	11.67	5	10.42	53	13.18
华北	4	5.26	7	7.14	9	5.00	10	20.83	30	7.46
华东	12	15.79	7	7.14	16	8.89	6	12.50	41	10.20
华中	7	9.21	14	14.29	26	14.44	5	10.42	52	12.94
华南	8	10.53	6	6.12	16	8.89	2	4.17	32	7.96
西北	11	14.47	23	23.47	36	20.00	3	6.25	73	18.16
西南	24	31.58	24	24.49	56	31.11	17	35.42	121	30.10
合计	76	100.00	98	100.00	180	100.00	48	100.00	402	100.00

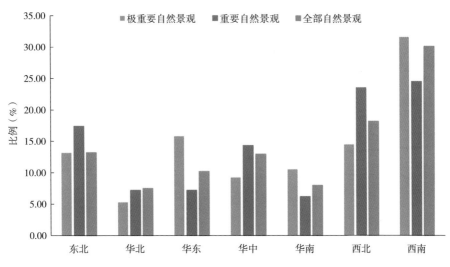

图 5-2　各地理区优先区内极重要、重要、全部自然景观数量比例

5.2　重要生态系统保护效果

　　根据徐卫华等（2006）、欧阳志云等（2018）从优势生态系统类型、特殊的气候地理与土壤特征、国家特有性等方面对我国生态系统进行评估，得到我国重要生态系统；然后，通过对比优先区内的重要生态系统种类数量占我国全部重要生态系统种类数量的比例，来衡量重要生态系统的保护效果。

5.2.1　总体情况

　　我国自然景观保护优先区中包含268类重要生态系统，占全国重要生态系统的59.82%，其中，森林生态系统109类、灌丛生态系统45类、草地生态系统71类、荒漠生态系统25类，沼泽生态系统18类（表5-3、图5-3、表5-4）[①]。

---

　　① 本节中森林生态系统、灌丛生态系统、草地生态系统、荒漠生态系统、沼泽生态系统等数据均来自"全国自然保护地体系规划"课题。

表 5-3 优先区重要生态系统空间分布

区域	森林生态系统	灌丛生态系统	草地生态系统	荒漠生态系统	沼泽生态系统
自然景观保护优先区（类）	109	45	71	25	18
全国（类）	176	66	116	54	36
优先区占全国比例（%）	61.93	68.18	61.21	46.30	50.00

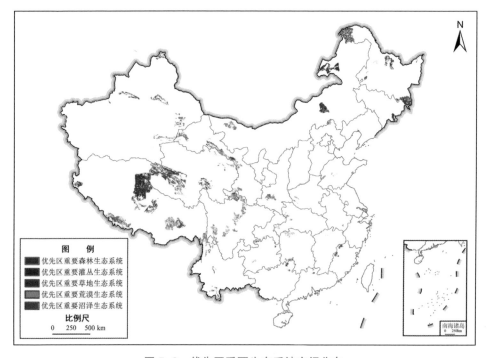

图 5-3 优先区重要生态系统空间分布

表 5-4 优先区重要生态系统名录

优先区名称	重要生态系统名称
五大连池	小白花地榆-金莲花-禾草沼泽、蒙古栎林等
小兴安岭	乌拉苔草沼泽、小白花地榆-金莲花-禾草沼泽、蒙古栎林、兴安落叶松、樟子松林等

（续）

优先区名称	重要生态系统名称
三江平原湿地	小白花地榆－金莲花－禾草沼泽等
扎龙湿地	芦苇沼泽、小白花地榆－金莲花－禾草沼泽等
东北虎豹栖息地	蒙古栎林、红松－紫椴林、椴－槭林－春榆－水曲柳林等
大兴安岭	兴安落叶松林、小白花地榆－金莲花草甸等
长白山	红松－风桦林、红松－紫椴林、椴－槭林－春榆－水曲柳林等
辽河口	芦苇沼泽等
呼伦贝尔	克氏针茅草原、贝加尔针茅－杂类草草甸、羊草－丛生禾草草原、洽草－冰草－丛生矮禾草草原等
锡林郭勒	贝加尔针茅－杂类草草甸、大针茅草原、芨芨草－长芒草草原等
燕山	槲树林、油松林、辽东栎林、野古草草甸等
北大港	芦苇沼泽等
塞罕坝	羊草－丛生禾草草原、线叶菊－禾草－杂类草草原、蒙古栎林、槲树林等
泰山	油松林、侧柏林等
渤海长山列岛	海洋生态系统
威海成山头	海洋生态系统
苏北滨海湿地	芦苇沼泽、大米草沼泽等
崇明长江口	荻－芦苇沼泽、大米草沼泽
南北麂列岛	海洋生态系统、旱柳林等
钱江源	枫香林、云南松林、檵木－乌饭树－映山红灌等
武夷山	辽东栎林、天山野苹果林、檵木－乌饭树－映山红灌等
泰宁丹霞	辽东栎林、天山野苹果林、檵木－乌饭树－映山红灌等
福鼎福瑶列岛	海洋生态系统、檵木－乌饭树－映山红灌等
丹霞山	辽东栎林、天山野苹果林、马尾松林、檵木－乌饭树－映山红灌等
雷州半岛	海洋生态系统
海南岛热带雨林	鳞皮冷杉林、青海云杉林、中平树灌丛等
大洲岛	海洋生态系统
南海珊瑚礁	海洋生态系统
五台山	槲树林、油松林、辽东栎林、虎榛子灌丛等
南太行山	辽东栎林、虎榛子灌丛等

（续）

优先区名称	重要生态系统名称
伏牛山	马尾松林、榕树－假苹婆－鹅掌柴林、华山松林、马桑灌丛、白鹃梅－映山红灌丛、黄背草－苔草－芒草草丛等
黄山	枫香林、辽东栎林、云南松林、天山野苹果林等
鄱阳湖	辽东栎林、荻－芦苇沼泽等
神农架	栓皮－匙叶栎林、辽东栎林、华山松林、锐齿槲栎林、白栎－短柄枹栎灌丛等
鄂西大峡谷	栓皮栎－匙叶栎林、茅栗－白栎灌丛、马桑灌丛等
长江三峡	云南松林、华山松林、白栎－短柄枹栎灌丛等
张家界	辽东栎林、丽江云杉林、天山野苹果林、斑竹林、茅栗－白栎灌丛、雀梅藤－小果蔷薇－火棘等
南山－舜皇山	辽东栎林、多脉青冈－大穗鹅耳枥林、马尾松林、檵木－乌饭树－映山红灌等
金佛山	辽东栎林、油麦吊云杉林、雀梅藤－小果蔷薇－火棘等
岷山大熊猫栖息地	云杉林、巴山冷杉林、紫果云杉林、多脉青冈－大穗鹅耳枥林、包石栎林、草原杜鹃灌丛、四川嵩草高寒草甸等
贡嘎山	油麦吊云杉林、高山榕－麻楝林、冷杉林、紫果云杉林、草原杜鹃灌丛、头花杜鹃－百里香杜鹃灌丛、淡黄香青－长叶火绒草草甸等
峨眉山	箭竹丛、包石栎－珙桐－水青树林、川滇高山栎林、糠椴－蒙椴－元宝槭林等
若尔盖	紫果云杉林、红楠林、西藏嵩草－珠芽蓼高寒草甸、木里苔草沼泽、毛果苔草沼泽、四川嵩草高寒草甸等
亚丁－泸沽湖	冷杉林、茅栗－短柄枹栎－化香树、川滇高山栎林、川滇冷杉林、草原杜鹃灌丛、密枝杜鹃灌丛、四川嵩草高寒草甸、羊茅－野青茅－杂类草草甸等
漓江山水	辽东栎林、甜槠－米槠林、天山野苹果林、雀梅藤－小果蔷薇－火棘等
乐业天坑群	细叶云南松林、糠椴－蒙椴－元宝槭林、雀梅藤－小果蔷薇－火棘等
北部湾沙田半岛	海洋生态系统
荔波喀斯特	辽东栎林、丽江云杉林、油麦吊云杉林、雀梅藤－小果蔷薇－火棘、青檀－红背山麻杆－灰毛等
梵净山	铁杉－槭－桦林、多脉青冈－大穗鹅耳枥林、毛竹林、茅栗－白栎灌丛等
赤水丹霞	糠椴－蒙椴－元宝槭林、毛竹林、天山野苹果林、茅栗－白栎灌丛等

（续）

优先区名称	重要生态系统名称
北盘江峡谷	天山野苹果林、云南松林、雀梅藤–小果蔷薇–火棘等
三江并流	多变石栎–银木荷林、长苞冷杉林、高山榕–麻楝林、羊茅–野青茅–杂类草草甸、云南嵩草–杂类草高寒草甸、腺房杜鹃灌丛、雪层杜鹃–髯花杜鹃灌丛等
哀牢山	墨脱冷杉林、小果栲–截果石栎林、云南松林、南烛–矮杨梅灌丛等
西双版纳亚洲象栖息地	印栲–刺栲–红木荷林、祁连圆柏林、枫香林等
珠穆朗玛峰	藏南蒿–固沙草高寒草原、昆仑针茅高寒草原、藏籽蒿高寒草原、香柏–高山柏–滇藏方枝灌丛、藏锦鸡儿灌丛等
羌塘	三指雪兔子–西藏扁芒菊草甸、紫花针茅高寒草原、青藏苔草高寒草原、藏北嵩草沼泽化高寒草甸等
雅鲁藏布江大峡谷	印栲–刺栲–红木荷林、云南铁杉林、高山榕–麻楝林、林芝云杉林、绢毛蔷薇–匍匐栒子灌丛、香柏–高山柏–滇藏方枝灌丛等
札达土林	沙生针茅荒漠草原、三指雪兔子–西藏扁芒菊草甸、紫花针茅高寒草原等
秦岭	榕树–假苹婆–鹅掌柴林、华山松林、红花荷–傅氏木莲林、巴山冷杉林、油松林、胡杨疏林、短梗胡枝子–火棘灌丛、秦岭小檗灌丛等
祁连山	青海杨林、青皮林–木麻黄林、毛枝山居柳灌丛、金露梅灌丛、头花杜鹃–百里香杜鹃灌、短花针茅–长芒草草原、沙生针茅荒漠草原、克氏针茅草原、红砂荒漠等
库木塔格	紫花针茅高寒草原、沙生针茅荒漠草原、短花针茅–长芒草草原、五柱红砂荒漠、塔里木沙拐枣荒漠、蒙古沙拐枣荒漠等
六盘山	辽东栎林、华山松林、红花荷–傅氏木莲林、锐齿槲栎林等
三江源	青藏苔草高寒草原、紫花针茅高寒草原、青海早熟禾–扁穗茅高寒草甸、西藏嵩草–珠芽蓼高寒草甸、小嵩草–圆穗蓼高寒草甸等
青海湖	紫花针茅高寒草原、芨芨草–长芒草草原、短花针茅–长芒草草原、华扁穗草–矮地榆沼泽化草甸等
天山	雪岭云杉林、太白红杉林、针茅草原、镰芒针茅荒漠草原、紫花针茅高寒草原、羊草草原、樟味藜–短叶假木贼荒漠、膜果麻黄荒漠等
阿尔泰山	西伯利亚红松林、西伯利亚落叶松林、青海早熟禾–扁穗茅高寒草甸、针茅–矮半灌木荒漠草原、芦苇沼泽等
阿拉善沙漠	柽柳灌丛、红砂荒漠、蒙古沙拐枣荒漠、泡泡刺荒漠、梭梭沙漠等

112

面向中国国家公园空间布局的自然景观保护优先区评估
NATURAL LANDSCAPE PROTECTED PRIORITIES ASSESSMENT
FOR SPATIAL DISTRIBUTION OF NATIONAL PARKS IN CHINA

5.2.2　重要森林生态系统

优先区重要森林生态系统共109类，占全国重要森林生态系统种类的61.93%。各地理区中，西南优先区重要森林生态系统种类最多，有65类，占优先区重要森林生态系统总数的59.63%，全国的36.93%；其次是华中优先区和西北优先区，分别有25类和24类，占优先区的22.94%和22.02%，全国的14.2%和13.64%；东北、华东、华南优先区，分别有18类、12类、11类，占优先区的16.51%、11.01%、10.09%；华北地区最少，只有6类重要森林生态系统，占优先区的5.50%（表5-5、图5-4）。优先区内分布较广的森林生态系统类型包括兴安落叶松（*Larix gmelinii*）林、蒙古栎（*Quercus mongolica*）林、椴（*Tilia tuan*）-槭（*Aceraceae*）林-春榆（*Ulmus davidiana*）-水曲柳（*Fraxinus mandschurica*）、林芝云杉（*Picea likiangensis*）林、鱼鳞云杉（*Picea jezoensis*）林等。

表5-5　优先区重要森林生态系统数量及比例

地理区	种类（类）	占优先区重要森林生态系统比例（%）	占全国重要森林生态系统比例（%）
东北	18	16.51	10.23
华北	6	5.50	3.41
华东	12	11.01	6.82
华中	25	22.94	14.20
华南	11	10.09	6.25
西北	24	22.02	13.64
西南	65	59.63	36.93
总计	109	100.00	61.93

重要森林生态系统集中分布在大兴安岭、小兴安岭、长白山、东北虎豹栖息地、秦岭、岷山大熊猫栖息地、横断山三江并流、雅鲁藏布江大峡谷，及西双版纳、海南中部五指山热带雨林等地（图5-5）。

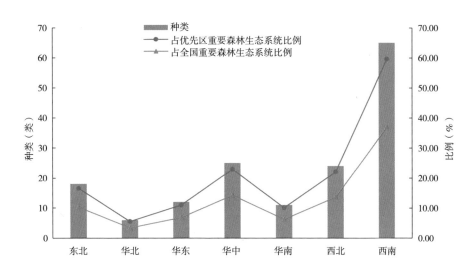

图 5-4　优先区重要森林生态系统数量及比例

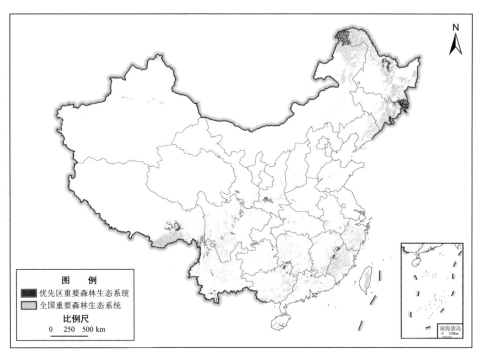

图 5-5　重要森林生态系统空间分布

5.2.3 重要灌丛生态系统

优先区重要灌丛生态系统共45类，占全国重要灌丛生态系统种类的68.18%。各地理区中，西南优先区重要灌丛生态系统种类最多，有32类，占优先区重要灌丛生态系统总数的71.11%，全国的48.48%；其次是西北优先区和华中优先区，分别有12类和10类，占优先区总数的26.67%和22.22%，全国的8.18%和15.15%；华南、华北、华东优先区种类较少，分别有6类、4类、2类，占优先区总数的13.33%、8.89%、4.44%；而东北优先区未分布重要灌丛生态系统（表5-6、图5-6）。优先区内分布较广的灌丛生态系统类型包括雪层杜鹃（*Rhododendron nivale*）–髯花杜鹃（*Rhododendron anthopogon*）灌丛、草原杜鹃（*Rhododendron telmateium*）灌丛、香柏（*Juniperus pingii*）–高山柏（*Juniperus squamata*）–滇藏方枝柏（*Juniperus indica*）灌丛、山生柳（*Salix oritrepha*）灌丛、雀梅藤（*Sageretia thea*）–小果蔷薇（*Rosa cymosa*）–火棘（*Pyracantha fortuneana*）、虎榛子（*Ostryopsis davidiana*）灌丛等。

表5-6 优先区重要灌丛生态系统数量及比例

地理区	种类（类）	占优先区重要灌丛生态系统比例（%）	占全国重要灌丛生态系统比例（%）
东北	0	0.00	0.00
华北	4	8.89	6.06
华东	2	4.44	3.03
华中	10	22.22	15.15
华南	6	13.33	9.09
西北	12	26.67	18.18
西南	32	71.11	48.48
总计	45	100.00	68.18

重要灌丛生态系统集中分布在燕山、五台山、太行山、祁连山、岷山大熊猫栖息地、横断山三江并流、雅鲁藏布江大峡谷、亚丁–泸沽湖、贡嘎山、张家界、神农架等地（图5-7）。

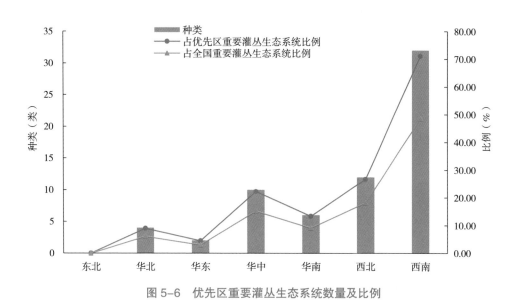

图 5-6　优先区重要灌丛生态系统数量及比例

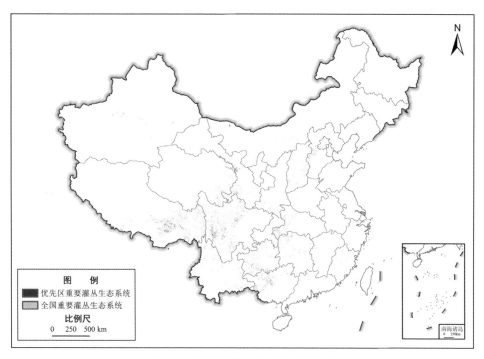

图 5-7　重要灌丛生态系统空间分布

5.2.4 重要草地生态系统

优先区重要草地生态系统共71类，占全国重要草地生态系统种类的 61.21%。各地理区中，西北优先区重要草地生态系统种类最多，有46类，占优先区总数的64.79%，全国的39.66%；其次是西南优先区和东北优先区，分别有19类和17类，占优先区的26.76%和23.94%，全国的16.38%和14.66%；华北、华中优先区分布较少，有7类、3类，分别占优先区的9.86%、4.23%；而华东和华南优先区未分布重要草地生态系统（表5-7、图5-8）。优先区中分布较广的草地生态系统类型包括紫花针茅（*Stipa purpurea*）高寒草原、青藏薹草（*Carex moorcroftii*）高寒草原、羊草（*Leymus chinense*）-丛生禾草（*Bunchgrass*）草原、大针茅（*Stipa grandis*）草原、克氏针茅（*Stipa krylovii*）草原、三指雪兔子（*Saussurea tridactyla*）-西藏扁芒菊（*Waldheimia glabra*）、西藏嵩草（*Kobresia tibetica*）-珠芽蓼（*Polygonum viviparum*）高寒草甸、四川嵩草（*Kobresia setschwanensis*）高寒草甸等。

表 5-7　优先区重要草地生态系统数量及比例

地理区	种类（类）	占优先区重要草地生态系统比例（%）	占全国重要草地生态系统比例（%）
东北	17	23.94	14.66
华北	7	9.86	6.03
华东	0	0.00	0.00
华中	3	4.23	2.59
华南	0	0.00	0.00
西北	46	64.79	39.66
西南	19	26.76	16.38
总计	71	100.00	61.21

重要草地生态系统集中分布在呼伦贝尔、锡林郭勒、塞罕坝、祁连山、西天山、三江源、羌塘、若尔盖等地（图5-9）。

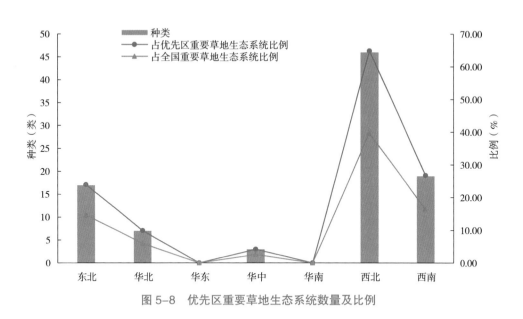

图5-8 优先区重要草地生态系统数量及比例

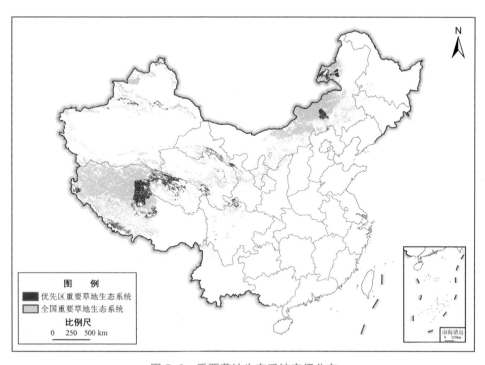

图5-9 重要草地生态系统空间分布

5.2.5 重要荒漠生态系统

优先区重要荒漠生态系统共25类，占全国重要荒漠生态系统种类的46.3%。全部分布在西北优先区内，分布较广的荒漠生态系统类型包括红砂（*Reaumuria soongarica*）荒漠、塔里木沙拐枣（*Calligonum roborowskii*）荒漠、沙拐枣（*Calligonum mongolicum*）荒漠、膜果麻黄（*Ephedra przewalskii*）荒漠、刚毛柽柳（*Tamarix hispida*）荒漠、泡泡刺（*Nitraria sphaerocarpa*）荒漠、梭梭（*Haloxylon ammodendron*）沙漠、合头草（*Sympegma regelii*）砾漠等。

重要荒漠生态系统集中分布在西北地区阿拉善沙漠、祁连山西部、库木塔格沙漠、天山南部等地（图5-10）。

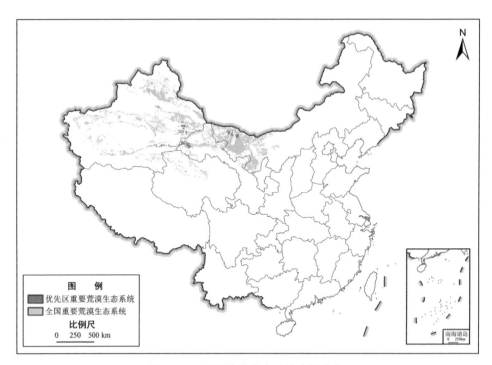

图 5-10　重要荒漠生态系统空间分布

5.2.6 重要沼泽生态系统

优先区重要沼泽生态系统共18类，占全国重要沼泽生态系统种类的
50%。各地理区中，西南、东北和西北优先区种类较多，分别有7类、7类
和6类，分别占优先区总数的38.89%、38.89%和33.33%，全国的19.44%、
19.44%和16.67%；华东、华北、华南优先区种类较少，分别有3类、2
类、1类，分别占优先区的16.67%、11.11%和5.56%；华中优先区未有
分布（表5-8、图5-11）。优先区内分布较广的沼泽生态系统类型包括芦
苇（*Phragmites australis*）沼泽、矮生嵩草（*Kobresia humilis*）-圆穗蓼
（*Polygonum macrophyllum*）高寒草甸、木里薹草（*Carex muliensis*）沼泽、小
白花地榆（*Sanguisorba tenuifolia*）-金莲花（*Trollius chinensis*）草甸、藏北
嵩草（*Kobresia littledalei*）沼泽化高寒草甸、毛果薹草（*Carex miyabei* var.
maopengensis）沼泽等。

表 5-8　优先区重要沼泽生态系统数量及比例

地理区	种类（类）	占优先区重要沼泽生态系统比例（%）	占全国重要沼泽生态系统比例（%）
东北	7	38.89	19.44
华北	2	11.11	5.56
华东	3	16.67	8.33
华中	0	0.00	0.00
华南	1	5.56	2.78
西北	6	33.33	16.67
西南	7	38.89	19.44
总计	26	100.00	50.00

重要湿地生态系统集中分布在小兴安岭、三江平原湿地、扎龙湿地、辽
河河口湿地、岷山北部若尔盖湿地、三江源、苏北滨海湿地等地（图5-12）。

120

面向中国国家公园空间布局的自然景观保护优先区评估
NATURAL LANDSCAPE PROTECTED PRIORITIES ASSESSMENT
FOR SPATIAL DISTRIBUTION OF NATIONAL PARKS IN CHINA

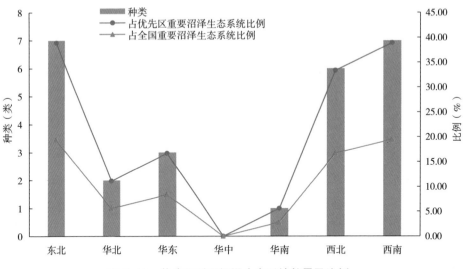

图 5-11　优先区重要沼泽生态系统数量及比例

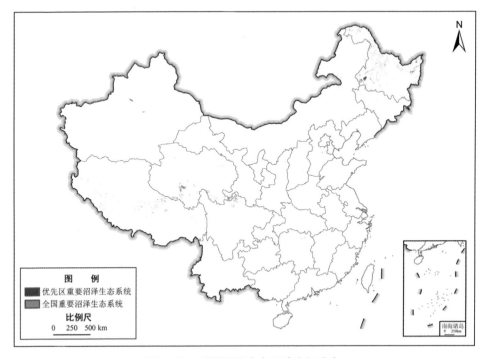

图 5-12　重要沼泽生态系统空间分布

5.3 重点保护物种保护效果

以《中国物种红色名录》为主要依据，参考《世界自然保护联盟（IUCN）物种红色名录》，选取极危、濒危与易危三个等级的物种为指示物种，通过物种丰富度（即物种的数目，叠合所有物种栖息地，统计单位面积的物种数量来测度物种的丰富程度）（史雪威，2019），分析我国植物、哺乳动物、鸟类、爬行动物、两栖动物、昆虫等重点保护物种的分布区域。参考Xu等（2017）对我国生物多样性保护效果的分析方法，通过空间叠加分析法来分析优先区对重点保护物种的保护效果，对比优先区内的全部栖息地占总栖息地的面积比例，来衡量保护效果[①]。

5.3.1 重点保护物种

自然景观保护优先区保护了我国7.55%的重点保护物种栖息地，各地理区中，西北和西南优先区保护面积比重较大，分别以5.22%和3.57%的国土面积保护了3.16%和2.64%的重点保护物种栖息地，而西南优先区的保护效率要高于西北优先区；东北优先区占栖息地面积的1.09%；华中、华北、华东和华南优先区的栖息地面积较小，但效率较高，分别以0.39%、0.23%、0.21%和0.10%的国土面积保护了0.3%、0.14%、0.13%和0.09%的栖息地（表5-9、图5-13）。

表5-9 优先区重点保护物种栖息地面积比例以及优先占国土面积比例   单位：%

地理区	物种栖息地面积比例	优先区面积占国土面积比例
东北	1.09	2.31
华北	0.14	0.23
华东	0.13	0.21
华中	0.30	0.39
华南	0.09	0.10
西北	3.16	5.22
西南	2.64	3.57
总计	7.55	12.03

---

① 本节中植物、哺乳动物、鸟类、爬行动物、两栖动物、昆虫等物种丰富度数据均来自"全国自然保护地体系规划"课题。

122

面向中国国家公园空间布局的自然景观保护优先区评估
NATURAL LANDSCAPE PROTECTED PRIORITIES ASSESSMENT
FOR SPATIAL DISTRIBUTION OF NATIONAL PARKS IN CHINA

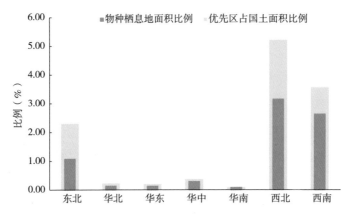

图 5-13　优先区重点保护物种栖息地面积比例与优先区占国土面积比例

　　物种丰富度高的地区主要集中在三江并流、雅鲁藏布江大峡谷、哀牢山、西双版纳亚洲象栖息地、贡嘎山、岷山大熊猫栖息地、秦岭、海南岛、武夷山、神农架、大小兴安岭、东北虎豹栖息地、三江源等优先区（图5-14）。

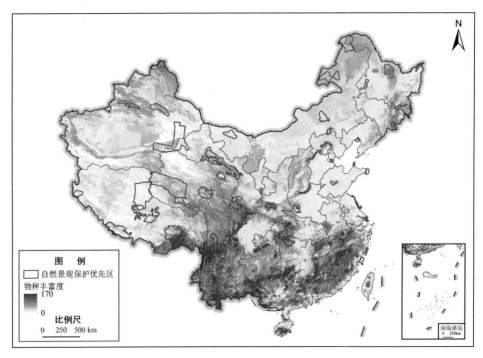

图 5-14　重点保护物种丰富度与优先区空间分布

5.3.2 植物

自然景观保护优先区保护了我国9.05%的重点保护植物栖息地。各地理区中，西南优先区和西北优先区保护比例较高，西南优先区以3.57%的国土面积保护了3.20%的植物栖息地面积，西北优先区以5.22%的国土面积保护了4.23%的植物栖息地；其次是华中和东北优先区，分别以0.39%和2.31%的国土面积保护了0.4%和0.87%的植物栖息地；较低的是华北、华南和华东优先区，分别以0.23%、0.1%和0.21%的国土面积保护了0.14%、0.12%和0.09%的植物栖息地（表5-10、图5-15）。

表 5-10　优先区重点保护植物栖息地面积比例及优先区占国土面积比例　　单位：%

地理区	植物栖息地面积比例	优先区面积占国土面积比例
东北	0.87	2.31
华北	0.14	0.23
华东	0.09	0.21
华中	0.40	0.39
华南	0.12	0.10
西北	4.23	5.22
西南	3.20	3.57
总计	9.05	12.03

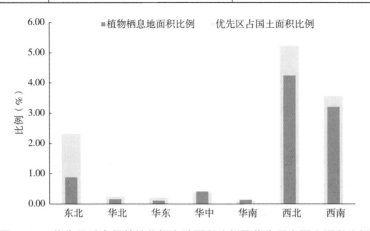

图 5-15　优先区重点保护植物栖息地面积比例及优先区占国土面积比例

124

面向中国国家公园空间布局的自然景观保护优先区评估
NATURAL LANDSCAPE PROTECTED PRIORITIES ASSESSMENT
FOR SPATIAL DISTRIBUTION OF NATIONAL PARKS IN CHINA

植物丰富度高的地区主要集中在三江并流、哀牢山、西双版纳亚洲象栖息地、岷山大熊猫栖息地、贡嘎山、亚丁-泸沽湖、秦岭、雅鲁藏布江大峡谷、神农架、武夷山、祁连山、黄山、钱江源等优先区（图5-16）。

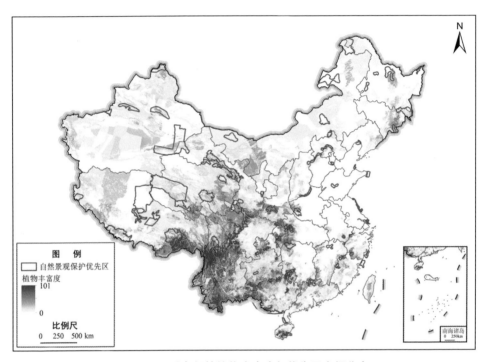

图 5-16　重点保护植物丰富度与优先区空间分布

5.3.3　哺乳动物

自然景观保护优先区保护了我国9.08%的重点保护哺乳动物栖息地。各地理区中，西南优先区和西北优先区保护比例较高，分别保护了3.48%和3.59%的哺乳动物栖息地；其次是东北优先区，保护了1.40%的哺乳动物栖息地；华中、华北、华南和华东优先区保护比例较低，分别为0.27%、0.16%、0.10%和0.08%（表5-11、图5-17）。

哺乳动物丰富度高的地区主要集中在岷山大熊猫栖息地、三江并流、贡嘎山、亚丁-泸沽湖、哀牢山、西双版纳亚洲象栖息地、雅鲁藏布江大峡谷、

表 5-11 优先区重点保护哺乳动物栖息地面积比例与优先区占国土面积比例   单位：%

地理区	哺乳动物栖息地面积比例	优先区面积占国土面积比例
东北	1.40	2.31
华北	0.16	0.23
华东	0.08	0.21
华中	0.27	0.39
华南	0.10	0.10
西北	3.59	5.22
西南	3.48	3.57
总计	9.08	12.03

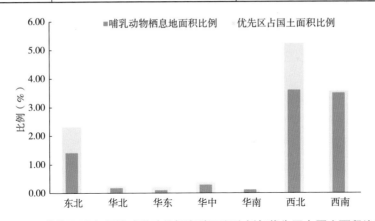

图 5-17 优先区重点保护哺乳动物栖息地面积比例与优先区占国土面积比例

秦岭、三江源、祁连山、武夷山、钱江源、东北虎豹栖息地、大小兴安岭、呼伦贝尔等优先区（图5-18）。

5.3.4 鸟类

自然景观保护优先区保护了我国6.62%的重点保护鸟类栖息地。各地理区中，西北优先区保护比例较高，保护了我国3.47%的鸟类栖息地；其次是东北和西南优先区分别保护了1.30%和1.13%的鸟类栖息地；华中、华东、华北和华南优先区虽然保护栖息地总体比例不高，分别占0.32%、0.15%、

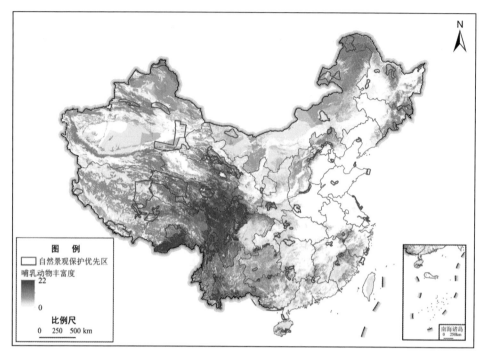

图5-18　重点保护哺乳动物丰富度与优先区空间分布

0.14%、0.11%，但其优先区面积较小，保护效率较其他区域相对较高（表5-12、图5-19）。

表5-12　优先区重点保护鸟类栖息地面积比例及优先区占国土面积比例　　单位：%

地理区	鸟类栖息地面积比例	优先区面积占国土面积比例
东北	1.30	2.31
华北	0.14	0.23
华东	0.15	0.21
华中	0.32	0.39
华南	0.11	0.10
西北	3.47	5.22
西南	1.13	3.57
总计	6.61	12.03

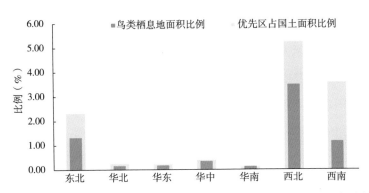

图 5-19　优先区重点保护鸟类栖息地面积比例及优先区占国土面积比例

鸟类丰富度高的地区主要集中在三江并流、哀牢山、西双版纳亚洲象栖息地、若尔盖、呼伦贝尔、扎龙湿地、大小兴安岭、辽河口、鄱阳湖、钱江源、武夷山、崇明长江口、苏北滨海湿地、北大港、丹霞山、海南岛、青海湖、三江源、阿尔泰山、秦岭、六盘山等优先区（图5-20）。

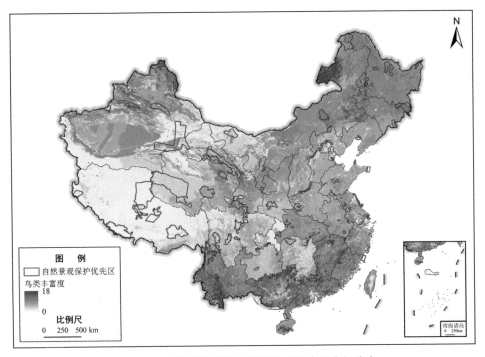

图 5-20　重点保护鸟类丰富度地与优先区空间分布

5.3.5 爬行动物

自然景观保护优先区保护了我国8.49%的重点保护爬行动物栖息地。各地理区中，西北、西南和东北优先区保护的栖息地面积比例较高，分别占全国爬行动物栖息地面积的3.63%、2.68%和1.08%；在保护效率方面，华中、华南、华北和华东优先区的保护效率较高，分别以0.39%、0.10%、0.23%和0.21%的国土面积保护了0.5%、0.14%、0.24%和0.22%的爬行动物栖息地（表5-13、图5-21）。

表5-13 优先区重点保护爬行动物栖息地面积比例及优先区占国土面积比例　　单位：%

地理区	爬行动物栖息地面积比例	优先区面积占国土面积比例
东北	1.08	2.31
华北	0.24	0.23
华东	0.22	0.21
华中	0.50	0.39
华南	0.14	0.10
西北	3.63	5.22
西南	2.68	3.57
总计	8.49	12.03

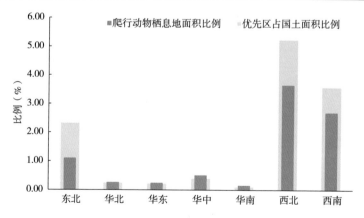

图5-21 优先区重点保护爬行动物栖息地面积比例及优先区占国土面积比例

爬行动物丰富度高的地区主要集中在武夷山、钱江源、黄山、泰宁丹霞、丹霞山、南山-舜皇山、漓江山水、荔波喀斯特、乐业天坑群、海南岛、张家界、神农架、西双版纳亚洲象栖息地、三江并流等优先区（图5-22）。

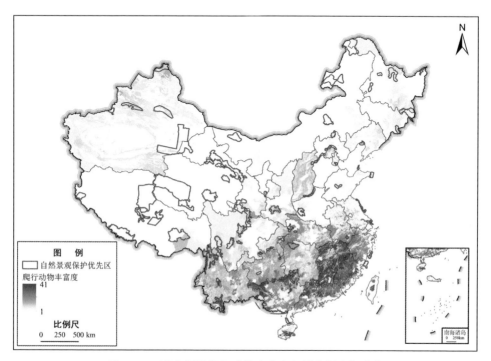

图 5-22　重点保护爬行动物丰富度与优先区空间分布

5.3.6　两栖动物

自然景观保护优先区保护了我国6.00%的重点保护两栖动物栖息地。各地理区中，西南优先区保护栖息地面积比例最高，占3.42%；华中、华南和华东优先区的保护效率较高，分别以0.39%、0.10%、0.21%的国土面积保护了1.21%、0.42%、0.35%的两栖动物栖息地；东北优先区栖息地面积较小，占0.22%；华北优先区无重点保护两栖动物分布（表5-14、图5-23）。

表 5-14　优先区重点保护两栖动物栖息地面积比例及优先区占国土面积比例　　单位：%

地理区	两栖动物栖息地面积比例	优先区面积占国土面积比例
东北	0.22	2.31
华东	0.35	0.21
华中	1.21	0.39
华南	0.42	0.10
西北	0.38	5.22
西南	3.42	3.57
总计	6.00	11.80

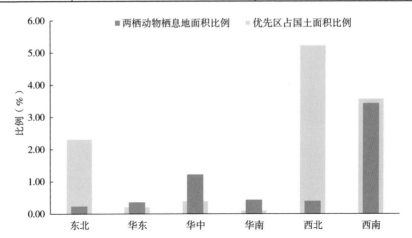

图 5-23　优先区重点保护两栖动物栖息地面积比例及优先区占国土面积比例

　　两栖动物丰富度高的地区主要集中在金佛山、赤水丹霞、梵净山、峨眉山、岷山大熊猫栖息地、三江并流、哀牢山、西双版纳亚洲象栖息地、乐业天坑群、神农架、鄂西大峡谷、张家界、南山-舜皇山、武夷山、钱江源、黄山、秦岭、长白山等优先区（图5-24）。

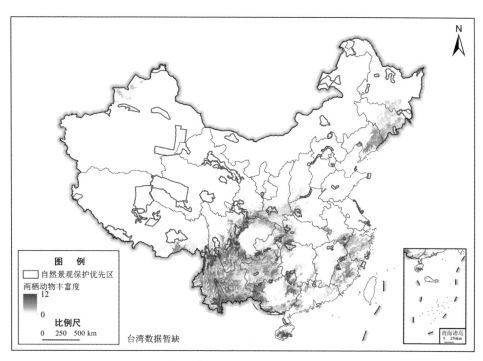

图 5-24　重点保护两栖动物丰富度与优先区空间分布

5.3.7　昆虫

自然景观保护优先区保护了我国 9.58% 的重点保护昆虫栖息地。各地理区中，西南优先区保护比例较高，以 3.57% 的国土面积保护了 5.63% 的昆虫栖息地；其次是华中、华东和华南优先区，分别以 0.39%、0.21% 和 0.10% 的国土面积保护了 2.24%、0.48% 和 0.36% 的昆虫栖息地；西北优先区保护效率偏低，仅保护了 0.71% 的昆虫栖息地；东北和华北优先区栖息地面积较小，占 0.15% 和 0.01%（表 5-15、图 5-25）。

昆虫丰富度高的地区主要集中在雅鲁藏布江大峡谷、三江并流、贡嘎山、岷山大熊猫栖息地、哀牢山、乐业天坑群、荔波喀斯特、张家界、南山-舜皇山、神农架、鄂西大峡谷、伏牛山、南太行山、武夷山、泰宁丹霞、黄山、钱江源、秦岭等优先区（图 5-26）。

132

面向中国国家公园空间布局的自然景观保护优先区评估
NATURAL LANDSCAPE PROTECTED PRIORITIES ASSESSMENT
FOR SPATIAL DISTRIBUTION OF NATIONAL PARKS IN CHINA

表 5-15　优先区重点保护昆虫栖息地面积比例及优先区占国土面积比例　　单位：%

地理区	昆虫栖息地面积比例	优先区面积占国土面积比例
东北	0.15	2.31
华北	0.01	0.23
华东	0.48	0.21
华中	2.24	0.39
华南	0.36	0.10
西北	0.71	5.22
西南	5.63	3.57
总计	9.58	12.03

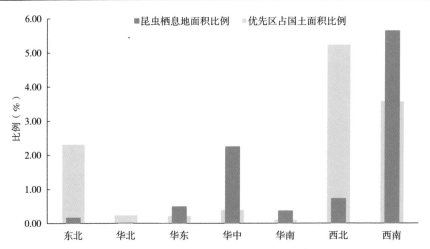

图 5-25　优先区重点保护昆虫栖息地面积比例及优先占国土面积比例

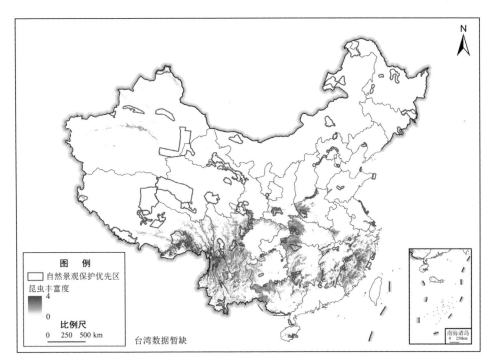

图 5-26　重点保护昆虫丰富度与优先区空间分布

5.4　生态系统服务功能保护效果

采取Ouyang等（2016）、欧阳志云等（2017）、Xu等（2017）的方法，选取4大主要调节生态系统服务功能——水源涵养、土壤保持、防风固沙和固碳。根据各服务功能的供给量，采用空间叠加分析的方法来分析优先区对生态系统服务的保护效果，对比优先区内的各服务功能供给量占总供给量的比例，来衡量保护效果[①]。

5.4.1　总体情况

我国自然景观保护优先区在生态系统服务功能方面起到了一定的保护作用。其中，固碳效果最好，总供给量为710.94Tg（1Tg=1×10^{12}g），占全国总

---

① 本节中水源涵养、土壤保持、防风固沙和碳固定数据均来自"全国生态环境十年（2000–2010年）评估"项目。

134

面向中国国家公园空间布局的自然景观保护优先区评估
NATURAL LANDSCAPE PROTECTED PRIORITIES ASSESSMENT
FOR SPATIAL DISTRIBUTION OF NATIONAL PARKS IN CHINA

量的7.64%；其次是水源涵养和土壤保持，总量分别为877.49亿m³、111.36亿
t，占全国总量的6.39%、5.14%；效果相对较差的是防风固沙，总量为10亿t，
占全国总量的3.41%（表5-16、图5-27）。

表 5-16　优先区生态系统服务状况

服务功能	优先区总量	全国总量	占全国总量比例（%）
水源涵养（亿m³）	877.49	13738.99	6.39
土壤保持（亿t）	111.36	2167.20	5.14
防风固沙（亿t）	10.00	293.33	3.41
固碳（Tg）	710.94	9308.57	7.64

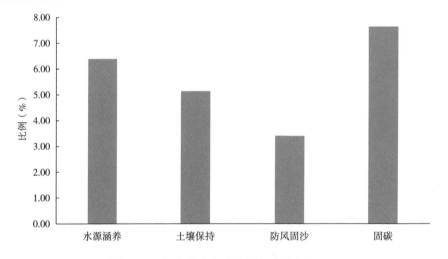

图 5-27　优先区生态系统服务功能占比

5.4.2　水源涵养

我国自然景观保护优先区水源涵养总量为877.49亿m³，占全国水源涵养
总量的6.39%。在各地理区景观保护优先区中，西南优先区水源涵养量最高，
总量为381.92亿m³，约占全国总量的2.78%；其次是西北、华中、东北、华
东优先区，涵养量分别为145.82亿m³、103.93亿m³、102.1亿m³、84.53亿m³，
占全国总量的1.06%、0.76%、0.74%、0.62%；华南、华北优先区较低，分别

为54.06亿 m³、5.13亿 m³，占全国总量的0.39%、0.04%（表5-17、图5-28）。

表 5-17　优先区水源涵养状况

地理区	水源涵养		陆地面积	
	总量（亿 m³）	占全国比例（%）	总量（万 km²）	占全国比例（%）
东北	102.10	0.74	22.22	2.31
华北	5.13	0.04	2.24	0.23
华东	84.53	0.62	2.00	0.21
华中	103.93	0.76	3.70	0.39
华南	54.06	0.39	0.92	0.10
西北	145.82	1.06	50.15	5.22
西南	381.92	2.78	34.26	3.57
总计	877.49	6.39	115.49	12.03

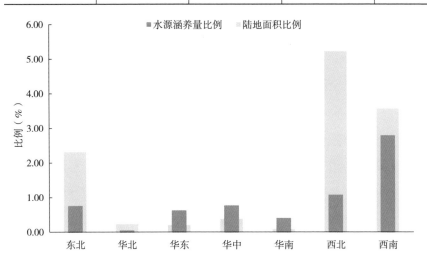

图 5-28　优先区水源涵养量全国占比与陆地面积占比

水源涵养量重要区域主要分布在武夷山、海南岛、珠穆朗玛峰、大小兴安岭、长白山、秦岭、三江源、岷山大熊猫栖息地等自然景观优先区（图5-29）。

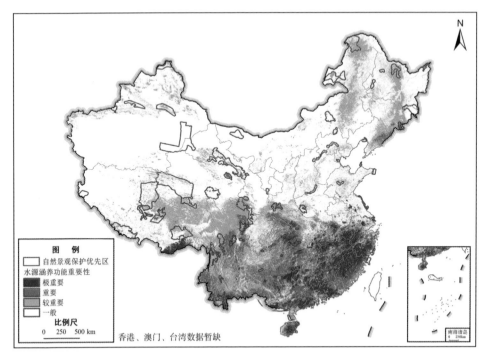

图 5-29 水源涵养重要性与优先区空间分布

5.4.3 土壤保持

我国自然景观保护优先区土壤保持总量为111.36亿t，占全国土壤保持总量的5.13%。在各地理区景观保护优先区中，西南优先区土壤保持量最高，总量为51.16亿t，约占全国总量的2.36%；其次是华中、华东、华南优先区，土壤保持量分别为17.13亿t、11.79亿t、11.46亿t，占全国总量的0.79%、0.54%、0.53%；西北、东北、华北优先区较低，分别为10.07亿t、6亿t、3.75亿t，占全国总量的0.46%、0.28%、0.17%（表5-18、图5-30）。

土壤保持量重要区域主要分布在黄山、钱江源、丹霞山、武夷山、泰宁丹霞、南山-舜皇山、神农架、秦岭、西双版纳亚洲象栖息地等自然景观优先区（图5-31）。

表 5-18　优先区土壤保持状况

地理区	土壤保持		陆地面积	
	总量（亿 t）	占全国比例（%）	总量（万 km²）	占全国比例（%）
东北	6.00	0.28	22.22	2.31
华北	3.75	0.17	2.24	0.23
华东	11.79	0.54	2.00	0.21
华中	17.13	0.79	3.70	0.39
华南	11.46	0.53	0.92	0.10
西北	10.07	0.46	50.15	5.22
西南	51.16	2.36	34.26	3.57
总计	111.36	5.13	115.49	12.03

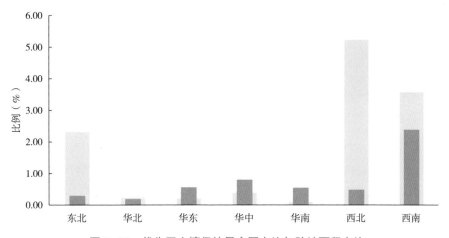

图 5-30　优先区土壤保持量全国占比与陆地面积占比

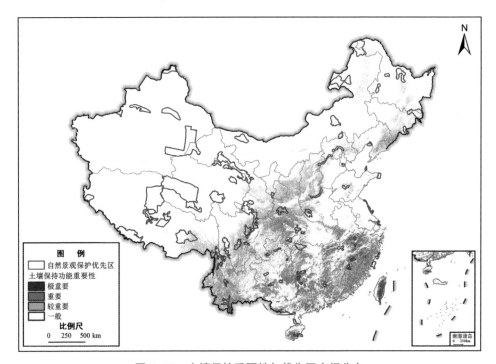

图 5-31　土壤保持重要性与优先区空间分布

5.4.4　防风固沙

我国自然景观保护优先区防风固沙总量为10亿t，占全国防风固沙总量的
3.41%。在各地理区景观保护优先区中，东北、西北优先区防风固沙量较高，
总量为4.27亿t、3.93亿t，约占全国总量的1.46%、1.34%；其次是西南和华
北优先区，防风固沙量分别为1.52亿t、0.28亿t，占全国总量的0.52%、0.1%
（表5-19、图5-32）。

防风固沙量重要区域主要分布在呼伦贝尔、锡林郭勒、阿尔泰山、天山、
塞罕坝、燕山等景观优先区（图5-33）。

5.4.5　固碳

我国自然景观保护优先区固碳总量为710.94Tg，占全国固碳总量的7.64%。
在各地理区景观保护优先区中，西南和东北优先区固碳量较高，总量分别为

表 5-19 优先区防风固沙状况

地理区	防风固沙		陆地面积	
	总量（亿 t）	占全国比例（%）	总量（万 km²）	占全国比例（%）
东北	4.27	1.46	22.22	2.31
华北	0.28	0.10	2.24	0.23
西北	3.93	1.34	50.15	5.22
西南	1.52	0.52	34.26	3.57
总计	10.00	3.41	108.87	11.33

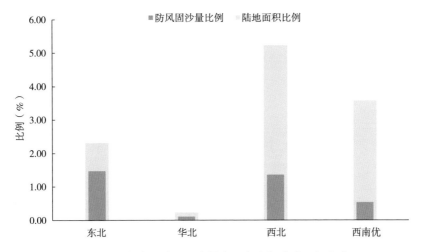

图 5-32 优先区防风固沙量全国占比与陆地面积占比

282.32Tg、217.73Tg，约占全国总量的 3.03%、2.34%；其次是华中、西北优先区，固碳量分别为 80.75Tg、61.27Tg，占全国总量的 0.87%、0.66%；华东、华南和华北优先区较低，分别为 25.73Tg、25.16Tg、17.98Tg，占全国总量的 0.28%、0.27%、0.19%（表 5-20、图 5-34）。

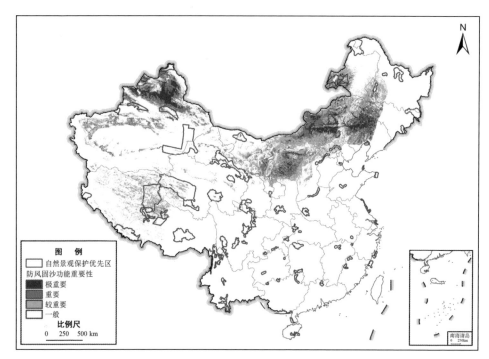

图 5-33 防风固沙重要性与优先区空间分布

表 5-20 优先区固碳状况

地理区	固碳		陆地面积	
	总量（Tg）	占全国比例（%）	总量（万 km²）	占全国比例（%）
东北	217.73	2.34	22.22	2.31
华北	17.98	0.19	2.24	0.23
华东	25.73	0.28	2.00	0.21
华中	80.75	0.87	3.70	0.39
华南	25.16	0.27	0.92	0.10
西北	61.27	0.66	50.15	5.22
西南	282.32	3.03	34.26	3.57
总计	710.94	7.64	115.49	12.03

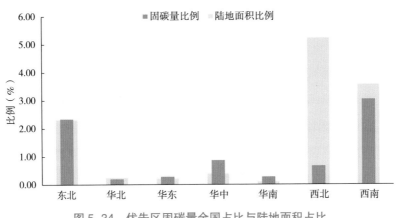

图 5-34 优先区固碳量全国占比与陆地面积占比

固碳功能重要区域主要分布在秦岭、神农架、张家界、南山-舜皇山、武夷山、海南岛、三江并流、哀牢山、雅鲁藏布江大峡谷、大小兴安岭、长白山等景观优先区（图5-35）。

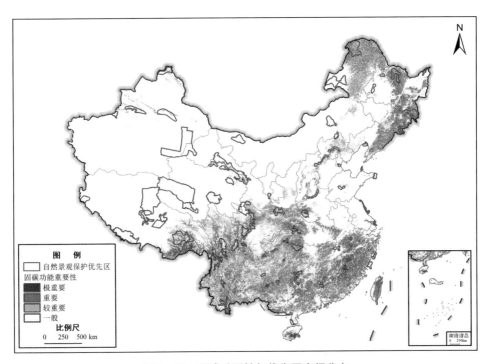

图 5-35　固碳重要性与优先区空间分布

142

面向中国国家公园空间布局的自然景观保护优先区评估
NATURAL LANDSCAPE PROTECTED PRIORITIES ASSESSMENT
FOR SPATIAL DISTRIBUTION OF NATIONAL PARKS IN CHINA

5.5 各区域优先区综合保护效果

在我国各地理区自然景观保护优先区中，西南和西北优先区面积大，保护的自然景观数量多，景观价值较高。西南地区重要生态系统类型主要包括森林、草原草甸和湿地生态系统，生物多样性十分丰富，是植物、哺乳动物、鸟类、爬行动物、两栖动物、昆虫等的重要栖息地；在水源涵养、固碳、土壤保持等生态系统服务功能方面供给量较多且重要性较强。西北优先区重要生态系统类型主要为荒漠、湿地生态系统，是哺乳动物、鸟类的重要栖息地；防风固沙功能较强。东北优先区极重要和重要自然景观数量占优先区数量的50.94%；是我国森林、草原草甸、湿地生态系统的重要分布区；是哺乳动物、鸟类的重要栖息地；也是固碳、水源涵养功能的重要区域。华中优先区极重要和重要自然景观数量占优先区数量的40.38%；重要生态系统为森林生态系统；主要保护植物、鸟类、爬行动物、两栖动物、昆虫等物种栖息地；是水源涵养、土壤保持、固碳等服务功能的重要区域。华东优先区极重要和重要自然景观数量占优先区数量的46.34%；重要生态系统类型为湿地和森林生态系统；主要保护鸟类、爬行动物、两栖动物、昆虫等物种栖息地；是水源涵养、土壤保持、固碳等服务功能的重要区域。华南优先区极重要和重要自然景观数量占优先区数量的43.75%；主要保护爬行动物、两栖动物、昆虫等物种栖息地；是水源涵养、土壤保持、固碳等服务功能的重要区域。华北优先区极重要和重要自然景观的数量较少；主要生态系统类型为森林和草原草甸生态系统；主要保护哺乳动物、鸟类、爬行动物等物种栖息地；是土壤保持和固碳等服务功能的重要区域。

第 6 章

我国自然景观
保护与建议

Chapter　Six

144

面向中国国家公园空间布局的自然景观保护优先区评估
NATURAL LANDSCAPE PROTECTED PRIORITIES ASSESSMENT
FOR SPATIAL DISTRIBUTION OF NATIONAL PARKS IN CHINA

　　我国自然景观丰富、独特，根据《建立以国家公园为主体的自然保护地体系指导意见》，建立国家公园等自然保护地以保护自然景观等自然资源，为子孙后代留下珍贵的自然遗产。本章在总结我国自然景观特征和保护效果的基础上，提出自然景观保护的建议。

6.1　我国自然景观特征

　　以国家公园建设为基础，从保护重要性方面，划分为极重要、重要、较重要、一般重要，对我国自然景观进行综合评估分析，自然景观的特征主要反映在以下几方面。

　　（1）根据自然景观的主要特征，将我国3823处自然景观划分为地文景观、水文景观、生物景观和天象景观4大类17小类。其中，地文景观共1080处，包括山岳、沙漠、峡谷、丹霞、喀斯特、地质遗迹与典型地貌、海岸与海岛、火山等，主要分布在西北高山荒漠地区、西南高山峡谷地区、云贵喀斯特地区、沿海地区海岸与岛屿、古地质遗迹地区等。水文景观955处，包括河流湿地、湖泊湿地、瀑布、沼泽湿地等，主要分布在东北平原、青藏高原、长江中下游平原、东部沿海地区。生物景观1788处，包括森林、草原草甸、珍稀动植物及栖息地等，主要分布在大小兴安岭、内蒙古高原草原、秦岭－大巴山、天山、横断山区、青藏高原、长江中下游平原湖泊、海南中部山区。天象景观68处，主要包括日月星光和云雾冰雪等，依托所在区域特殊的地形、地貌、气候等自然条件而形成特殊景观现象，散布于各景观区域。

　　（2）从典型性、观赏性、原真性、完整性、历史文化价值5个方面制定评估指标体系和标准，通过"标准对照""清单列表""专家咨询"的方法，对全国自然景观进行评估。得到极重要自然景观76处，具有极强的国家或世界代表性，是我国自然景观最精华的区域，原真性和完整性程度高；重要自然景观483处，是同类自然景观的典型"范例"地区，具有重要的美学或科学价值，保存完好；较重要自然景观2053处，是每个省（直辖市、自治区）自然景观的杰出代表区域，完整性较好，而原真性一般；一般重要自然景观1211处，是公众休闲游憩的便利场所，可达性强，位于交通便利、接近城市的区域。

（3）我国自然景观西南地区分布数量众多，且高等级自然景观占比较大，是我国自然景观分布的最重要区域，景观类型主要为珍稀动植物及其栖息地、森林、湖泊湿地、沼泽湿地、山岳、喀斯特等；西北和东北地区景观数量较多，且等级较高，是仅次于西南地区的高等级自然景观分布区域，景观类型主要为山岳、森林、草原草甸、沙（荒）漠、沼泽湿地、珍稀动植物及其栖息地等；华东地区自然景观数量最多，但景观等级不高，景观类型主要为山岳、湖泊湿地、森林、海岸与海岛等；华南、华中和华北地区景观数量相对较少，景观等级也相对偏低，景观类型主要为山岳、河流和湖泊湿地、喀斯特、丹霞、海岸与海岛等。

（4）通过建立自然景观保护优先区的方式，集中保护等级较高的自然景观，以最小的代价最大限度地保护区域珍贵的自然景观，提高保护效益。以极重要自然景观为保护核心，划定自然景观保护优先区边界，得到自然景观保护优先区67处，总面积122.56万 km²，其中，陆域面积115.5万 km²、海域面积7.06万 km²。作为国家公园建设的候选区域，67处自然景观保护优先区对于国家公园的顶层设计、空间布局、标准设定，从自然景观的角度，提供了有力支撑。

（5）自然景观保护优先区在华东、华中、华南、华北地区分布相对密集，而西北、西南和东北地区的优先区面积远大于这些区域。一方面，受地形地貌、气候环境等自然因素，及人口、社会、经济等人文因素的影响，西北、西南和东北优先区在面积、自然景观原真性和完整性方面与华东、华中、华南、华北优先区存在差异；另外，西北、西南和东北优先区的自然景观类型以大型山脉、沙漠、大型动物栖息地为主，而华东、华中、华南、华北优先区的自然景观类型以山岳、丹霞、喀斯特等地貌、地质遗迹为主，这些景观类型在规模上远不及另外三个区域。

146

面向中国国家公园空间布局的自然景观保护优先区评估
NATURAL LANDSCAPE PROTECTED PRIORITIES ASSESSMENT
FOR SPATIAL DISTRIBUTION OF NATIONAL PARKS IN CHINA

6.2　我国自然景观保护效果

在自然景观保护方面，优先区内共有自然景观402处，其中，极重要自然景观76处、重要自然景观98处、较重要自然景观180处、一般重要48处，保护了我国全部极重要自然景观和20.29%的重要自然景观，能够实现对我国主要代表性自然景观的良好保护。在重要生态系统方面，优先区内共有我国268类重要生态系统，占全国重要生态系统的59.82%，其中，森林、灌丛、草地、荒漠、沼泽生态系统分别占全国的61.93%、68.18%、61.21%、46.30%、50.00%。在重点保护物种方面，保护了我国7.55%的重点保护物种，其中，植物9.05%，哺乳动物9.08%，鸟类6.62%，爬行动物8.49%，两栖动物6.00%，昆虫9.58%。在生态系统服务方面，水源涵养、土壤保持、防风固沙和固碳4大功能的供给量分别占全国总量的6.39%、5.13%、3.41%、7.64%。受自然条件和优先区面积因素的影响，西南和西北地区的优先区面积大，保护范围广，区域内保护效果好于其他地区。

由于优先区主要是针对重要自然景观的保护所划定的区域，所以对于自然景观的保护效果较好，而重要生态系统、重点保护物种栖息地和生态系统服务功能的保护效果一般。其中，西南地区的优先区的综合保护效果最佳，西北地区次之，而华南和华北地区的优先区效果相对较差。究其原因，首先，西南、西北地区的优先区面积较大，总面积接近优先区面积的70%，从而保护的景观数量、生态系统类型、物种栖息地面积和生态系统服务功能供给量较其他区域更多；然而，华北和华南地区的优先区面积较小，华南地区大面积优先区位于海洋，在生态系统和服务功能方面的保护效果较差。其次，西南地区山地是世界生物多样性热点地区之一，也是全球生物多样性关键区域，以三江源和秦岭为代表的西北地区孕育了丰富而珍稀的野生物种，也是我国重要的生态屏障，具有重要的生态区位，优先区不仅保护了自然景观，也成为物种栖息地和生态系统服务功能保护的重要区域。第三，西南和西北地区地广人稀，拥有得天独厚的自然条件，在自然保护方面极具优势，而华北和华南等地区人口稠密、经济发达，在自然生态系统、生物多样性和生态系统服务等方面自身条件相对较弱，也会影响优先区保护效果。

6.3　我国自然景观保护建议

自然景观保护优先区是国家公园空间布局的候选区域，从自然景观保护的角度，考虑国家公园布局选址的区域。根据国家公园建设要求，主要以保护重要性强，且具有国家代表性的自然景观为主，以实现对于区域内自然景观的良好保护。而优先区以外的自然景观，可根据自然景观特征和价值，建立相应的自然保护区或自然公园进行保护。

另外，针对生态系统、重点保护物种和生态系统服务功能的保护，需结合其空间格局综合分析，再建立自然保护区、自然公园、物种与种质资源保护区、生态功能保护区等相关配套的自然保护地体系，实现全面、系统、完善、可持续的自然保护。

未来的自然景观研究中，在丰富数据来源、完善研究方法的基础上，需深入对整个自然保护地体系进行研究，根据自然景观的属性特征、保护价值、现有保护情况等条件，建立国家公园、自然保护区、自然公园与之对应，实现自然景观的合理有效保护。同时，综合我国重要生态系统、重点保护物种、生态系统服务重要区域布局，分析我国国家公园布局建设，以实现完整保护，提高保护效率。

148

面向中国国家公园空间布局的自然景观保护优先区评估
NATURAL LANDSCAPE PROTECTED PRIORITIES ASSESSMENT
FOR SPATIAL DISTRIBUTION OF NATIONAL PARKS IN CHINA

参考文献

蔡丽丽, 徐程扬, 2014. 遥感技术在风景林景观质量评价中的应用研究进展[J]. 林业科学, 50(9): 145–151.

蔡永茂, 王前, 陈峻崎, 等, 2016. 八达岭国家森林公园景点评价研究[J]. 河北林业科技, (1): 1–4+11.

曹娟, 梁伊任, 章俊华, 2004. 北京市自然保护区景观调查与评价初探[J]. 中国园林, 20(7): 67–71.

陈传明, 2009. 福建漳江口红树林湿地自然保护区的生态评价[J]. 杭州师范大学学报(自然科学版), 8(3): 209–213.

陈传明, 2015. 武夷山国家级自然保护区景观生态格局分析与评价[J]. 生态科学, 34(5): 142–146.

陈端吕, 李际平, 林辉, 2006. 森林景观研究的3S技术应用[J]. 长江大学学报(自科版), 3(3): 131–134+4–5.

陈洪凯, 方艳, 吴楚, 2012. 风景名胜区景观价值评价方法研究[J]. 长江流域资源与环境, 21(S2): 74–80.

陈利顶, 李秀珍, 傅伯杰, 等, 2014. 中国景观生态学发展历程与未来研究重点[J]. 生态学报, 34(12): 3129–3141.

陈孝青, 王子夫, 姚斌, 等, 2010. 桃花山风景名胜区风景资源评价及发展条件分析[J]. 园林科技, (1): 36–39.

陈耀华, 刘强, 2012. 中国自然文化遗产的价值体系及保护利用[J]. 地理研究, 31(6): 1111–1120.

崔丽娟, 张曼胤, 李伟, 等, 2009. 国家湿地公园管理评估研究[J]. 北京林业大学学报, 31(5): 102–107.

丁阳梅, 徐慧, 李晓红, 等, 2013. 基于模糊数学方法的水利风景资源评价[J]. 水资源保护, 29(1): 77–81.

Dudley N, 2016. IUCN自然保护地管理分类应用指南[M]. 朱春全, 欧阳志云, 等, 译. 北京: 中国林业出版社.

冯书成, 武永照, 冯嵘, 等, 2000. 森林旅游资源评价方法与标准的研究[J]. 陕西林业科技, (1): 23–26+40.

傅伯杰, 陈利顶, 马克明, 等, 2016. 景观生态学原理及应用(第二版)[M]. 北京: 科学出版社.

郭峰, 吴晋峰, 王鑫, 等, 2012. 中国雅丹地貌申报世界自然遗产的可行性研究[J]. 中国沙漠, 32(3): 655–660.

郭建强, 2005. 初论地质遗迹景观调查与评价[J]. 四川地质学报, 25(2): 104–109.

郭来喜, 吴必虎, 刘锋, 等, 2000. 中国旅游资源分类系统与类型评价[J]. 地理学报, 55(3): 294–301.

郭明珠, 殷鸣放, 李旖旎, 等, 2009. 千山风景名胜区景观资源综合评价[J]. 西北林学院学报, 24(3): 173–176.

国家环境保护局, 国家质量技术监督局, 1994. 自然保护区类型与级别划分原则(GB/T 14529–93)[S]. 北京: 中国标准出版社.

国家林业局, 1993. 森林公园管理办法[Z]. 1993–12–11.

国家林业局, 2008. 国家湿地公园评估标准(LY/T 1754–2008) [EB/OL]. [2013–04–19]. http://www.bjrd.gov. cn/zt/jjsdbhtl/bzgf/201304/t20130419_116781.html.

国家林业局, 2010. 国家湿地公园管理办法(试行)[Z]. 2010–02–20.

国家林业局, 2013. 国家沙漠公园试点建设管理办法[Z]. 2013–12–31.

国家林业局, 2016. 国家沙漠公园发展规划(2016–2025年)[Z]. 2016–10–08.

国家林业局森林公园管理办公室, 中南林业科技大学旅游学院, 2015. 国家公园体制比较研究[M]. 北京:

中国林业出版社, 97–110.

国家质量技术监督局, 1999. 中国森林公园风景资源质量等级评定 (GB/T 18005–1999)[S]. 北京: 中国标准出版社.

国家质量技术监督局, 中华人民共和国建设部, 1999. 风景名胜区规划规范 (GB 50298–1999). 北京: 中国建筑工业出版社.

国务院, 1994. 中华人民共和国自然保护区管理条例 [Z]. 1994–10–09.

国务院, 2006. 风景名胜区条例 [Z]. 2006–09–19.

郝俊卿, 吴成基, 陶盈科, 2004. 地质遗迹资源的保护与利用评价——以洛川黄土地质遗迹为例 [J]. 山地学报, 22(1): 7–11.

何东进, 洪伟, 胡海清, 等, 2004. 武夷山风景名胜区景观生态评价 [J]. 应用与环境生物学报, 10(6): 729–734.

胡海辉, 卓丽环, 马靖林, 2007. 风景区自然景观资源评价及合理开发 [J]. 东北林业大学学报, 38(2): 282–284.

胡欣欣, 2009. 龙栖山国家级自然保护区森林景观格局分析及其生态评价 [D]. 福州: 福建农林大学.

胡欣欣, 陈平留, 2009. RBF 网络在森林景观评价中的应用 [J]. 福建林学院学报, 29(1): 62–64.

黄清平, 王晓俊, 1999. 略论 Landscape 一词释义与翻译 [J]. 世界林业研究, (1): 74–77.

黄喜峰, 庞桂珍, 杨望暾, 等, 2010. 陕西金丝峡地质公园旅游资源及综合评价 [J]. 生态经济, (1): 102–104+109.

简兴, 苗永美, 2010. 基于多元统计分析的风景区景观评价研究 [J]. 林业实用技术, (6): 52–54.

角媛梅, 肖笃宁, 郭明, 2003. 景观与景观生态学的综合研究 [J]. 地理与地理信息科学, 19(1): 91–95.

金煜, 闫红伟, 屈海燕, 2011. 水利风景区 AHP 景观质量评价模型的建构及其应用 [J]. 沈阳农业大学学报 (社会科学版), 13(4): 497–499.

李翠林, 孙宝生, 2011. 新疆奇台硅化木–恐龙国家地质公园地质遗迹景观评价及整合开发 [J]. 地球学报, 32(2): 233–240.

李海军, 杨阿莉, 2007. 我国生态旅游资源分类的研究综述 [J]. 湖南工程学院学报, 17(4): 13–16.

李晖, 2002. 风景评价的灰色聚类–风景资源评价中一种新的量化方法 [J]. 中国园林, 18(1): 14–16.

李建伟, 2019. 国土空间规划的风景园林学思考 [N]. 中国自然资源报, 2019–03–21(007).

李可欣, 2013. 风景遗产科学研究综述 [J]. 中国园林, 29(11): 89–92.

李效文, 贾黎明, 郝小飞, 等, 2007. 森林景观 SBE 评价方法 [J]. 中国城市林业, 5(3): 33–36.

梁美霞, 刘怀如, 2007. 福建戴云山自然保护区森林景观资源的美学价值评价 [J]. 福建林业科技, 34(4): 151–154.

林轶南, 2012. 英国景观特征评估体系与我国风景名胜区评价体系的比较研究 [J]. 风景园林, (1): 104–108.

刘滨谊, 陈威, 2000. 中国乡村景观园林初探 [J]. 城市规划汇刊, (6): 66–68+80.

刘冀钊, 伍玉容, 杨成永, 2003. 层次分析法在自然保护区生态评价中的应用初探 [J]. 铁道劳动安全卫生与环保, 30(1): 17–20.

刘健, 郭建宏, 郭进辉, 等, 2003. 茫荡山自然保护区森林生态系统生态评价 [J]. 福建林学院学报, 23(2): 106–110.

刘娟, 赵敏, 2014. 水利风景区发展潜力综合评价 [J]. 水利经济, 32(5): 67–70+74.

刘敏, 代莹, 宋峰, 2016. 风景资源"软"开发与文化自信的构建[J]. 中国园林, 32(6): 57–60.

陆道调, 苏小兰, 余英禄, 等, 2008. 豫南黄柏山国家森林公园风景资源评价及功能分区[J]. 林业调查规划, 33(1): 44–47.

罗春雨, 郑福云, 李海燕, 等, 2015. 黑龙江省重要自然遗产资源评价分析[J]. 国土与自然资源研究, (3): 13–15.

罗金华, 2013. 中国国家公园设置及其标准研究[D]. 福州: 福建师范大学.

吕一河, 傅伯杰, 刘世梁, 等, 2003. 卧龙自然保护区综合功能评价[J]. 生态学报, 23(3): 571–579.

欧阳志云, 徐卫华, 2014. 整合我国自然保护区体系, 依法建设国家公园[J]. 生物多样性, 22(4): 425–426.

欧阳志云, 徐卫华, 杜傲, 等, 2018. 中国国家公园总体空间布局研究[M]. 北京: 中国环境出版集团.

欧阳志云, 徐卫华, 肖燚, 等, 2017. 中国生态系统格局、质量、服务与演变[M]. 北京: 科学出版社.

彭永祥, 吴成基, 2006. 地质遗迹资源保护与利用协调性评价[J]. 资源科学, 28(1): 192–197.

齐津达, 傅伟聪, 李炜, 等, 2015. 基于GIS与SBE法的旗山国家森林公园景观视觉评价[J]. 西北林学院学报, 30(2): 245–250.

齐童, 王亚娟, 王卫华, 2013. 国际视觉景观研究评述[J]. 地理科学进展, 32(6): 975–983.

齐欣, 王昕, 2013. 山地风景区景观资源评价—以花萼山为例[J]. 南方农业学报, 44(9): 1576–1583.

秦子晗, 2013. 渠县老龙洞地质遗迹资源定量评价[J]. 阜阳师范学院学报(自然科学版), 30(2): 54–57.

任凯珍, 黄来源, 季为, 等, 2012. 北京市十渡国家地质公园地质遗迹评价方法及应用[J]. 城市地质, 7(3): 56–63.

单之蔷, 2008. 中国景色[M]. 北京: 九州出版社.

邵蕊, 杨兆萍, 韩芳, 等, 2011. 天山托木尔自然遗产地地理多样性价值评估与保护分区[J]. 干旱区地理, 34(3): 525–531.

申健, 郝春燕, 王惠芬, 2009. 北京市门头沟区地质遗迹资源保护与利用协调性评价[J]. 资源与产业, 11(4): 37–41.

石金莲, 李俊清, 李绍泉, 等, 2003. 辽宁老秃顶子国家级自然保护区评价[J]. 林业科学研究, 16(6): 720–725.

史雪威, 2019. 中国西南地区伞护物种评估与保护优先区域识别研究[D]. 北京: 中国科学院大学.

孙永涛, 张金池, 2011. 长江口北支湿地自然保护区生态评价[J]. 湿地科学与管理, 7(1): 25–28.

孙玉军, 王雪军, 张志, 等, 2003. 基于GIS的森林景观定量分类[J]. 生态学报, 23(12): 2540–2544.

孙志高, 刘景双, 2008. 三江自然保护区湿地生态系统生态评价[J]. 农业系统科学与综合研究, 24(1): 43–48.

唐海燕, 周晓丹, 蒋艳, 等, 2014. 江苏地质遗迹评价与保护规划数据库建设与应用[J]. 地质学刊, 38(1): 53–59.

UNESCO, 2018. IGGP章程, UGGp操作指南及宣传手册[EB/OL]. [2018-10-20]. http://cn.globalgeopark.org/guide/9937.htm.

王保忠, 王保明, 何平, 2006. 景观资源美学评价的理论与方法[J]. 应用生态学报, 17(9): 1733–1739.

王凤慧, 1987. 国外现代景观地理研究的主要发展趋势[J]. 地理研究, 6(3): 81–90.

王晓玲, 马先娜, 袁宁, 等, 2012. 基于AHP法的旅游资源评价及保护性开发研究—以武当山世界遗产地为例[J]. 资源开发与市场, 28(10):938–940+867.

王一涵, 孙永华, 连健, 2011. 洪河自然保护区湿地生态评价[J]. 首都师范大学 (自然科学版), 32(3): 73–77.

邬建国, 2000. 景观生态学—概念与理论[J]. 生态学杂志, 19(1): 42–52.

吴成基, 彭永祥, 2001. 西安翠华山山崩地质遗迹及资源评价[J]. 山地学报, 19(4): 359–362.

吴后建, 黄琰, 但新球, 等, 2014. 国家湿地公园建设成效评价指标体系及其应用—以湖南千龙湖国家湿地公园为例[J]. 湿地科学, 12(5): 638–644.

吴明霞, 齐童, 刘传安, 等, 2016. 景观地理学的演变及其学科发展[J]. 首都师范大学学报 (自然科学版), 37(4): 85–90.

肖笃宁, 李秀珍, 1997. 当代景观生态学的进展和展望[J]. 地理科学, 17(4): 356–363.

肖笃宁, 李秀珍, 高峻, 等, 2010. 景观生态学 (第二版)[M]. 北京: 科学出版社.

肖景义, 沙占江, 侯光良, 等, 2012. 青海省坎布拉国家地质公园旅游资源分类与评价[J]. 干旱区资源与环境, 26(2): 180–185.

谢花林, 刘黎明, 李蕾, 2003. 乡村景观规划设计的相关问题探讨[J]. 中国园林, (3): 39–41.

谢凝高, 1981. 关于风景美的探讨[J]. 建筑学报, (2): 42–51+84.

谢凝高, 1984. 我国风景名胜区类型[J]. 圆明园, (3): 200–207.

谢凝高, 1991a. 山水审美: 人与自然的交响曲[M]. 北京: 北京林业大学出版社.

谢凝高, 1991b. 中国山水文化源流初深[J]. 中国园林, 7(4): 15–19.

谢凝高, 2000. 保护自然文化遗产 复兴山水文明[J]. 中国园林, 16(2): 36–38.

谢凝高, 2004. 中国的名山大川[M]. 北京: 商务印书馆.

谢凝高, 2010. 风景名声遗产学要义[J]. 中国园林, 26(10): 26–28.

谢凝高, 2015. 中国国家公园探讨[J]. 中国园林, 31(2): 5–7.

新华社, 2013. 中共中央关于全面深化改革若干重大问题的决定[J]. 中国合作经济, (11): 7–17.

徐慧, 钱谊, 彭补拙, 等, 2002. 鹞落坪国家级自然保护区生态评价研究[J]. 农业环境保护, 21(4): 360–364.

徐家红, 王媛媛, 廉小莹, 等, 2013. 张掖丹霞地质公园地质遗迹景观资源的开发与保护[J]. 干旱区资源与环境, 27(9): 198–204.

徐卫华, 2002. 中国陆地生态系统自然保护区体系规划[D]. 长沙: 湖南农业大学.

徐卫华, 欧阳志云, 黄璜, 等, 2006. 中国陆地优先保护生态系统分析[J]. 生态学报, 26(1): 271–280.

杨超, 王学雷, 张青, 2014. 湖北省国家湿地公园评估标准体系探讨[J]. 湿地科学, 12(6): 759–765.

杨定海, 彭重华, 罗丽华, 2004. 岳麓山风景名胜区景观资源综合评价研究[J]. 福建林业科技, 31(1): 17–20.

杨锐, 等, 2016. 国家公园与自然保护地研究[M]. 北京: 中国建筑工业出版社.

杨锐, 2017. 生态保护第一、国家代表性、全民公益性—中国国家公园体制建设的三大理念[J]. 生物多样性, 25(10): 1040–1041.

杨尚英, 2006. 秦岭北坡森林公园综合评价模型研究[J]. 西北林学院学报, 21(1): 136–138.

杨望暾, 郭威, 张阳, 2013. 新疆温宿盐丘国家地质公园地质遗迹资源及综合评价[J]. 干旱区资源与环境, 27(9): 193–197.

姚强, 崔杰, 沈军辉, 2006. 雷波马湖地区地质遗迹景观资源评价[J]. 地质灾害与环境保护, 17(2): 19–22.

俞孔坚, 1986. 自然风景景观评价方法 [J]. 中国园林, 2(3): 38–40.

俞孔坚, 1987. 论景观概念及其研究的发展 [J]. 北京林业大学学报, 9(4): 434–439.

俞孔坚, 1988. 自然风景质量评价研究—BIB–LCJ审美评判测量法 [J]. 北京林业大学学报, 10(2): 1–11.

俞孔坚, 2010. 城市景观作为生命系统—2010年上海世博后滩公园 [J]. 建筑学报, (7): 30–35.

俞孔坚, 2019. 道法自然的增强设计: 大面积快速水生态修复途径的探索 [J]. 生态学报, 39(23): 8733–
    8745.

于杰, 王伟佳, 张薇薇, 等, 2016. 雾灵山森林公园森林风景资源质量评价 [J]. 河北林业科技, (1): 85–87.

袁荃, 曾克峰, 2012. 基于AHP与菲罗模型评价地质遗迹景观—以贵州思南乌江喀斯特国家地质公园为
    例 [J]. 国土资源科技管理, 29(2): 84–90.

张保兰, 魏开云, 樊国盛, 等, 2009. 铜锣坝国家森林公园风景资源评价 [J]. 福建林业科技, 36(3): 235–240.

张昌贵, 李景侠, 强晓鸣, 2009. 陕西牛背梁国家级自然保护区生态评价 [J]. 西北农林科技大学学报 (自
    然科学版), 37(2): 74–80.

张国庆, 田明中, 刘斯文, 等, 2009. 地质遗迹资源调查以及评价方法 [J]. 山地学报, 27(3): 361–366.

张国庆, 吴俊岭, 田明中, 等, 2009. 内蒙古赤峰地质遗迹资源类型及其综合评价 [J]. 资源与产业, 11(4):
    31–36.

张建华, 朱靖, 1993. 自然保护区评价研究的进展 [J]. 农村生态环境, 9(2): 5–10.

张景群, 吴万兴, 万婷春, 2006. 陕西太平森林公园林景资源评价 [J]. 西北林学院学报, 21(2): 168–171.

张洋, 李文, 2016. 黑龙江伊春小兴安岭国家地质公园地质遗迹资源评价与分级保护 [J]. 东北林业大学学
    报, 44(4): 98–101.

张玉钧, 2014. 日本国家公园的选定、规划与管理模式探析 [A]. 2014年中国公园协会成立20周年优秀文
    集 [C]. 北京:《风景园林》杂志社.

张玉钧, 张婧雅, 2016. 日本国家公园发展经验及其相关启示 [EB/OL]. [2020–05–07]. https://www.sohu.
    com/a/108499618_126204.

张峥, 张建文, 李寅年, 等, 1999. 湿地生态评价指标体系 [J]. 农业环境保护, 18(6): 283–285.

张峥, 朱琳, 张建文, 等, 2000. 我国湿地生态质量评价方法的研究 [J]. 中国环境科学, 20(S1): 55–58.

中共中央, 国务院, 2015. 中共中央 国务院关于加快推进生态文明制度建设的指导意见 [EB/OL]. [2019–
    05–05]. http://www.gov.cn/xinwen/2015–05/05/content_2857363.htm.

中共中央, 国务院, 2015. 生态文明体制改革总体方案 [EB/OL]. [2015–09–21]. http://www.gov.cn/
    guowuyuan/2015–09/21/content_2936327.htm.

中共中央办公厅, 国务院办公厅, 2019. 建立国家公园体制总体方案 [EB/OL]. [2019–07–26]. http://www.
    gov.cn/zhengce/2017–09/26/content_5227713.htm.

中共中央办公厅, 国务院办公厅, 2019. 关于建立以国家公园为主体的自然保护地体系的指导意见 [EB/
    OL]. [2019–07–26]. http://www.gov.cn/zhengce/2019–06/26/content_5403497.htm.

中国大百科全书总编辑委员会《地理学》编辑委员会, 中国大百科全书出版社编辑部, 1990. 中国大百
    科全书·地理学 [M]. 北京: 中国大百科全书出版社.

中国世界遗产网, 2004. 世界遗产分类评定标准 [J]. 建筑与文化, (4): 34–35.

中华人民共和国国家质量监督检验检疫总局, 中国国家标准化管理委员会, 2017. 旅游资源分类、调查

与评价(GB/T 18972–2017). 北京: 中国标准出版社.

中华人民共和国国土资源部, 1995. 地质遗迹保护管理规定[Z]. 1995–05–04.

中华人民共和国国土资源部, 2010. 国家地质公园规划编制技术要求[Z]. 2010–06–12.

中华人民共和国国土资源部, 2013. 国家地质公园建设标准[EB/OL]. [2016–05–27]. http://cn.globalgeopark. org/UploadFiles/2013_4_27/%E5%9B%BD%E5%AE%B6%E5%9C%B0%E8%B4%A8%E5%85%AC%E5 %9B%AD%E5%BB%BA%E8%AE%BE%E6%A0%87%E5%87%86.pdf.

中华人民共和国建设部, 2004. 国家重点风景名胜区审查评分标准[EB/OL]. [2016–01–09]. http://www. mohurd.gov.cn/wjfb/200611/t20061101_157102.html.

赵志强, 吴妍, 2011. 哈尔滨松江湿地风景资源评价[J]. 国土与自然资源研究, (4): 62–63.

郑发辉, 陈春泉, 邓大吉, 等, 2007. 井冈山国家级自然保护区自然资源评价[J]. 福建林业科技, 34(3): 159–165.

郑允文, 薛达元, 张更生, 1994. 我国自然保护区生态评价指标和评价标准[J]. 农村生态环境(学报), 10(3): 22–25.

周心琴, 陈丽, 张小林, 2005. 近年我国乡村景观研究进展[J]. 地理与地理信息科学, 21(2): 77–81.

朱琼, 1994. 风景资源量化评价体系实用方法[J]. 规划师, (4): 24–26.

Antrop M, 1989. Het landschap meervoudig bekeken. Monogragie Stichting leefmilieu 30[M]. Kapellen: Pelckmans.

Appleton J, 1975. Landscape evaluation: the theoretical vacuum[J]. Transactions of the Institute of British Geographers, (66): 120–123.

Arthur L, Daniel T, Boster R, 1977. Scenic assessment: an overview[J]. Landscape Planning, 4: 109–129.

Australia Government, 2018. Environment protection and biodiversity conservation regulations 2000[EB/OL]. [2019–07–17]. https://www.legislation.gov.au/Details/F2018C00929/Download.

Balling J, Falk J, 1982. Development of visual preference for natural environments[J]. Environment and Behavior, 14(1): 5–28.

Bartlett D, Gomez–Martin E, Milliken S, et al, 2017. Introducing landscape character assessment and the ecosystem service approach to India: a case study[J]. Landscape and Urban Planning, 167: 257–266.

Bell S, 1999. Landscape: pattern, perception and process[M]. London: E&FN Spon.

Bishop I, Hulse D, 1994. Prediction of scenic beauty using mapped data and geographic information systems[J]. Landscape and Urban Planning, 30(1–2): 59–70.

Brown T, Daniel T, 1984. Modeling forest scenic beauty: concepts and application to ponderosa pine. In: USDA Forest Service Research Paper RM–256[R]. Washington DC: Rocky Mountain Forest and Range Experiment Station.

Brown T, Daniel T, 1987. Context effects in perceived environmental quality assessment: scene selection and landscape quality ratings[J]. Journal of Environmental Psychology, 7(3): 233–250.

Bureau of Land Management, 1980. Visual resource contrast rating, BLM manual handbook H–8431 (Washington, DC: United States Department of Internal Affairs) [EB/OL]. [2020–03–02]. http://blmwyomingvisual.anl.gov/ docs/BLM_VCR_8431.pdf.

Bureau of Land Management, 1984. Visual resource management, BLM manual handbook H−8400 (Washington DC: United States Department of Internal Affairs) [EB/OL]. [2020−03−02]. http://blmwyomingvisual.anl.gov/docs/BLM_VRI_H−8410.pdf.

Butler A, 2016. Dynamics of integrating landscape values in landscape character assessment: the hidden dominance of the objective outsider[J]. Landscape Research, 41(2): 239−252.

Clark A, 1985. Longman dictionary of geography: human and physical[M]. Essex, Longman Group.

Clay G, Daniel T, 2000. Scenic landscape assessment: the effects of land management jurisdiction on public perception of scenic beauty[J]. Landscape and Urban Planning, 49(1−2): 1−13.

Craik K, Feimer N, 1979. Setting technical standards for visual impact assessment procedures. In: Elsner G, Smardon R (Eds.), Proceedings of Our National Landscape[M]. Berkeley: Pacific Southwest Forest and Range Experiment Station.

Daniel T, Anderson L, Schroeder H, et al, 1977. Mapping the scenic beauty of forest landscapes [J]. Leisure Sciences: An Interdisciplinary Journal, 1(1): 35−52.

Daniel T, Boster R, 1976. Measuring landscape esthetics: the scenic beauty estimation method[A]. USDA Forest Service Research Paper RM−167[C]. Washington, DC: US Department of Agriculture, Forest Service, Rocky Mountain Range and Experiment Station.

Daniel T, Meitner M, 2001. Representational validity of landscape visualizations: the effects of graphical realism on perceived scenic beauty of forest vistas[J]. Journal of Environmental Psychology, 21: 61−72.

Daniel T, Vining J, 1983. Methodological issues in the assessment of landscape quality. Behaviour and the Natural Environment[M]. New York: Plenum Press.

Dearden P, 1985. Philosophy, theory, and method in landscape evaluation[J]. Canadian Geographer, (29): 263−265.

Dearden P, 1980. A Statistical Technique for the evaluation of the visual quality of the landscape for land−use planning purposes[J]. Journal of Environmental Management, 10(1): 51−68.

Dramstad W, Tveit M, Fjellstad W, et al, 2006. Relationships between visual landscape preferences and map−based indicators of landscape structure[J]. Landscape and Urban Planning, 78(4): 465−474.

Du A, Xu W, Xiao Y, et al, 2020. Evaluation of prioritized natural landscape conservation areas for national park planning in China[J]. Sustainability, 12(5): 1840.

Environment Canada Parks Services, 2019. National park system plan[EB/OL]. [2019−10−02]. https://www.pc.gc.ca/en/pn−np/plan.

Fazio S, Modica G, 2018. Historic rural landscapes: sustainable planning strategies and action criteria. The Italian experience in the global and European context[J]. Sustainability, 10: 3834.

Federal Agency for Nature Conservation (BfN), 2018. From data provided by the federal states, spatial base data: © GeoBasis−DE/BKG 2015[EB/OL]. [2019−10−09]. https://www.bfn.de/en/activities/protected−areas/national−parks.html.

Federal Ministry for the Environment, Nature Conservation and Nuclear Safety, 2009. Act on nature conservation and landscape management (Federal Nature Conservation Act − BNatSchG) of 29 July 2009[EB/OL]. [2019−

10–07]. https://www.bmu.de/fileadmin/Daten_BMU/Download_PDF/Naturschutz/bnatschg_en_bf.pdf.

Feimer N, Craik K, Smardon R, et al, 1979. Appraising the reliability of visual impact assessment methods[A]. Elsner G, Smardon R. Proceedings of Our National Landscape[C]. Berkeley: Pacific Southwest Forest and Range Experiment Station.

Forman R, Godron M, 1981. Patches and structural components for a landscape ecology[J]. BioScience, 31(10):733–740.

Forman R, Godron M, 1986. Landscape ecology[M]. New York: Wiley.

France Laws, 2006. Environmental Code [EB/OL]. [2019–10–11]. https://max.book118.com/html/2016/0104/32695239.shtm.

Freitas S, 2003. Landscape: where geography and ecology converge[J]. Holos Environment, 3(2): 150–155.

Gobster P, 1999. An ecological aesthetic for forest landscape management[J]. Landscape Journal, 18(1): 54–64.

Government Gazette, 2004. No. 31 of 2004: national environmental management: protected areas amendment act [EB/OL]. [2019–08–17]. https://www.environment.gov.za/sites/default/files/legislations/nema_amendment_protectedareas_act31.pdf.

Gov. UK, 2014. Guidance: landscape and seascape character assessments [EB/OL]. [2019–10–17]. https://www.gov.uk/guidance/landscape–and–seascape–character–assessments.

Guignier A, Prieur M, 2010. Legal framework for protected areas: France. IUCN–EPLP No. 81 [EB/OL]. [2020–01–16]. https://www.iucn.org/downloads/france_en.pdf.

Heiland S, Hoffmann A, Wied S, 2012. Checking management efficiency: evaluation of German national parks. Federal Agency for Nature Conservation[R]. Berlin, Germany: Europarc Germany e.V.: 5–9.

Hull R, Stewart W, 1992. Validity of photo–based scenic beauty judgments[J]. Journal of Environmental Psychology, 12(2): 101–114.

ICOMOS, 2017. The aesthetic value of landscapes: background and assessment guide. Technical paper number 2 [EB/OL]. [2019–10–17]. https://culturallandscapesandroutesnsc.files.wordpress.com/2018/03/aes–value–of–landscape–guide–10–aug–2017.pdf.

Korea National Park Service, 2019. National parks of Korea[EB/OL]. [2019–11–07]. http://www.knps.or.kr/front/foreign/info.do?pageRow=30.

Kulesza C, Le Y, Hollenhorst S, et al, 2013. National Park Service visitor perceptions & values of clean air, scenic views, & dark night skies; 1988–2011. Natural Resource Report NPS/NRSS/ARD/NRR–2013/632[R]. Ft. Collins, Colorado: National Park Service.

Lin C, Thomson G, Hung S, et al, 2012. A GIS–based protocol for the simulation and evaluation of realistic 3–D thinning scenarios in recreational forest management[J]. Journal of Environmental Management, 113: 440–446.

Litton R, 1968. Forest landscape description and inventories: a basis for planning and design. USDA Forest Service Research Paper DSW–49[M]. Berkeley: Pacific Southwest Forest and Range Experiment Station.

Meyer M, Sullivan R, 2016. The national park service visual resource program: supporting parks in scenery conservation [EB/OL]. [2020–01–14]. http://blmwyomingvisual.anl.gov/docs/NAEP_2016%20VRP%20Overview_020816_final.pdf.

Meyer M, Sullivan R, 2016. Enjoy the view–visual resources inventory report, gates of the arctic national park and preserve. Natural Resource Report NPS/GAAR/NRR–2016/1295, National Park Service [EB/OL]. [2020–01–14]. https://www.researchgate.net/publication/307927333_Enjoy_the_View_-_Visual_Resources_Inventory_Report_Gates_of_the_Arctic_National_Park_and_Preserve.

Ministry of the Environment, Government of Japan, 2019. National parks & important biodiversity areas of Japan[EB/OL]. [2019–09–24]. http://www.env.go.jp/park/topics/review/attach/pamph1/en_full.pdf.

Ministry of the Environment, Government of Japan, 1957. Natural park act (Act No. 161 of 1957)[EB/OL]. [2019–09–21]. https://www.env.go.jp/en/laws/nature/law_np.pdf.

Ministry of the Environment, Government of Japan, 2019. Natural park systems in Japan[EB/OL]. [2019–09–24]. https://www.env.go.jp/en/nature/nps/park/doc/files/parksystem.pdf.

Mohameda N, Othmana, Ariffin M, 2012. Value of nature in life: landscape visual quality assessment at rainforest trail, Penang[J]. Procedia–Social and Behavioral Sciences, 50: 667–674.

Muir R, 1999. Approaches to Landscape[M]. London: MacMillan Press.

National Park Service, 1972. National park service history: nomenclature of park system areas [EB/OL]. [2019–03–17]. https://www.nps.gov/parkhistory/hisnps/NPSHistory/nomenclature.html.

National Park Service, 1972. Part two of the national park system plan natural history[R]. Washington DC: Superintendent of Documents, US Government Printing Office: 1–15.

National Park Service, 2006. Management policies: the guide to managing the national park system [EB/OL]. [2019–03–17]. https://www.nps.gov/policy/mp/policies.html#PlanningforNaturalResourceMngmt411.

National Park Service, 2019. Criteria for new parklands[EB/OL]. [2019–03–17]. https://parkplanning.nps.gov/files/Criteria%20for%20New%20Parklands.pdf.

Naveh Z, Lieberman A, 1984. Landscape ecology: theory and application[M]. Berlin and Heidelberg, Springer–Verlag.

Norton B, Costanza R, Bishop R, 1998. The evolution of preferences: why 'sovereign' preferences may not lead to sustainable policies and what to do about it[J]. Ecological Economics, 24(2–3): 193–211.

Ouyang Z, Zheng H, Xiao Y, et al, 2016. Improvements in ecosystem services from investments in natural capital[J]. Science, 352(6292): 1455–1459.

Panagopoulos T, 2009. Linking forestry, sustainability and aesthetics[J]. Ecological Economics, 68(10): 2485–2489.

Ramos B, Panagopoulos T, 2004. The use of GIS in visual landscape management and visual impact assessment of a quarry in Portugal[J]. Proceedings of the 8th internatinoal conference on environment and mineral processing. Ostrava, Tzech Republic, 1: 73–78.

SANParks, 2019. Park planning & development[EB/OL]. [2019–11–09]. https://www.sanparks.org/conservation/planning/services.php.

Stefunkova D, Cebecauer T, 2006. Visibility analysis as a part of landscape visual quality assessment[J]. Ekologia Bratislava, 25(S1): 229–239.

Sullivan R, Meyer M, 2016. Documenting America's scenic treasures: the National Park Service visual resource inventory [EB/OL]. [2020–02–13]. https://www.researchgate.net/profile/Robert_Sullivan6/ publication/301698961_Documenting_America's_Scenic_Treasures_The_National_Park_Service_Visual_ Resource_Inventory/links/572377b908ae586b21d887ff.pdf.

Swanwick C, 2002. Landscape character assessment guidance for England and Scotland[M]. Cheltenham: The Countryside Agency John Dower House.

Troll C, 2007. The geographic landscape and its investigation[A]. Wiens J, Moss M, Turner M, etc. Foundation papers in landscape ecology[C]. New York: Columbia University Press.

Tsunetsugu Y, Park B, Miyazaki Y, 2010. Trends in research related to "Shinrin–yoku" (taking in the forest atmosphere or forest bathing) in Japan[J]. Environmental Health and Preventive Medicine, 15: 27–37.

Tudor C, 2014. An approach to landscape character assessment [EB/OL]. [2019–12–02]. https://assets. publishing.service.gov.uk/government/uploads/system/uploads/attachment_data/file/691184/landscape– character–assessment.pdf

Tveit M, Ode A, Fry G, 2006. Key concepts in a framework for analysing visual landscape character[J]. Landscape Research, 31(3): 229–255.

UK Law, 1949. National parks and access to the countryside act 1949[EB/OL]. [2019–09–02]. http://www. legislation.gov.uk/ukpga/Geo6/12–13–14/97.

UNESCO, 2013. Operational Guidelines for the implementation of the world heritage convention [EB/OL]. [2020– 06–03].https://whc.unesco.org/archive/opguide13–en.pdf.

UNESCO, 2014. Guidelines and criteria for national geoparks seeking UNESCO's assistance to join the Global Geoparks Network (GGN) [EB/OL]. [2018–10–20]. http://www.unesco.org/new/fileadmin/MULTIMEDIA/HQ/ SC/pdf/Geoparks_Guidelines_Jan2014.pdf.

US Department of Agriculture Forest Service, 1974. National forest landscape management, Vol. 2, The Visual Management System, Agricultural Handbook 462[R]. Washington, DC: US Government Printing Office.

Vanderheyden V, Schmitz S, 2013. Landscape quality assessment: from place to utopia. Changing European landscapes: landscape ecology, local to global, IALE 2013 European Congress[EB/OL]. [2020–01–09]. http:// www.iale2013.eu/landscape–quality–assessment–place–utopia.

Wiens J, 1999. The science and practice of landscape ecology[A]. Klopatek J, Gardner R. Landscape ecological analyses: issues and applications[C]. New York: Springer.

Wu J, 2006. Cross–disciplinarity, landscape ecology, and sustainability science[J]. Landscape Ecology, 21:1–4.

Xu W, Pimm S, Du A, et al, 2019. Transforming protected area management in China[J]. Trends in Ecology and Evolution, 34(9): 762–766.

Xu W, Xiao Y, Zhang J, et al, 2017. Strengthening protected areas for biodiversity and ecosystem services in China[J]. Proceedings of the National Academy of Sciences of the United States of America, 114(7): 1601– 1606.

Zube E, Sell J, Taylor J, 1982. Landscape perception: research, application and theory[J]. Landscape Planning, 9(1): 1–33.

158

面向中国国家公园空间布局的自然景观保护优先区评估
NATURAL LANDSCAPE PROTECTED PRIORITIES ASSESSMENT
FOR SPATIAL DISTRIBUTION OF NATIONAL PARKS IN CHINA

附 表

附表 1　重要自然景观名单

名称	位置	类型	面积（km²）	重点保护对象	自然景观特征	历史文化资源
阿尔金山	新疆若羌、且末县	珍稀动植物及栖息地	45000	有蹄类野生动物及其栖息地	具有藏野驴、藏羚羊、野牦牛、野骆驼等珍稀物种其栖息地，还包括现代冰川、高原湖泊、高原沙漠等景观	神话传说、少数民族文化
阿尔山	内蒙古阿尔山市	火山	814	火山群等地质遗迹	具有火山山群、火山口湖、堰塞湖、火山锥、温泉群、花岗岩石林等	蒙古族民俗文化
阿庐地质遗迹	云南泸西县	地质遗迹与典型地貌	13	阿庐古洞、民族村寨文化	以喀斯特地下岩溶和江、湖、瀑、泉自然景观为主体，古洞云海、地河幻景等天象景观	阿庐文化、少数民族文化、古村寨等
艾比湖湿地	新疆精河县、博乐市、阿拉山口岸区	湖泊湿地	2670.85	湿地及珍稀野生植物	我国西部的国门湖泊，准噶尔盆地西南缘最低洼地和水盐汇集中心、蕴藏丰富的矿产、盐业、野生动植物等资源	少数民族民俗文化
安南坝野骆驼栖息地	甘肃阿克塞县	珍稀动植物及栖息地	3960	野骆驼及其生境	中国野骆驼的主要生存地，数量占全世界野骆驼总数的一半，包括戈壁、荒漠、沙漠等自然景观	哈萨克族民俗文化
安西极旱荒漠	甘肃瓜州县	沙（荒）漠	8000	荒漠景观及珍稀物种	亚洲中部温带荒漠，极旱荒漠和典型荒漠新荒漠的交汇处，是青藏高原和蒙新荒漠的结合部	榆林窟、锁阳城等遗迹
八大公山	湖南桑植县	森林	200	亚热带森林	具有亚热带地区保存最完整、面积最大原生常绿落叶阔叶混交林，为"天然博物馆"和"物种基因库"	军事历史遗址、历史纪念地

（续）

名称	位置	类型	面积（km²）	重点保护对象	自然景观特征	历史文化资源
八面山	湖南桂东县	森林	109.74	森林	野生动植物资源丰富，有中国最大的银杉群落，是湘江一级支流沤水和末水的重要发源地	千年古道、佛教文化
八仙山	天津蓟县	山岳	1049	华北天然次生林、地质遗迹	我国石英岩峰林的典型代表，华北次生林生态系统代表	抗日根据地、历史传说
巴音布鲁克	新疆和静县	沼泽湿地	1000	沼泽湿地、天鹅等珍稀水禽栖息地	天鹅等珍稀水禽的重要栖息繁殖地，是世界上野生天鹅繁殖的最南限	少数民族民俗文化
霸王岭	海南昌江县	森林	299.8	热带雨林	海南热带雨林的典型代表，海南长臂猿是灵长类动物中数量最少、极度濒危的物种	少数民族民俗文化
白芨滩	宁夏灵武市	沙（荒）漠	748.43	灌木林、荒漠	以柠条为主的天然灌木林，以猫头刺为主的小灌木荒漠	远古文明的发祥地之一
白狼山	辽宁建昌县	森林	174.4	暖温带森林	江西地区保存较为完整的山地森林景观，生物多样性丰富，是中国环渤海地区生态防线的重要生态屏障之一	红山文化发源地之一
白龙湖	四川青川县	湖泊湿地	100	湖泊、三国历史遗迹	湖泊、岛屿、山峦、森林、峡谷、溶洞等	大量汉代历史遗迹、三国时期军事重地
白石砬子	辽宁宽甸县	森林	74.05	原生型红松针阔混交林	较完整的大面积天然红松阔叶混交林，其物种多样性和物种多样性均具有非常重要的价值	满族历史、文化

160

面向中国国家公园空间布局的自然景观保护优先区评估
NATURAL LANDSCAPE PROTECTED PRIORITIES ASSESSMENT
FOR SPATIAL DISTRIBUTION OF NATIONAL PARKS IN CHINA

（续）

名称	位置	类型	面积（km²）	重点保护对象	自然景观特征	历史文化资源
白水洞	湖南新邵县	喀斯特	160	溶洞、历史遗址	以洞奇和石径闻名世界，具有大溶洞和钟乳石，还有瀑布、溪流等景观	宗教建筑、太平天国古战场遗址、抗战遗址、名人故居
白水河	四川彭州市	珍稀动植物及其栖息地	301.5	大熊猫等珍稀濒危野生动物栖息地	森林植被保存完整，生物多样性丰富，是大熊猫、金丝猴、云豹、水獭等水濒危物种种栖息地	历史古迹、三国历史文化
白水江	甘肃陇南市武都区、文县	珍稀动植物及其栖息地	1837.99	大熊猫等珍稀濒危野生动物栖息地	甘肃唯一具有北亚热带生物资源的自然景观区域，有大熊猫、珙桐等多种珍稀濒危野生动植物	白马藏族文化
白音敖包	内蒙古克什克腾旗	森林	138.62	沙地云杉林	世界上仅存的沙地云杉林原景观	蒙古族文化、敖包文化
白云山	广东广州市白云区	山岳	20.98	山岳、森林、人文古迹	南亚热带季风常绿阔叶林、山岳、云雾、动植物栖息地等自然景观，寺庙、摩崖石刻、文化村等人文景观	寺观建筑、名人遗址
百花山	北京门头沟区	森林	217.43	温带次生林	有我国极具代表性和典型性暖温带华北石质山地次生落叶阔叶林景观，物种资源丰富	历史遗址
百丈漈-飞云湖	浙江文成县	湖泊湿地	58.8	湖泊、峡谷、历史古迹	以瀑雄、峰奇、潭多、洞径、湖秀、大峡谷、珍稀动植物为特色景观，华东第一	名人故里、历史古迹
宝清七星河	黑龙江宝清县	河流湿地	200	湿地景观及珍稀水禽	三江平原地区保存完好的原始湿地之一，具有高度的典型性和代表性，东北亚鸟类迁徙的重要通道	中国白琵鹭之乡

（续）

名称	位置	类型	面积（km²）	重点保护对象	自然景观特征	历史文化资源
宝山	福建顺昌县	山岳	30.5	山岳、森林	山岳、原始次生林、银杏林、万亩毛竹林、大面积奇松岭、日出云海等景观	寺庙遗址、宗教文化
宝天曼	河南内乡县	森林	93.04	过渡带森林景观、珍稀动植物、恐龙化石	我国中部地区保存最为完好的过渡带森林景观，暖温带落叶林向北亚热带常绿阔叶林过渡的典型代表	中原文化
保靖白云山	湖南保靖县	珍稀动植物及其栖息地	201.59	珍稀雉类栖息地	国内白颈长尾雉集中分布最多的区域之一，还有黄腹角雉、白冠长尾雉、红腹锦鸡、勺鸡等珍稀雉类分布	土家族文化
北仑河口	广西防城港市防城区、东兴市	森林	30	红树林、迁飞候鸟栖息地	我国大陆海岸连片面积最大的红树林，海洋生物生殖洄游、候鸟迁徙的重要场所	渔业文化、历史遗址
北票大黑山	辽宁北票市	山岳	29.4	森林	生态区位十分重要，形成阻止科尔沁沙地南侵的重要生态屏障，有"辽西绿岛"之称	兴隆洼文化
北票鸟化石	辽宁北票市	地质遗迹与典型地貌	46.3	珍稀古生物化石	有中华龙鸟、原始鸟，孔子鸟等珍稀古生物化石景观，并在数量和种属上是世界独一无二的	兴隆洼文化、民间文学
北武当山	山西方山县	山岳	9	山岳、道教文化遗址	三晋第一名山，山体由整体花岗岩组成，经过风化侵蚀，造成岩石裸露，魏峻挺拔，如神工鬼斧削劈	道教发源地、北方道教圣地
本溪水洞	辽宁本溪县	喀斯特	200	喀斯特溶洞、历史遗址	至今发现的世界第一长地下充水溶洞，融山、水、洞、泉、湖等于一体	古文化遗址、旧石器时代早期洞穴遗址

（续）

名称	位置	类型	面积（km²）	重点保护对象	自然景观特征	历史文化资源
滨州贝壳与堤岛与湿地	山东无棣县	海岸与海岛	435.42	贝壳堤岛、湿地、珍稀鸟类、海洋生物	全世界保存最完整的贝壳滩脊、东北亚内陆和环太平洋鸟类迁徙中转站	无棣古城文化
波罗湖	吉林农安县	湖泊湿地	249.15	湿地景观、珍稀濒危鸟类栖息地	我国东部候鸟迁徙通道，是鹤、鹳类等东北亚珍稀濒危鸟类的迁徙地，代表了松辽平原典型的鸟类物种	戏曲文化
博山	山东淄博市	山岳	73	山岳、溶洞、长城遗址	具有山岳、森林、石海、溶洞、河流等	齐长城、中国孝文化的发祥地之一、"陶琉之乡"
博斯腾湖	新疆博湖县、焉耆县、和硕县、库尔勒市	湖泊湿地	1573.71	湖泊景观、历史遗址	孔雀河的源头、中国最大的内陆淡水吞吐湖、中国重要的芦苇生产基地、新疆最大的的渔业生产基地	古焉耆国的所在地、丝路文化、少数民族民俗文化
苍山	云南漾濞县	山岳	519.9	山岳、地质遗迹、人文景观	具有地质事件、岩石、构造等剖面、流水、冰川、冻融、构造、喀斯特地貌、地质灾害遗迹等	新石器时代文化遗址、南诏故都遗址、大理国城遗址、大理国羊苴咩城遗址、宗教文化、少数民族文化
苍岩山	河北井陉县	山岳	180	山岳、历史古迹	具有山岳、奇石、森林、古树名木、峡谷、溪流等景观	宗教文化、名寺古刹、历史遗址

（续）

名称	位置	类型	面积（km²）	重点保护对象	自然景观特征	历史文化资源
岑王老山	广西田林县、凌云县	森林	252.13	常绿阔叶林、珍稀野生动植物	云贵高原地区罕见的大面积完整森林景观，是生物地理区的最好代表	壮族文化
查干湖	吉林前郭尔罗斯县	湖泊湿地	506.84	湖泊和濒危鸟类	具有半干旱地区湖泊湿地景观和野生珍稀、濒危鸟类栖息地景观	查干湖冬捕祭祀仪式
察青松多白唇鹿栖息地	四川白玉县	珍稀动植物及栖息地	1436.83	白唇鹿及其栖息地	保存完好的原始森林，灌丛或草甸，白唇鹿、金钱豹、金雕等珍稀野生动物栖息地	山岩戈巴原始部落、少数民族技艺文化
察隅慈巴沟	西藏察隅县	森林	1014	山地亚热带森林、峡谷、扭角羚等栖息地	拥有丰富的植物垂直带谱，生物资源"基因库"，并有峡谷、冰川，雪山等地文景观	茶马古道、民族文化
柴达木梭梭林	青海德令哈市	森林	3105	梭梭林及荒漠植被	具有梭梭林景观，鹅喉羚等荒漠动物栖息地，并构成柴达木盆地东部地区的生态屏障	蒙古族、藏族民俗文化
长宁竹海	四川长宁县	森林	290	竹林景观	拥有我国集中面积最大，世界罕见的天然竹林林海	历史遗址、诗词文化
长青野生动物	陕西洋县	珍稀动植物及栖息地	300	大熊猫等珍稀濒危动物及其栖息地	秦岭四大国宝大熊猫、金丝猴、羚牛、朱鹮栖息地，包括冰川地貌、原始森林、珍稀特有野生动植物	秦岭文化
长沙贡玛	四川石渠县	珍稀动植物及栖息地	6698	高寒湿地、珍稀动物栖息地	具有西藏野驴等丰富的野生动植物资源，大面积的高山草甸和高寒湿地景观，其独特的淡水草本沼泽湿地为中国高纬度、高海拔地带所独有	藏族民俗文化

（续）

名称	位置	类型	面积（km²）	重点保护对象	自然景观特征	历史文化资源
长兴地质遗迹	浙江长兴县	地质遗迹与典型地貌	2.75	金钉子地质遗迹	世界上唯一的一个剖面中有二个金钉子的地层剖面，也是我国唯一一个断代金钉子	古道遗址
昌黎黄金海岸	河北昌黎县	海岸与海岛	336.21	海滩、近海景观	包括沙丘、沙堤、泻湖、林带和海洋生物等构成的沙质海岸自然景观，是中国文昌鱼分布密度最高的地区之一	历史古迹、民间文化
巢湖	安徽合肥市	湖泊湿地	1299.64	湖泊、山岳、人文遗址	我国五大淡水湖之一，有光、山色、温泉、溶洞、奇花、朝霞、林海等特色景观	文化遗址、诗词歌赋
湖查原始森林	内蒙古根河市	森林	117.91	原始森林	兴安落叶松原始森林，森林沼泽	少数民族民俗文化
车八岭	广东始兴县	森林	161.11	中亚热带森林	中亚热带典型常绿阔叶林，南岭南缘保存较完整，面积较大，分布集中，原生性较强，中国特有的原始季雨林	客家文化、围楼景观
城洲岛	福建诏安县	海岸与海岛	0.86	海岛、珍稀海洋动物栖息地	具有海岛、海岩段等景观，是海龟、鲎、中华白海豚等珍稀海洋生物栖息地、繁殖地	海洋文化、历史遗址、民间文化
赤峰青山地质遗迹	内蒙古克什克腾旗	地质遗迹与典型地貌	5000	多种地质地貌景观	有花岗岩石林、峰林、"岩臼"群，第四纪冰川遗迹、"冰斗"群、火山群、大山群、沙地等景观	蒙古族民俗文化
赤水桫椤	贵州赤水市	珍稀动植物及其栖息地	133	桫椤林	拥有世界上数量最多、面积最广的桫椤林，保持着原始的"本底"状态	红色文化、油纸伞等民间技艺
崇左白头叶猴栖息地	广西崇左市	珍稀动植物及其栖息地	250	猴类栖息地、喀斯特森林	拥有全球数量最多的野生白头叶猴，是中国具有国际意义的陆地生物多样性关键区之一	壮族文化、岩画文化

（续）

名称	位置	类型	面积（km²）	重点保护对象	自然景观特征	历史文化资源
绰纳河	黑龙江呼玛县	河流湿地	1055.8	寒温带和温带原始森林、动植物栖息地	中国唯一的寒温带向温带过渡的原始森林和森林湿地景观，同纬度地区地带性森林植被的典型代表	古人类文化
达里诺尔湖	内蒙古克什克腾旗	湖泊湿地	1194.14	湖泊、鸟类	具有珍稀鸟类及其赖以生存的湖泊、河流、沼泽型湿地，草原、林地、沙地、火山遗迹等多样性的自然景观区域	历史文化古迹、蒙古族文化
大巴山	重庆城口县	森林	1157.5	亚热带森林	森林景观保存完好，反映出我国华中地区中亚热带森林自然本底	红色文化、华夏文明
大别山	湖北罗田县、英山县，河南商城县	森林	430.62	亚热带森林	自然植被保存完好，华东植物区系的代表地，具有众多珍贵的野生动植物资源	革命老区、红色文化
大布苏	吉林乾安县	地质遗迹与典型地貌	110	泥林、古生物化石	具有乾安泥林、地质遗迹、古生物遗迹、相对封闭的现代湖盆湿地景观及珍稀鸟类栖息地等景观	传说故事
大渡河峡谷	四川乐山市金口河区、汉源县、甘洛县	峡谷	404	高山峡谷、地质遗迹	以高山峡谷和大瓦山玄武岩地质地貌为主要景观，还有山岳、原始森林、动植物资源栖息地等	彝族村寨、民族民俗文化
大丰麋鹿栖息地	江苏盐城市大丰区	珍稀动植物及其栖息地	26.67	麋鹿及其栖息地	世界最大的野生麋鹿种群、麋鹿基因库	历史遗址
大风顶	四川美姑县	珍稀动植物及其栖息地	506.55	大熊猫等珍稀濒危野生动物及其栖息地	有保存完好的原始冷杉林、大熊猫凉山山系种群的集中分布区和腹心区，牛羚、小熊猫、斑羚、银杏等及其栖息地	彝族毕摩文化

（续）

名称	位置	类型	面积（km²）	重点保护对象	自然景观特征	历史文化资源
大桂山鳄蜥栖息地	广西贺州市八步区	珍稀动植物及其栖息地	37.8	鳄蜥等珍稀野生动物栖息地	我国最主要的鳄蜥栖息地，生物多样性丰富且独特	客家文化、少数民族文化
大海陀	河北赤城县	森林	126.34	温带森林	华北地区植被垂直地带性和生物地理区的典型代表，是欧亚大陆从温带到寒温带主要植被类型的缩影	历史遗址、神话传说
大黑山	内蒙古敖汉旗	森林	570.96	森林、草原、水源涵养地	拥有草原、森林等多种景观及珍稀野生动植物栖息地和水源涵养地	蒙古族文化、红山文化
大红岩	浙江武义县	丹霞	50.5	丹霞地貌、山岳景观	典型丹霞地貌，丘陵峰石连绵，奇岩怪石罗列，丹霞洞穴丰富，日出日落景观	名寺古刹、民间传说
大洪山	湖北随州市、京山市、钟祥市	山岳	330	山岳、历史古迹	具有山岳、溶洞、植被、气象、瀑泉、河湖等，还有野生动植物栖息地景观	"绿林起义"的发源地、东汉刘秀发祥地、诗词文化
大茅山	江西德兴市	山岳	143	山岳景观、人文历史	拥有溪、潭、瀑、山、石、林、花等多种景观，珍稀野生动物丰富	红色文化、历史遗址
大明山	广西武鸣县	森林	169.94	常绿阔叶林及珍稀动植物	具有全球意义并保存完整的山地常绿阔叶林景观，物种稀有且独特	壮族文化
大盘山	浙江磐安县	珍稀动植物及其栖息地	45.58	野生药用植物	拥有大量国家珍濒危药用植物和道地中药材种质资源	中草药文化
大青沟	内蒙古科尔沁左翼后旗	森林	81.83	森林	保存了完整的森林景观，多种动植物种栖息地，自然景观状况原始完好	蒙古族民俗文化

（续）

名称	位置	类型	面积（km²）	重点保护对象	自然景观特征	历史文化资源
大青山	内蒙古呼和浩特市新城区	森林	3885.77	温带森林草原	具有山地森林、灌丛、草原景观，物种多样性丰富，濒危珍稀物种众多，重要水源涵养功能	农耕文化、草原文化、蒙元文化
大山包昭通湿地	云南昭通市昭阳区	沼泽湿地	192	亚高山沼泽湿地、黑颈鹤越冬栖息地	亚高山沼泽化高原草甸，黑颈鹤越冬栖息最集中的地区，长江水系的重要生态屏障	少数民族文化
大田坡鹿栖息地	海南东方市	珍稀动植物及其栖息地	25	坡鹿及其栖息地	坡鹿在中国的唯一产地	民间文化、历史遗迹
大兴安岭汗马原始林	内蒙古根河市	森林	1073.48	原始森林	保存了完整的以兴安落叶松为代表的原始森林景观，是野生动植物最重要的栖息地	鄂温克族民俗文化
大瑶山	广西金秀瑶族自治县、荔浦市、蒙山县	森林	255.95	丹霞地貌、常绿阔叶林	地形地貌复杂多样，生境差异大、垂直带谱完整，动植物种类丰富，起源古老	瑶族文化
大沽河湿地	黑龙江五大连池市	河流湿地	2116.18	河流湿地、珍稀水禽	保存最原始、最完整、面积最大的森林湿地，东北亚水禽迁徙的主要通道	民间技艺、传说故事
戴云山	福建德化县	森林	134.72	亚热带森林	大面积天然分布的原生性黄山松林，东南沿海典型的山地森林景观，昆虫和植物模式标本产地，濒危动植物种丰富	历史遗址
黛眉山	河南新安县	地质遗迹与典型地貌	75	多种地质地貌景观	具有红岩嶂谷、交错层理、波痕沉积、泥裂构造、崩塌地貌、碧水峡湾等地质遗迹	历史遗迹、神话传说、诗词文化
丹东鸭绿江口湿地	辽宁东港市	沼泽湿地	1080.57	沿海滩涂湿地及珍稀水禽	东亚-澳大利西亚候鸟迁徙中转站	朝鲜族文化、戏曲文化

168

面向中国国家公园空间布局的自然景观保护优先区评估
NATURAL LANDSCAPE PROTECTED PRIORITIES ASSESSMENT
FOR SPATIAL DISTRIBUTION OF NATIONAL PARKS IN CHINA

（续）

名称	位置	类型	面积（km²）	重点保护对象	自然景观特征	历史文化资源
德夯	湖南吉首市	喀斯特	108	喀斯特地貌、苗寨	具有断崖、石壁、瀑布、原始森林，及丰富的动植物景观	苗寨、苗族民俗文化
德天瀑布	广西大新县	瀑布	—	瀑布景观	亚洲第一、世界第四大跨国瀑布，典型的岩溶瀑布，气势磅礴，蔚为壮观	少数民族民俗文化、边境人文景观
滇池	云南昆明市	湖泊湿地	330	湖泊、历史遗址	云南省最大的淡水湖，高原明珠、沿岸景观	少数民族文化、宗教等历史遗址
吊罗山	海南陵水县、保亭县	森林	183.89	热带雨林	我国极为珍稀的原始热带雨林区之一、海南四大天然热带雨林区之一，动植物物种资源丰富	黎族民俗文化
东方红湿地	黑龙江虎林市	沼泽湿地	466.18	沼泽湿地、珍稀动植物及其栖息地	以河漫滩沼泽利塔地沼泽为主要类型，保存非常完整，野生动植物和水生生物种及其生境	赫哲族民俗文化
东江湖	湖南资兴市	湖泊湿地	200	湖泊、山岳、森林景观	具有雄山、秀水、奇石、幽洞、岛屿、森林、瀑布等	少数民族民俗文化、潇湘文化
东寨港红树林	海南海口市美兰区	森林	25	红树林	我国面积最大的一片沿海滩涂森林、红树林树种之多为中国之最，珍稀鸟类栖息地	历史遗址、红色文化
董寨	河南罗山县	珍稀动植物及其栖息地	468	珍稀鸟类及其栖息地	我国最主要的鸟类栖息地之一、"鸟类乐园"	革命历史
洞庭湖	湖南岳阳市	湖泊湿地	2579.2	湖泊湿地、珍稀鸟类	东北亚鹤类迁徙网络、东亚雁鸭类迁徙网络、东亚-澳大利西亚涉禽迁徙网络，长江流域重要的调蓄湖泊	岳阳楼、传统农业发祥地

（续）

名称	位置	类型	面积（km²）	重点保护对象	自然景观特征	历史文化资源
都匀斗篷山-剑江	贵州都匀市	山岳	61.8	山岳、溪流	黔南第一山，有峰峦、溶洞、峡谷、溪流、瀑布等景观，亚热带原始森林，动植物资源十分丰富	少数民族民俗文化
堵河源	湖北竹山县	森林	471.73	北亚热带森林	汉江最大支流堵河的源头，大面积完整的原始森林，原始次生林	堵河文化、汉水文化
敦煌西湖	甘肃敦煌市	河流湿地	6600	湿地景观、荒漠植被	有大面积荒漠森林与湿地植被，戈壁、湿地草丛，野生动植物等景观，是敦煌绿洲生存和发展的绿色屏障	丝绸之路历史文化
敦煌阳关	甘肃敦煌市	河流湿地	881.78	荒漠湿地、野生动植物	中国西部荒漠区中较为罕见的特殊成因内陆河流，野生动植物种的遗传多样性和栖息地	丝绸之路历史文化
多布库尔湿地	黑龙江大兴安岭地区加格达奇区	沼泽湿地	1289.59	寒温带沼泽湿地景观	保存了完整的寒温带典型沼泽湿地，是嫩江主要集水区和水源涵养地，具有典型的岛状森林景观，是候鸟迁徙途中重要停歇地	鄂伦春族民俗文化
额济纳胡杨林	内蒙古额济纳旗	森林	262.53	胡杨林	中国天然胡杨林的主要分布地之一，荒漠绿洲森林景观，珍稀濒危动植物物种	居延遗址、黑城遗址
鄂尔多斯遗鸥栖息地	内蒙古鄂尔多斯市东胜区、伊金霍洛旗	珍稀动植物及其栖息地	147.7	遗鸥等珍稀鸟类栖息地	具有众多咸水湖泊湿地，鸟类资源丰富，是全世界遗鸥鄂尔多斯种群最集中的分布和最主要的繁殖地	蒙古族民俗文化
鄂陵湖	青海玛多县	湖泊湿地	610	湖泊景观、野生动植物及其栖息地	青藏高原上一个大型微咸水湖，有丰富的鸟类、水生植物、陆生动物，浮游动物，生物多样性丰富	华夏之魂河源牛头碑、藏族民俗文化

170

面向中国国家公园空间布局的自然景观保护优先区评估
NATURAL LANDSCAPE PROTECTED PRIORITIES ASSESSMENT
FOR SPATIAL DISTRIBUTION OF NATIONAL PARKS IN CHINA

（续）

名称	位置	类型	面积（km²）	重点保护对象	自然景观特征	历史文化资源
鄂托克恐龙遗迹化石	内蒙古鄂托克旗	地质遗迹与典型地貌	464.1	恐龙化石遗迹	分布广泛的多种类型恐龙足迹化石，以及恐龙骨骼化石等古生物遗迹	河套文明、蒙古族文化
二连浩特恐龙遗迹	内蒙古二连浩特市	地质遗迹与典型地貌	243.2	恐龙化石遗迹	亚洲地区最早发现恐龙和恐龙蛋化石的地区，面积广泛，保存完整，种类多，是亚洲地区恐龙、古脊椎动物、古哺乳动物化石的重要基地	蒙古族民俗文化
方山－长屿硐天	浙江温岭市	喀斯特	26.06	洞穴、山岳、宗教遗址	有洞穴、平原、高丘、低山、台地、海岸、岛屿、滩涂等景观	寺庙遗址、宗教文化
方岩	浙江永康市	丹霞	92	丹霞、湖泊	是丹霞地貌特征最明显、发育最完全的区域，包括险峰绝壁，岩洞石室，飞瀑平湖等景观	岩洞建筑、历史遗址
防城金花茶	广西防城港市	珍稀动植物及其栖息地	90.99	金花茶及森林	我国金花茶植物主要分布区	金花茶文化、海洋文化
房山十渡	北京房山区	喀斯特	301	喀斯特景观	喀斯特岩溶地貌景观，崖壁陡峭，峰丛林立，奇峰异石遍布，洞穴景观等	文物古迹、红色文化、民间传说
丰都雪玉洞	重庆丰都县	喀斯特	15	喀斯特溶洞景观	洞内有各种各样的石笋、石刀、卷曲石、石田等钟乳石奇观多达100多处，石盾、石旗、塔珊瑚及鹅管王堪称世界洞穴奇观之最	民间戏曲、传统文化
丰林红松林	黑龙江伊春市五营区	森林	184	原始红松林	以红松为主的北温带针阔叶混交林和珍稀野生动植物栖息地景观	兴安岭森林号子
蜂桶寨	四川宝兴县	珍稀动植物及其栖息地	390.39	大熊猫等珍稀濒危野生动物及其栖息地	世界上第一只大熊猫的发现地和模式标本产地，邛崃山系大熊猫栖息地关键性的走廊带	熊猫故乡、红色文化

（续）

名称	位置	类型	面积（km²）	重点保护对象	自然景观特征	历史文化资源
凤凰山	黑龙江鸡东县	山岳	26570	兴凯松林等野生动植物	华北植物区系的代表种，有大面积的油松林	蒙古族历史
凤阳山	浙江庆元县、龙泉市	森林	260.52	中亚热带森林	我国东南沿海中亚热带森林景观的典型代表，是浙闽山地的重要组成部分，以百山祖冷杉为代表的珍稀物种丰富、独特	古驿站、历史文化、民间传说
佛坪观音山	陕西佛坪县	珍稀动植物及栖息地	135.34	大熊猫等珍稀濒危野生动物及其栖息地	有较为完整的森林景观，是大熊猫、金丝猴等我国特有动物的集中分布区	秦岭文化、华夏文明
佛子山	福建政和县	山岳	137.3	山岳、历史遗址	保存完好的峰丛、崩塌堰塞、火山复活剖面，丰富的原生植物群落及生物资源	古墓群等古遗址、戏曲文化
浮山	安徽枞阳县	山岳	76.7	山岳景观、历史遗迹	奇峰、怪石、嶙岩、幽洞、火山遗迹、中国第一文山，安徽五大名山之一	亭台建筑、寺庙、建筑、名人故居、古寨遗址、石刻遗迹、佛教文化
富春江湿地	浙江杭州市富阳区、桐庐县、淳安县	河流湿地	1423	沿江自然、人文景观	众多自然和人文景观，有河流、湖泊、湖中岛、森林、山岳、寺庙、历史遗迹等	诗词书画、民俗节日
尕海—则岔	甘肃碌曲县	沼泽湿地	2474.31	高原湿地、珍稀鸟类	中国特有的高原湿地景观，以珍稀野生动物资源黑颈鹤、黑鹳、灰鹤、大天鹅及雁鸭类为主的候鸟及其栖息地	藏族民俗文化
甘家湖梭梭林	新疆乌苏市、精河县	森林	546.67	荒漠绿洲	具有荒漠绿洲湖泊、完整的梭梭荒漠、野生动植物栖息地等景观	少数民族民俗文化

172

面向中国国家公园空间布局的自然景观保护优先区评估
NATURAL LANDSCAPE PROTECTED PRIORITIES ASSESSMENT
FOR SPATIAL DISTRIBUTION OF NATIONAL PARKS IN CHINA

（续）

名称	位置	类型	面积（km²）	重点保护对象	自然景观特征	历史文化资源
甘南草原	甘肃玛曲县	草原草甸	2034.1	草原景观、珍稀物种栖息地	具有草原草甸、沼泽湿地、黄河首曲等景观，是黑颈鹤、白天鹅、藏原羚、梅花鹿等珍稀动物栖息地	藏族民俗文化
赣江源	江西石城县	森林	161.01	中亚热带常绿阔叶林	赣江源头独特森林，赣江乃至长江流域重点保护区域	赣江文化
冈仁波齐	西藏普兰县	山岳	—	山岳景观、宗教神山文化	冈底斯山的主峰，周围的巨大区域是几个水系的分水岭	世界公认的多个宗教的神山，被誉为神山之王
高望界	湖南古丈县	森林	171.7	常绿阔叶林、珍稀物种	植物类型与植物群落多样，是天然的"动植物基因库"	土家族文化
格西沟	四川雅江县	珍稀动植物及其栖息地	228.97	珍稀野生鸟类栖息地	四川雉鹑种群数量和密度最大的区域，中国大绯胸鹦鹉分布的最北沿之一	藏族文化
古尔班通古特沙漠	新疆昌吉州	沙（荒）漠	48800	沙漠景观、丝路文化遗址	中国面积最大的固定、半固定沙漠，在中国八大沙漠中居第二，蒙古野驴等野生动物	古"丝绸之路"文化遗迹、古城遗址、少数民族民俗文化
古海岸与湿地	天津宁河县	沼泽湿地	359.13	贝壳堤、牡蛎滩古海岸遗迹	世界上罕见的贝壳堤、牡蛎礁及古潟湖湿地共存景观，水禽重要栖息地	军事文化、津门文化、码头文化
古日格斯台	内蒙古西乌珠穆沁旗	草原草甸	989.31	森林、草原景观	大兴安岭南部山地北麓森林－草原景观，乌珠穆沁盆地国际重要湿地乌拉盖水系河源湿地	草原文化、蒙古族文化

（续）

名称	位置	类型	面积（km²）	重点保护对象	自然景观特征	历史文化资源
古田山	浙江开化县	森林	81.08	森林、珍稀物种栖息地	天然次生林发育完好，中国特有的世界珍稀濒危物种白颈长尾雉、黑麂及其栖息地	历史遗址
牯牛降	安徽祁门县、石台县	森林	67.13	中亚热带森林	地带性原生植被保存完好，动植物资源丰富，是中国东部地区亚热带常绿阔叶林典型区域之一	历史遗址、名寺古刹
鼓山	福建福州市晋安区	山岳	18.9	传统文化名山	以古刹涌泉寺为中心，有花岗岩风蚀构成蟠桃林、刘海钓蟾、玉峰、八仙岩、喝水岩等自然景观	摩崖题刻、古刹名寺
官山	江西宜丰县	森林	115.01	中亚热带常绿阔叶林、珍稀野生动植物栖息地	大面积中亚热带常绿阔叶林，生物多样性十分丰富	民间传统工艺文化
冠豸山	福建连城县	丹霞	123	丹霞地貌、湖泊景观	典型丹霞地貌，具有冠多山、石门湖、竹安寨、旗石寨、九龙湖等景观，为闽江、汀江发源地之一	客家古村落民居、书院遗址
光雾山	四川南江县、通江县	喀斯特	235	喀斯特景观	中国南北岩溶过渡地区岩溶地貌的典型代表，有岩溶峰丛、石林、峡谷、绝壁、溪流、瀑布、野生动植物资源等	巴人文化、历史古迹、三国文化、红色文化
龟峰	江西弋阳县	丹霞	136	丹霞地貌、历史遗迹	我国丹霞世界遗产组成部分，亚热带植物，金钱豹、苏门羚等珍稀动物栖息地	商周文化遗址、儒道佛文化、弋阳腔戏曲

面向中国国家公园空间布局的自然景观保护优先区评估
NATURAL LANDSCAPE PROTECTED PRIORITIES ASSESSMENT
FOR SPATIAL DISTRIBUTION OF NATIONAL PARKS IN CHINA

（续）

名称	位置	类型	面积（km²）	重点保护对象	自然景观特征	历史文化资源
桂平西山	广西桂平市	山岳	20	山岳、森林、人文古迹	以"石奇、树秀、茶香、泉甘"著名	金田起义遗址、瑶族村寨、浔州古城、佛教圣地
哈巴湖	宁夏盐池县	湖泊湿地	840	荒漠－湿地景观	西部地区典型的荒漠－湿地景观，生态系统服务功能强	细石器文化遗址、明长城
哈泥	吉林柳河县	沼泽湿地	222.3	沼泽湿地景观	中国东北地区泥炭层最厚，储量最大的泥炭矿床，是世界上不可多得的高分辨率的泥炭层坐标	高句丽历史文化遗址
哈腾套海	内蒙古磴口县	沙（荒）漠	1236	荒漠草原、湿地景观	拥有山地、沙漠、平原、河流等地貌景观，我国荒漠动植物生存的重要场所	古城遗址、蒙古族文化
海螺沟	四川泸定县	山岳	906.13	山岳、瀑布、原始森林	大面积原始森林和冰蚀山峰，中国至今发现的最大冰瀑布，世界上仅存的低海拔冰川之一，高山湖泊众多，动植物种类丰富	茶马古道、宗教文化、红色文化、历史传说
海坛	福建平潭县	海岸与海岛	392.92	海蚀地貌景观	以海滨沙滩特有的海蚀丰富独特的海蚀地貌为主，包括海蚀崖、海蚀洞、海蚀阶地等	神话传说、军事遗址
海棠山	辽宁阜新县	森林	110.03	油松栎类混交林	森林植被是中国一级生态敏感带上森林扩展的种子源	乐游名胜、尊摩崖佛像
海子山	四川理塘县	湖泊湿地	4591.61	高原湖泊、珍稀动物栖息地	青藏高原面积最大的高寒湿地之一，是中国湖群密度最大的区域之一，是金沙江和雅砻江的水源涵养地、补给地	藏族宗教文化
汉中朱鹮栖息地	陕西洋县、城固县	珍稀动植物及其栖息地	375.49	朱鹮及其栖息地	朱鹮的故乡，世界唯一的朱鹮野生种群分布区和谐纯正的朱鹮种源基地	中日友好历史、民间技艺

（续）

名称	位置	类型	面积（km²）	重点保护对象	自然景观特征	历史文化资源
合阳洽川	陕西合阳县	河流湿地	165	河流湿地、珍稀水禽	黄河流域最大的河滨湿地、丹顶鹤、大鸨、黑鹳等稀有珍稀鸟类	诗经文化、黄河文化、古莘文化等
贺兰山	内蒙古阿拉善左旗、宁夏银川市、石嘴山市	山岳	2820.36	干旱山地	具有干旱山地景观，珍贵稀有树种和马鹿、岩羊、马麝等珍稀濒危动物及其栖息地，不同自然地带的典型自然景观	贺兰山岩画、西夏文化、少数民族文化
黑茶山	山西兴县	森林	244.15	森林、褐马鸡等珍稀物种	晋西北低山浅山区生物多样性最为丰富的地区之一	戏曲文化、剪纸艺术
黑里河	内蒙古宁城县	山岳	276.38	天然油松林、珍稀野生动植物	东北针阔混交林向华北落叶阔叶林的过渡地带，燕山生物多样性的典型地段和物种资源的"基因库"	红山文化、宗教文化
黑瞎子岛	黑龙江抚远县	沼泽湿地	124.17	湿地景观、珍稀物种	拥有典型的沼泽化低湿平原地貌景观，黑龙江沿岸保存完整、面积较大的原始沼泽湿地，三江平原水源的重要补充和保障	中俄边境、边疆文化
恒仁老秃顶子	辽宁桓仁县、新宾县	山岳	152.17	森林景观及珍稀物种	巨大野生动植物资源库和基因库，第四纪冰川孑遗植物双蕊兰为独有种	满族文化
恒山	山西浑源县	山岳	147.51	山岳景观、人文历史遗址	"绝塞名山"，是塞外高原通向冀中平原之咽喉要冲，恒山十八景	中国五岳之一、道教文化、诗词文化、神话传说、历史遗址

（续）

名称	位置	类型	面积（km²）	重点保护对象	自然景观特征	历史文化资源
衡山	湖南衡阳县	山岳	181.5	山岳景观、历史遗迹	山岳、河流、森林、珍稀动植物资源	中国五岳之一、佛道文化、衡山书院文化、红色文化、神话传说
衡水湖	河北衡水市	湖泊湿地	283	内陆湿地景观及鸟类栖息地	拥有华北平原唯一保持沼泽、水域、滩涂、草甸的森林等完整的湿地生态系统，是南水北调的调蓄水源地	古城遗址、古碑刻、古石雕
红枫湖	贵州清镇市	湖泊湿地	200	湖泊景观、少数民族村寨	具有湖泊、山岳、森林、溶洞等景观	苗族村寨、侗族鼓楼
红花尔基樟子松林	内蒙古鄂温克族自治旗	森林	200.85	樟子松林	森林和草原过渡带，沙地樟子松森林景观，物种资源十分丰富，动植物种类繁多，在维持呼伦贝尔草原的生态平衡方面起了重要作用	鄂温克族、蒙古族民俗文化
红星湿地	黑龙江伊春市红星区	沼泽湿地	1119.95	森林沼泽、珍稀鸟类	北温带典型的森林湿地，水生生物繁育所和候鸟重要的栖息地，黑龙江流域上游支流库尔滨河源头水源涵养地	森林文化、传统民俗
洪泽湖湿地	江苏泗洪县	湖泊湿地	493.65	湖泊景观及野生动植物	我国第四大淡水湖泊，我国东部稀有、保存完好的湿地景观，重点保护动物大鸨等珍禽的越冬生境	淮楚文化、民间音乐文化
呼伦湖	内蒙古呼伦贝尔市	湖泊湿地	7400	湖泊、草原、珍稀鸟类栖息地等景观	中国第五大湖、亚洲中部干旱地区最大淡水湖，有湖泊、河流、苇塘、沼泽湿地、草甸湿地，东北亚 - 澳大利亚西亚徙水禽停歇地	北方众多游牧民族的主要发祥地，蒙古族等少数民族文化

（续）

名称	位置	类型	面积（km²）	重点保护对象	自然景观特征	历史文化资源
呼中原始林	黑龙江大兴安岭地区	森林	1672.13	明亮针叶林	中国保存最为典型且完整的寒温带针叶林之一，是中国寒温带明亮针叶林国家保护样本和物种基因库	北山洞古人类遗址
壶瓶山	湖南石门县	森林	665.68	中亚热带森林	保存有大量的古老珍稀濒危物种，"华中地区弥足珍贵的物种基因库" "欧亚大陆同纬度带中物种谱系最完整的一块宝地"	商周遗址、道教文化
湖光岩	广东湛江市	火山	38	火山地貌	以玛珥火山地质地貌为主体，兼有海岸地貌，构造地质地貌等多种地质遗迹，季节性雨林、红树林	历史遗址
虎伯寮	福建南靖县	森林	30.01	南亚热带森林	我国南亚热带东段较低纬度，低海拔分布较完整、大面积的南亚热带雨林，珍稀动植物物种及其栖息地	土楼文化、客家文化
虎形山－花瑶	湖南隆回县	山岳	102.5	山岳、花瑶村寨	山岳、河流、大面积的原始状森林及多种千年古树	中国花瑶第一村，少数民族民俗文化
花萼山	四川万源市	森林	482.03	森林及野生动物栖息地	北亚热带常绿阔叶林的典型代表区域，是汉江、嘉陵江的发源地和分水岭	红色文化
花坪银杉	广西龙胜县	森林	151.33	银杉等珍稀野生植物	拥有珍稀孑遗种银杉和其他珍稀濒危野生动植物资源及典型常绿阔叶林带	少数民族文化、梯田文化、红色文化

（续）

名称	位置	类型	面积（km²）	重点保护对象	自然景观特征	历史文化资源
花山	广西宁明县、龙州县	山岳	2800	喀斯特地貌、花山岩画	具有石灰岩峰丛、峰林连地、河谷、亚热带喀斯特森林等	花山岩画世界文化景观
花亭湖	安徽太湖县	湖泊湿地	254	湖泊及沿岸景观	包括花亭湖、西风洞、佛图寺、狮子山、龙山五大景观	佛教禅宗文化的发样地之一
华山	陕西华阴市	山岳	2.3	山岳景观、宗教遗址	山岳景观，针叶林、落叶阔叶林，珍稀野生植物，珍贵中草药栖息地等景观，神州九大观日处之一	中国五岳之一、道教全真派圣地，诗词文化
华蓥山	四川广安市	喀斯特	116	喀斯特石林、溶洞	以世界罕见的喀斯特早期发育石林奇观为典型代表，是中国海拔最高的山岳型石林，中天洞、高山岩溶溶湖泊	名寺古刹、红色文化、巴人文化
化龙山	陕西镇坪县、平利县	森林	281.03	森林植物、野生动物	中国巴山地区少有的原始森林、典型和完整的北亚热带森林	民间传说、曲艺文化
画稿溪	四川叙永县	森林	238.27	桫椤等珍稀植物及丹霞地貌等	拥有大面积绿阔叶同时原始林，是全球同纬度区保存最好的区域之一	苗族文化、摩崖石刻
浣江	浙江诸暨市	河流湿地	50	河流、瀑布、历史遗迹	河流、瀑布、亚热带森林、怪石等景观	西施故里、王羲之书法遗址
黄柏塬	陕西太白县	珍稀动植物及栖息地	218.65	大熊猫等珍稀濒危野生动物及其栖息地	生物多样性丰富，包括大熊猫、金丝猴、羚牛等珍稀野生动植物及其栖息环境	秦岭文化
黄河壶口瀑布	陕西宜川县、山西吉县	瀑布	178	瀑布景观	黄河上唯一的黄色大瀑布，国内唯一的潜伏式的瀑布、移动式的瀑布，是世界上唯一的金黄色瀑布	古堰村寨、古码头与集镇、军事遗址

（续）

名称	位置	类型	面积（km²）	重点保护对象	自然景观特征	历史文化资源
黄河晋陕 大峡谷	内蒙古、山西、陕西交界	峡谷	111600	峡谷、黄河	黄河干流上最长的连续峡谷，我国黄土高原沧桑的地貌特征代表，大河奔流的壮丽景观	长城与黄河握手的地方、黄土高原文化
黄河三角洲湿地	山东东营市垦利区、利津县	沼泽湿地	1530	湿地景观、珍稀水禽	世界少有的河口湿地海岸线，中国最大的新生湿地，具有陆生动物和海洋动物、水禽栖息地和迁移性鸟类繁殖地	黄河文化、油田文化
黄连山	云南绿春县	珍稀动植物及其栖息地	650.58	野生动植物栖息地	世界生物多样性十分丰富的"绿色三角洲"之一，大面积的原始湿性常绿阔叶林	哈尼族历史文化
黄龙山褐马鸡栖息地	陕西韩城市	珍稀动植物及其栖息地	817.53	褐马鸡及其栖息地	黄土高原地区保存完好的天然森林植被景观，以褐马鸡为代表的动植物群落独特完好，具有涵养水源、土壤保持等重要生态功能	关中文化、历史遗址
黄泥河	吉林敦化市	珍稀动植物及其栖息地	415.83	东北虎豹及多种珍稀濒危野生动物栖息地	东北虎等野生动物的栖息地和廊道，国内罕见的高山湿地、冰山地貌	千年古都文化
黄桑	湖南绥宁县	山岳	53.33	森林及珍稀物种	沅江－巫水－时竹水发源地，珍稀濒危野生动植物栖息地	历史名镇
珲春东北虎栖息地	吉林珲春市	珍稀动植物及其栖息地	1087	东北虎及其栖息地	中国野生东北虎分布数量与密度最高的区域	朝鲜族民俗文化
辉河	内蒙古鄂温克族自治旗	河流湿地	3468.48	河流景观、珍稀鸟类栖息地	呼伦贝尔草原东部最大的一条沼泽，湖泊型连带状湿地，候鸟的重要繁殖地、栖息地及正迁过境的驿站	鄂温克族民族文化、游牧文化

（续）

名称	位置	类型	面积（km²）	重点保护对象	自然景观特征	历史文化资源
会泽黑颈鹤栖息地	云南会泽县	珍稀动植物及栖息地	129.1	黑颈鹤及其越冬栖息地	以黑颈鹤为代表包括黑鹳、中华秋沙鸭等珍稀鸟类越冬栖息地，具有森林、灌丛、草甸沼泽湿地等景观	古城遗址、少数民族文化
火石寨	宁夏西吉县	丹霞	97.95	丹霞景观、石窟遗址	以丹霞地貌著称，是我国北方发育最为典型、分布集中、规模宏大的丹霞地貌群	火石寨石窟群、回族民俗文化、西夏历史文化
鸡公山	河南信阳市	山岳	287	森林、野生动植物	中国四大避暑胜地之一，生物资源丰富	万国建筑博物馆、第一个公共租界
蓟县地质遗迹	天津蓟州区	地质遗迹与典型地貌	9	地层剖面、古生物化石	具有中上元古界标准地层剖面以及剖面中的古生物化石和古生物遗迹，被誉为"世之瑰宝"	历史古城、民间技艺
尖峰岭	海南乐东黎族自治县、东方县	森林	201.7	热带雨林	中国现存纬度最低、垂直系统最完整、保护最好的热带雨林，热带北缘物种基因库	黎族苗族民俗文化
江郎山	浙江江山市	丹霞	53.9	丹霞地貌、人文遗址	我国典型的丹霞地貌景观，拥有中国丹霞第一奇峰，全国一线天之最，具有"奇""险""神"特征	历史遗址、神话传说
轿子山	云南昆明市东川区	山岳	119	森林及珍稀动植物	保存了滇中地区最为完整的原生植被和生境垂直带谱，是云南生物多样性的一个重要组成部分	历史名镇、少数民族文化
借母溪	湖南沅陵县	森林	32	森林及珍稀动植物	完整的石灰岩森林植被，大量的珍稀濒危野生动植物	民间传说

（续）

名称	位置	类型	面积（km²）	重点保护对象	自然景观特征	历史文化资源
金平分水岭	云南金平县	森林	420.27	南亚热带山地苔藓常绿阔叶林	拥有中国面积最大且保持完整的原始状态山地苔藓常绿阔叶林	少数民族文化
金寨天马	安徽金寨县	森林	289.14	北亚热带森林	具有北亚热带落叶－常绿阔叶混交林、安徽麝、白冠长尾雉、金钱松等珍稀野生动植物	历史民居、红色文化
金钟山	广西隆林县	珍稀动植物及其栖息地	209.24	黑颈长尾雉栖息地	中国野生动物类型中黑颈长尾雉分布最为集中的地区之一	民间文化艺术之乡、少数民族文化
缙云山	重庆北碚区	山岳	76	森林及珍稀动植物	长江中上游地区典型的亚热带常绿阔叶林区和植物种基因库，珍稀濒危物种众多	牌坊、寺庙遗址
井冈山	江西井冈山市	森林	214.99	中亚热带森林	世界上同纬度保存最完整的中亚热带常绿阔叶林，是我国乃至全球中亚热带生物资源的重要基地	红色文化、民间传说
靖宇火山群	吉林靖宇县	火山	150.38	火山地貌	主要由玄武岩熔岩台地、火山口、火山锥、玛珥湖、堰塞湖、火山湿地和矿泉组成	红色文化
镜泊湖	黑龙江宁安市	火山	1400	湖泊景观、火山遗迹	世界最大的火山熔岩堰塞湖，有火山口地下原始森林、地下熔岩隧道等地质奇观、吊水楼瀑布	历史遗址、朝鲜族民俗文化、宗教文化
九洞天	贵州大方县、纳雍县	喀斯特	80	溶洞群	由水旱溶洞、地下河、天桥、石林、悬崖、绝壁、峰丛幽谷等组成的规模宏伟的天然景观群	少数民族民俗文化
九宫山	湖北通山县	森林	166.09	中亚热带森林	具有中亚热带森林景观，珍稀濒危植物、第四纪冰川遗迹	道教名山

（续）

名称	位置	类型	面积（km²）	重点保护对象	自然景观特征	历史文化资源
九华山	安徽青阳县	山岳	334	山岳、地质遗迹、佛教遗址	具有九华山大断裂带遗迹、花岗岩地质遗迹、石灰岩岩溶地质遗迹、第四纪冰川地质遗迹、水文地质遗迹	中国佛教四大名山之一、名寺古刹、佛教文化
九连山	江西龙南县	山岳	200.63	亚热带常绿阔叶林	分布百余株恐龙时代植物－粗齿桫椤，及珍稀野生动植物资源	客家文化
九岭山	江西靖安县	森林	115.41	中亚热带常绿阔叶林	拥有完整的低海拔中亚热带常绿阔叶林，是罗霄山脉北段的典型代表，具有全球意义的常绿阔叶林典型代表	古人类文化遗址、摩崖石刻遗址
九龙洞	贵州铜仁市	喀斯特	245	溶洞、钟乳石	大型天然喀斯特溶洞，洞内钟乳石林立，为世界罕见	东山寺、明清民居古建筑
九万山	广西罗城县	山岳	1204	中亚热带常绿阔叶林	中国亚热带地区生物种类最丰富的地区之一、全球同纬度地区生物多样性保护的关键地区	仫佬族文化
九乡峡谷洞穴	云南宜良县	地质遗迹与典型地貌	340	地质遗迹、森林景观	现代冰川和古冰川遗迹完整，代表性强，喀斯特溶洞景观、河流侵蚀堆积作用地貌，典型的高山植被垂直带谱景观	少数民族民俗文化
九嶷山	湖南宁远县	森林	102.36	南亚热带森林	东亚地区以栲属为主的常绿阔叶林的中心地带，南方红豆杉、钟萼木、林麝等野生动植物及其栖息地	舜帝陵、黄家大院等
君子峰	福建明溪县	山岳	180.61	药用植物资源	木本药用植物资源，名贵用材树种种质资源，重点保护的野生动物，候鸟迁徙通道等	中草药文化

（续）

名称	位置	类型	面积（km²）	重点保护对象	自然景观特征	历史文化资源
卡拉麦里山	新疆奇台县、阜康市、富蕴、青河县、福海县	珍稀动植物及栖息地	14856.48	有蹄类野生动物及其栖息地	栖息着数以百计的有蹄类动物和珍禽，如蒙古野驴、鹅喉羚、马鹿、盘羊等	少数民族民俗文化
科尔沁草原	内蒙古科尔沁右翼中旗	草原草甸	1269.87	草原景观、湿地珍禽	以西伯利亚山杏和坨甸相间的草原为主的科尔沁草原原始景观，以蒙古黄榆为主的天然榆树疏林景观，以丹顶鹤为主的湿地珍禽景观	蒙古族文化，清朝历史文化
可可托海	新疆富蕴县	地质遗迹与典型地貌	2337.9	矿山遗址	以典型矿床和矿产山遗址为主体景观，阿尔泰山花岗岩地貌景观和富蕴大地震遗迹	少数民族民俗文化
克什克腾地质遗迹	内蒙古克什克腾旗	地质遗迹与典型地貌	1343	多种地质地貌景观	具有冰川、花岗岩、火山、泉类、峡谷、湖泊、河流、典型矿床、采矿遗迹、沙地等景观	蒙古族民俗文化，红山文化
崆峒山	甘肃平凉市	山岳	83.6	丹霞地貌景观	黄土高原上独有的石柱峰林等丹霞地貌地质构造遗迹，丰富的动植物资源	道教名山，武术文化，丝路文化
库车大峡谷	新疆库车县	峡谷	1038.48	峡谷、山岳等旱地景观	由红褐色的巨大山体群组成，奇峰林立，怪石嶙峋，雄伟壮观，一峰多景，神秘色彩等特征代表	阿艾石窟壁画，千佛洞，少数民族文化
宽阔水	贵州绥阳县	森林	262.31	中亚热带常绿阔叶林	原生性亮叶水青冈林在全国具有典型性、性利完整性，重要的生物基因库	诗歌文化
昆仑山	新疆若羌县、且末县	山岳	78800	山岳、珍稀动物栖息地	大江大河发源地，原始的高原自然景观，藏羚羊、藏野驴、野牦牛等青藏类濒危野生动物栖息地	中国第一神山，万祖之山，神话传说

（续）

名称	位置	类型	面积（km²）	重点保护对象	自然景观特征	历史文化资源
昆嵛山	山东烟台市牟平区	森林	154.17	赤松天然林	拥有全世界保存最完好的赤松林，是中国赤松的原生地和天然分布中心	古遗址
拉鲁湿地	西藏拉萨市城关区	沼泽湿地	12.2	湿地景观	是典型的青藏高原湿地，属于芦苇泥炭沼泽，被誉为"拉萨之肺"	藏族文化
莱阳恐龙遗迹	山东莱阳市	地质遗迹与典型地貌	15.46	恐龙化石遗迹	拥有全国最罕见的3个著名白垩纪化石生物群	传统民俗文化、宗教文化
琅琊山	安徽滁州市琅琊区	山岳	115	历史名山、人文古迹	中国北亚热带向暖温带过渡地带石灰岩地区保存最完整的天然次生林，名贵中药材众多，号称"天然药圃"	我国四大名亭之一的醉翁亭，寺庙建筑，诗词古建、文化
崂山	山东青岛市崂山区	山岳	446	山岳景观、文物遗址	中国海岸线第一高峰，被称为海上"第一名山"，包括森林植被、野生动植物、海岸景观	道教名山、佛教文化、宗教古建、文化
老君山	云南玉龙县	丹霞	1110	丹霞地貌	中国迄今为止发现的面积最大、海拔最高的丹霞地貌区域，还有冰川、峡谷等	纳西等民族民俗文化
老爷岭	黑龙江东宁市	珍稀动植物及其栖息地	712.78	东北豹及多种珍稀濒危野生动物栖息地	中国东北虎、东北豹现有重要分布区，森林茂密，动植物资源丰富	历史遗址、宗教文化
雷公山	贵州雷山县	森林	473	中亚热带森林	中亚热带森林植被景观资源丰富，秃杉林群落面积较大，保存较完整，原生性较强	苗族侗族民俗文化
雷琼火山群	广东湛江市、海南海口市	火山	379	火山带、火山口湖	我国第四纪火山分布面积最大、数量最多的火山带，具有独特的玛珥式火山湖景观，是迄今全球保存最完整的火山口湖之一	雷琼文化、岭南文化

（续）

名称	位置	类型	面积（km²）	重点保护对象	自然景观特征	历史文化资源
类乌齐马鹿栖息地	西藏类乌齐县	珍稀动植物及其栖息地	1206.15	马鹿、白唇鹿等及其栖息地	拥有多种珍稀濒危物种，面积大小适宜且处在生态脆弱的青藏高原亚高山森林与高山草甸过渡地带	藏族文化
连城	甘肃永登县	山岳	479.3	森林	祁连山脉向黄土高原过渡带，保存着完整的森林景观，及青杆和祁连圆柏等物种资源	古镇文化、土司文化
连康山	河南新县	山岳	20	常绿阔叶与落叶阔叶混交林	北亚热带森林，白冠长尾雉等珍稀物种及其栖息地	军事文化
莲花山	甘肃康乐县、临潭县、卓尼县、临洮县、渭源县	山岳	125.51	特殊地貌、森林	我国西部黄土高原向青藏高原过渡地带亚高山针叶林，地质构造复杂	黄河文化、黄土高原文化
凉水森林	黑龙江伊春带岭区	森林	121.33	以红松为主的温带针阔叶混交林	我国较为典型和完整的原始红松针阔叶混交林分布区之一，是中国和亚洲东北部具有代表性的温带原始红松针阔叶混交林区	金祖文化
梁野山	福建武平县	山岳	143.65	中亚热带森林	保存着典型的中亚热带森林生物资源和森林，珍稀动植物种类繁多	历史名镇、客家文化
辽宁仙人洞	辽宁庄河市	山岳	35.73	赤松-栎林	保存了大面积的天然赤松林，东北地区独有的第四纪冰川残留下的天然亚热带植物	民间传说
林虑山	河南林州市	山岳	317.38	高山峡谷	保存了新太古界、中元古界、古生界和新界等地质时期的地质遗迹、山岳、峡谷、河流等景观	历史文化村、历史遗址

（续）

名称	位置	类型	面积（km²）	重点保护对象	自然景观特征	历史文化资源
灵山	江西上饶市广信区	山岳	160	山岳、历史遗址	山岳、亚热带森林、珍稀动植物资源、瀑布群、湖泊、矿产资源等	佛道圣地、古文明、吴越文化、岩画、古街
灵通山	福建平和县	山岳	15	火山地貌、丹霞地貌	典型火山峰丛地貌和丹霞地貌，以险峰、奇石、清泉、飘云为四大特色	林语堂故居、土楼景观、佛教文化
柳江盆地地质遗迹	河北秦皇岛市抚宁区	地质遗迹与典型地貌	13.95	地质遗迹	荟萃了中国北方20多亿年以来的各个地质构造与地貌，被称作"弹丸之地，五代同堂"	民间戏曲文化
六步溪	湖南安化县	森林	142.39	中亚热带常绿阔叶林	中亚热带常绿阔叶林，具有华中植物区系交汇和过渡地带独特的森林和丰富的生物资源种群	梅山文化
龙感湖	湖北黄梅县	湖泊湿地	223.22	淡水湖泊及白头鹤等栖息地	中国淡水湖泊中保持最为完好的重要湖泊湿地之一	历史传说、民间文化
龙虎山	江西贵溪市	丹霞	220	丹霞地貌、人文遗址	我国丹霞地貌发育程度最好的地区之一，有石寨、石墙、石柱、峰林、一线天、蜂窝状洞穴、天生桥、石门等	道教圣地、古崖墓群
龙门山	四川彭州市、什邡市、绵竹市	山岳	1900	山岳、地质遗迹	主要有推覆构造、"冰川漂砾"、地貌、地层剖面，还有古冰川、典型地层剖面等地质遗迹及大熊猫等珍稀动物	大禹诞生地、丹文化、宗教文化、古彭蜀文化
龙栖山	福建将乐县	山岳	63.71	中亚热带森林	中亚热带森林、云豹、黄腹角雉、白颈长尾雉等国家重点保护野生动物栖息地	古廊桥、百龙壁等

（续）

名称	位置	类型	面积（km²）	重点保护对象	自然景观特征	历史文化资源
龙湾	吉林辉南县	火山	81.33	火山湖泊	独特的火山地形地貌和众多的火山口湖与火山锥体，是中国分布密度最大的火山口湖群，世界上最典型的玛珥湖群	红色文化
龙溪—虹口	四川都江堰市	珍稀动植物及其栖息地	310	大熊猫等珍稀濒危野生动物及其栖息地	保存着原始的高山峡谷自然景观，完整的植被垂直带谱，生物物种丰富，是大熊猫生存和繁衍的关键区域	水文化、著名水利工程
隆宝湿地	青海玉树市	珍稀动植物及其栖息地	100	黑颈鹤等水禽及其栖息地	黑颈鹤栖息繁殖的集中地区，是世界上海拔最高的保护地之一	藏族文化
陇县秦岭细鳞鲑	陕西陇县	珍稀动植物及其栖息地	65.59	细鳞鲑及其栖息地	具有以秦岭细鳞鲑为主的水生野生动物及其栖息地	秦岭文化、民间技艺、历史悠久
芦芽山	山西宁武县	森林	214.53	暖温带森林	中国暖温带残存的天然次生林分布区中保存最完整、分布最集中的地区之一，褐马鸡的集中分布区	历史遗址、民俗活动
庐山	江西九江市濂溪区	山岳	304.93	山岳景观、人文历史景观	山岳景观、常绿阔叶林、丰富的野生动物和珍稀动物	名胜古迹遗址、诗词文化、山水文化、佛道文化
泸沽湖	四川盐源县、云南宁蒗县	湖泊湿地	50.1	湖泊湿地、摩梭等民族村寨与习俗	高原断层溶蚀陷落湖泊，是中国第三深的淡水湖，包括山岳、岛屿、湖湾、草海等	摩梭人民俗文化、少数民族民俗文化、历史遗址与传说

188

面向中国国家公园空间布局的自然景观保护优先区评估
NATURAL LANDSCAPE PROTECTED PRIORITIES ASSESSMENT
FOR SPATIAL DISTRIBUTION OF NATIONAL PARKS IN CHINA

（续）

名称	位置	类型	面积（km²）	重点保护对象	自然景观特征	历史文化资源
禄丰恐龙地质遗迹	云南禄丰县	地质遗迹与典型地貌	170	恐龙化石遗迹	中国乃至世界发现恐龙化石数量最多、个体最为完整、种类最丰富的地区，有早、中、晚侏罗纪三个时代的恐龙化石	恐龙文化、少数民族民俗文化
路南石林	云南路南县	喀斯特	400	喀斯特石林景观	我国岩溶地貌比较集中的地区，数量多、景观价值高，举世罕见，有石头森林、溶洞、湖泊、瀑布等	彝族等少数民族民俗文化、历史遗址
滦河上游	河北围场县	森林	506.37	温带落叶阔叶林	温带落叶阔叶林，是京津生态安全的绿色屏障和重要水源地	滦河文化、满族围场文化
罗布泊	新疆巴音郭楞州	珍稀动植物及其栖息地	78000	野骆驼及其栖息地	世界极度濒危物种——野骆驼的模式产地，包括雪豹、藏野驴、北山羊等珍稀濒危物种	楼兰遗址、丝路文化、民间传说
罗平峰林	云南罗平县	喀斯特	1000	喀斯特峰林景观	深沟峡谷纵横，盆岭相间，碳酸盐岩广布，是非常典型的喀斯特地貌奇观	布依、苗、彝族等少数民族民俗文化
罗平九龙瀑布	云南罗平县	瀑布	16.4	瀑布景观、少数民族人文景观	九龙河具最盛名的大瀑布群，大小十级瀑布，或雄伟、或险峻、或秀美、或舒缓	布依等民族村寨、民俗、文化
罗山	宁夏同心县	山岳	337.1	山岳、森林	有森林、草原和荒漠景观，是宁夏中部的绿色生态屏障，水源涵养林	寺庙与陵墓遗址
吕梁山	山西吕梁市	森林	86	温带森林	具有华北落叶松林、山岳、高山草甸、褐马鸡等珍稀动植物	吕梁文化、红色文化
麻阳河湿地	贵州沿河县	珍稀动植物及其栖息地	311.13	黑叶猴及其栖息地	我国重点保护动物黑叶猴及其栖息地，"野生动植物基因库"，典型的喀斯特地貌和峡谷景观	土家族民俗文化

（续）

名称	位置	类型	面积（km²）	重点保护对象	自然景观特征	历史文化资源
马岭河峡谷	贵州兴义市	峡谷	450	峡谷、喀斯特地貌	具有峡谷、瀑布、山岳、湖泊、岛屿、峰林等景观	少数民族民俗文化、古遗址古栈道
马山地质遗迹	山东青岛市即墨区	地质遗迹与典型地貌	7.74	柱状节理石柱、硅化木等地质遗迹	有柱状节理石群、硅化木群、沉积构造、接触变质带等地质遗迹，被称为"袖珍式地质博物馆"	丰富的人文景观和神秘传说
马头山	江西资溪县	山岳	138.67	药用植物资源	拥有丰富而珍贵的药用植物资源	中草药文化
玛旁雍错	西藏普兰县	湖泊湿地	412	神山圣湖	中国湖水透明度最大的淡水湖泊和第二大蓄水量天然淡水湖，周围有温泉、荒漠草原、沼泽化草甸等景观	亚洲四大河流发源地、藏地三大"神湖"之一、雍仲本教神话传说
麦积山	甘肃天水市麦积区	山岳	215	山岳景观、石窟遗址	动植物物种丰富多样、地质地貌、气候典型独特	中国四大石窟之一的麦积山石窟、仙人崖为佛道儒三家共存地
茫荡山	福建南平市	森林	110.63	杉木林、中亚热带沟谷森林	具有典型的中亚热带沟谷森林和丰富的珍稀濒危野生动植物资源	神话传说、宗教文化
莽山	湖南宜章县	森林	198.33	亚热带常绿阔叶林	南岭山区原生型常绿阔叶林保存面积最大、保护最完好的地区之一，包括水域景观、地貌景观等	瑶族文化、宗教文化

（续）

名称	位置	类型	面积（km²）	重点保护对象	自然景观特征	历史文化资源
猫儿山	广西兴安县、资源县、龙胜县	森林	170	常绿阔叶林	世界上最具典型特征的原生性亚热带山地常绿落叶阔叶混交林，植被保存最为完好的地区之一	"山海经第一山"、瑶族文化
毛垭高寒草原	四川理塘县	草原草甸	14000	高山草甸、藏民文化景观	亚高山草甸、高寒草甸、动物景观	历史上的民族迁徙走廊、康定情歌等民族歌舞文化、传统牧区
茅荆坝	河北隆化县	森林	400.38	暖温带森林	保存有较为完整的暖温带落叶阔叶林，植被垂直分布谱清晰，是京津地区生态安全的重要屏障	满蒙文化
梅花山	福建上杭县、连城县、龙岩县	森林	221.69	亚热带森林、动植物栖息地	九龙江、汀江、闽江分水岭，被称为"水流三江地"，闽西独特的天然空调和生物水库	土楼文化、红色文化
猛洞河	湖南永顺县	河流湿地	250	河流、溶洞	具有岩溶、峡谷、哨壁、石林钟乳、暗河、湖泊等景观	土家族苗族村寨、民俗文化
米仓山	四川南江县，陕西西乡县	森林	579.92	北亚热带森林	北亚热带和暖温带过渡地带的山地森林景观，珍稀物种和栖息地，喀斯特岩溶地貌和沟谷流水地貌	红色文化、历史遗迹
民勤连古城	甘肃民勤县	沙（荒）漠	3898.83	荒漠、天然植被、珍稀濒危动植物	重要荒漠景观、典型荒漠野生动植物栖息地，亚热带地区生态区位十分重要	汉代连城、古城等古人类遗址
闽江河口湿地	福建长乐市	沼泽湿地	22.6	河口湿地及水禽	福建最优良典型的河口三角洲湿地，在东洋界华南区具有重要代表性	闽江流域历史文化

（续）

名称	位置	类型	面积（km²）	重点保护对象	自然景观特征	历史文化资源
闽江源	福建建宁县	森林	130.22	亚热带森林	独特的生物群落，大面积的钟萼木种群，闽江源头森林植被，重要的水源涵养功能	闽江流域历史文化
莫干山	浙江德清县	山岳	43	山岳、森林、人文古迹	包括塔山、中华山、金家山、屋背山、莫干岭、炮台山等，植被覆盖率高，云海日出录、飞瀑流泉	诗文碑刻、名人故居、别墅景观
莫莫格湿地	吉林镇赉县	沼泽湿地	1440	沼泽湿地和珍稀水禽	吉林最大的湿地保留地，中国重要的候鸟繁殖地和迁徙型候鸟的停歇地	蒙古族文化
牡丹峰	黑龙江牡丹江市	森林	194.68	原始森林	黑龙江保存较好的稀有的原始森林之一，包括已濒临灭绝的山地云冷杉林和红松阔叶混交林	满族历史文化
木林子	湖北鹤峰县	森林	208.38	中亚热带森林	保存完好的原始森林，集古老、珍稀、濒危于一体，华中地区最为重要的生物基因库	土家族文化
木论喀斯特	广西环江县	森林	108.3	喀斯特森林	世界同纬度地区连片面积最大，喀斯特特征森林，喀斯特景观以锥形山、塔形山及其间的洼地构成的峰丛洼地和峰丛漏斗为主，保存最完好的	毛南族文化
穆棱东北红豆杉	黑龙江穆棱市	珍稀动植物及其栖息地	356.48	东北红豆杉、东北虎豹	我国东北林区保存良好，黑龙江地区分布最集中，种群数量最大的东北红豆杉天然种群集中分布区，有河流、河谷、山峰、森林、动植物资源	穆棱河文化、铁路文化
那拉提草原	新疆新源县	草原草甸	1800	高山草原草甸	世界四大草原之一的亚高山草甸植物资源	哈萨克族民俗文化、丝路文化
那曲高寒草原	西藏那曲	草原草甸	400000	草原景观、野生动物	中国最美六大草原之一，具有珍稀野生动物野牦牛、藏羚羊、藏野驴、藏雪豹、黑颈鹤等	藏族历史文化、传统节日、宗教文化

192

面向中国国家公园空间布局的自然景观保护优先区评估
NATURAL LANDSCAPE PROTECTED PRIORITIES ASSESSMENT
FOR SPATIAL DISTRIBUTION OF NATIONAL PARKS IN CHINA

（续）

名称	位置	类型	面积（km²）	重点保护对象	自然景观特征	历史文化资源
纳板河流域	云南西双版纳州	森林	266	热带雨林	具有以热带雨林为主体的森林景观及珍稀野生动植物，动植物资源十分丰富	少数民族民俗文化
纳帕海湿地	云南香格里拉县	沼泽湿地	31.25	沼泽湿地、鸟类栖息地	高原季节性湖泊、沼泽草甸，是黑颈鹤等候鸟越冬栖息地	少数民族民俗文化、寺庙遗址
南滚河	云南沧源县、耿马县	河流湿地	508.87	河流、森林、珍稀动物种栖息地	具有热带季雨林、雨林、亚洲象、豚鹿、白掌长臂猿、黑冠长臂猴等珍稀野生动物及其栖息地	少数民族民俗文化
南迦巴瓦	西藏林芝市	山岳	—	山岳景观、藏族宗教传统文化	喜马拉雅山脉最东端，我国具有最完整山地垂直植被光谱的唯一山地、山谷中发育着数十条冰川	西藏最古老的佛教"雍仲本教"的圣地，有"西藏众山之父"之称
南涧土林	云南南涧县	地质遗迹与典型地貌	5	土林景观	发育有新生代第四纪河湖相的深厚沉积物，土林色彩斑斓，独特的景观资源	佛教寺庙遗址、少数民族民俗文化
南岭	广东乳源县、阳山县、连州市	森林	58400	中、南亚热带森林	保存着中亚热带常绿阔叶林、南亚热带季风常绿林，是生物进化史中形成的贵遗产	少数民族村寨、民俗文化
南山	湖南城步县	森林	619.14	森林、草甸、湿地景观	保存有大片绿落叶阔叶混交林、罕见的山顶湿地、东亚—澳大利西亚鸟类迁徙通道、独特的中国南方山地草甸，生物多样性非常丰富	少数民族民俗文化
南瓮河湿地	黑龙江大兴安岭地区	河流湿地	2295.23	河流湿地、原始森林	保存了原始完整的原始森林，有沼泽、草甸、湖泊、河川、溪流、冰雪等景观	古驿路文化

（续）

名称	位置	类型	面积（km²）	重点保护对象	自然景观特征	历史文化资源
南阳恐龙蛋化石群	河南南阳市	地质遗迹与典型地貌	780.15	恐龙化石遗迹	我国境内面积最大、数量最多、种类最全、发现年代最早的恐龙蛋化石群	楚汉文化
楠溪江	浙江永嘉县	河流湿地	671	河流、山岳、古村落	具有大楠溪、石桅岩、大若岩、太平岩、岩坦溪、四海山等景观	古村落群、舴艋船习俗、历史遗址
挠力河	黑龙江宝清县、富锦市、饶河县	河流湿地	1606.01	河流湿地、野生生物种	保持着内陆湿地景观的完整性、自然性，是三江平原原始湿地景观的缩影，保存了野生生物种类的丰富性、多样性	少数民族文化、农业文化
内伶仃岛	广东深圳市宝安区、福田区	海岸与海岛	9.22	海岛、红树林	具有丘陵海岸基岩岛、红树林景观、全球极度濒危鸟类黑脸琵鹭的重要栖息地	清代鸦片历史
泥河湾	河北阳原县、蔚县	地质遗迹与典型地貌	10.15	新生代沉积地层	保存有巨厚的河湖、河流和黄土沉积，含有十分丰富的哺乳动物和其他动植物化石	东亚早期人类科学遗址遗迹
宁陕平河梁	陕西宁陕县	珍稀动植物及其栖息地	211.52	大熊猫等珍稀濒危动物及栖息地	中国大熊猫最东的分布区，秦岭大熊猫种群－平河梁种群分布的核心地带	秦岭文化
牛背梁	陕西西安市长安区、柞水县、宁陕县	珍稀动植物及其栖息地	165.2	羚牛及其栖息地	动植物种类丰富多样，秦岭东段最高峰，羚牛的主要栖息地	秦岭文化、华夏文明
弄岗	广西龙州县、宁明县	森林	100.78	喀斯特森林	拥有喀斯特季雨林、北热带碳酸盐岩溶岩发育遍布	少数民族文化、红色文化
努鲁儿虎山	辽宁朝阳县	森林	138.32	天然蒙古栎林	涵盖了森林、湿地、荒漠景观，具有较高的生物多样性价值和生态服务功能	蒙古族历史文化

（续）

名称	位置	类型	面积（km²）	重点保护对象	自然景观特征	历史文化资源
诺水河	四川通江县	喀斯特	290	喀斯特景观	以岩溶洞穴景观为主，数量巨大、地域集中，还有洞穴钙华瀑布，数万根鹅管群、石盾群等，国内外少见	红色文化、诗词文化
帕米尔野生动物	新疆塔吉克县	珍稀动植物及其栖息地	15000	珍稀濒危物种及其栖息地	具有众多珍稀濒危野生动物，包括雪豹、北山羊、岩羊、盘羊、斑羚、麝等	塔吉克族民俗文化、丝路文化、宗教文化
攀枝花苏铁林	四川攀枝花市西区、仁和区	珍稀动植物及其栖息地	13.58	苏铁林	欧亚大陆苏铁类植物自然分布纬度最北、海拔最高，面积最大、株数最多、分布最集中的天然苏铁林	少数民族民俗文化
庞泉沟	山西交城县、方山县	森林	104.44	寒温性森林	主要有华北落叶松林、云杉林、油松林等，世界珍稀褐马鸡的主要栖息地	吕梁文化、历史遗址
平塘喀斯特	广西平塘县	喀斯特	182	喀斯特地貌及其周围环境	主要分布连续的碳酸盐盐，包括锥峰、峡谷、洞流、天坑、溶洞、原始森林等	少数民族民俗文化、民族村寨、中国天眼望远镜
屏山老君山	四川屏山县	山岳	140	雉科鸟类、森林	拥有珍贵雉科鸟类，以及与其伴生的珍稀野生动植物和亚热带阔叶林	宗教文化、三国文化
普陀山	浙江舟山市	山岳	13	山岳景观、名寺古刹	位于舟山群岛其中一岛屿，为浙江海岛天然植被，植物资源最丰富的岛屿之一	中国佛教四大名山之一、观世音菩萨道场
普者黑	云南文山市	喀斯特	165	喀斯特地貌	世界罕见、中国独一无二的喀斯特山水田园景观，具有孤峰、溶洞、湖泊、动植物资源等	少数民族民俗文化

（续）

名称	位置	类型	面积（km²）	重点保护对象	自然景观特征	历史文化资源
七姊妹山	湖北宣恩县	森林	345.5	中亚热带森林及珍稀物种栖息地	有以大面积原始珙桐群落为主的珍稀植物栖息地和以大型猫科动物为主的珍稀动物栖息环境	少数民族文化
齐云山	江西崇义县	森林	171.05	南亚热带森林	南岭山地地区原生性南亚热带常绿阔叶林森林，野生动植物栖息地，中部夏候鸟迁徙的重要通道之一	道教文化
千岛湖	浙江淳安县	湖泊湿地	982	湖泊、岛屿、森林	千岛湖中大小岛屿形态各异，群岛分布疏有密，罗列有致，保存比较完整，面积较大的阔叶混交林，珍稀野生动植物资源	文化遗址、古建筑、千年古城、人牙化石
千家洞	湖南灌阳县	森林	122.31	中亚热带常绿阔叶林	森林植被垂直带谱的典型代表，南岭山地重要的水源涵养林区，"亚洲第一水洞" 腾龙洞	瑶族民俗文化
千山	辽宁鞍山市	山岳	44	山岳、文物古迹	辽东第一山，以奇峰、岩松、古庙、梨花组成四大景观	寺、观、宫、庙、庵、洞、塔、亭等遗址
羌塘野生动物	西藏改则县、革吉县、日土县	珍稀动植物及栖息地	247120	有蹄类野生动物及其栖息地	保存完整的、独特的高寒草原草甸及多种大型有蹄类动物，我国高原现代冰川分布最广的地区	藏族民俗文化
乔戈里峰	新疆塔什库尔干县	山岳	—	山岳景观	世界第二高峰、冰崖壁立、山势险峻、野生动植物资源丰富	少数民族文化、宗教文化、神话传说

196

面向中国国家公园空间布局的自然景观保护优先区评估
NATURAL LANDSCAPE PROTECTED PRIORITIES ASSESSMENT
FOR SPATIAL DISTRIBUTION OF NATIONAL PARKS IN CHINA

（续）

名称	位置	类型	面积（km²）	重点保护对象	自然景观特征	历史文化资源
秦岭终南山	陕西西安市长安区	地质遗迹与典型地貌	1074.85	地质遗迹、动植物栖息地	以秦岭造山带地质遗迹、第四纪地质遗迹、地貌遗迹和古人类遗迹为特色，森林景观、珍稀动植物景观	道教全真派发祥圣地、佛道文化
青龙山恐龙蛋化石群	湖北十堰市郧阳区	地质遗迹与典型地貌	45	恐龙化石遗迹	拥有举世罕见的恐龙蛋化石群奇观，是古地理、古气候、地球演变、生物进化的反映	文物古迹、民俗文化
青木川	陕西宁强县	珍稀动植物及其栖息地	102	大熊猫等珍稀濒危动物及其栖息地	动植物资源丰富多样，包括大熊猫、金丝猴、羚牛等珍稀野生动植物及其栖息环境	古栈道、古宅、古墓遗址
青山沟	辽宁宽甸县	湖泊湿地	127.4	湖泊、森林、瀑布	具有湖泊、森林、瀑布、江水、峡谷、动植物资源	满蒙风情、红色文化
青天河	河南博爱县、山西泽州县	河流湿地	106	河流、峡谷、历史古迹	具有河流、山岳、峡谷、森林、动植物栖息地、水库等景观	名寺古刹、军事遗址、摩崖石刻
青崖寨	河北武安市	森林	151.64	天然落叶阔叶林和温性针叶林	保存有太行山中段较为完整的森林，及大量珍贵的、不可再生的地质遗迹资源	明长城历史文化
青云山	福建永泰县	山岳	52.5	山岳、森林、人文古迹	具有峡谷、森林、瀑布、古火山口、高山草甸、动植物等景观	历史遗迹
青州地质遗迹	山东青州市	地质遗迹与典型地貌	76.54	岩溶地质地貌、历史遗迹	具有岩溶地质、岩溶洞穴、典型地质剖面、构造形迹、岩溶水体、地质灾害和古生物化石遗迹	石窟造像、玲珑山题刻、世界罕见山体巨佛、龙兴寺佛教造像

（续）

名称	位置	类型	面积（km²）	重点保护对象	自然景观特征	历史文化资源
清凉峰	安徽绩溪县、歙县	森林	78.11	中亚热带森林	具有典型的中亚热带常绿阔叶林及标志性物种，中国皖南-浙西丘陵、山地生物多样性优先保护区域	皖南文化
清源山	福建泉州市	山岳	62	宗教山岳景观	代表景观有老君岩、千手岩、弥陀岩、碧霄岩、瑞象岩、虎乳泉、南台岩、清源洞等	宗教名山、摩崖雕刻、宗教古建
饶河东北黑蜂	黑龙江饶河县	珍稀动植物及其栖息地	2700	东北黑蜂蜂种及蜜源植物	中国乃至世界不可多得的极其宝贵的蜜蜂基因库	饶河文化、赫哲族民俗
荣成大天鹅等瀬危鸟类和湿地	山东荣成市	珍稀动植物及其栖息地	105	大天鹅等瀬危鸟类和湿地	世界上最大的大天鹅越冬种群栖息地，鸟类南迁北移的重要中转站和越冬栖息地	忠孝文化、名人历史
瑞丽江	云南德宏州	河流湿地	1100	河流景观、热带雨林	包括瑞丽江、龙川江和大盈江等，江河、湖泊、热带、亚热带季雨林景观、珍稀动植物栖息地景观	文物古迹、历史建筑、少数民族村寨聚、南传上座部佛教文化
赛罕乌拉	内蒙古巴林左旗	草原草甸	1004	草原草甸、森林	草原、森林、湿地等多种景观，是中国北方重要的生物多样性和水源涵养林地区	蒙古族民俗、金长城等遗址
赛里木湖	新疆博乐市	湖泊湿地	458	湖泊景观、鸟类	新疆海拔最高、面积最大的高山冷水湖，大西洋暖湿气流最后眷顾的地方，被称为"大西洋最后一滴眼泪"	岩画、古墓、寺庙等历史遗迹、少数民族民俗文化
赛武当	湖北十堰市	森林	212.03	北亚热带森林	以北亚热带森林为主，生物资源丰富，还有松、石、云、雾、霞、蔚等奇观	道教文化

（续）

名称	位置	类型	面积（km²）	重点保护对象	自然景观特征	历史文化资源
三百山	江西安远县	山岳	137.6	山岳、古迹	具有山岳、火山构造、湖泊、珍稀动植物栖息地、怪石、温泉等景观	历史遗址、宗教文化、民间传说等
三环泡湿地	黑龙江富锦市	沼泽湿地	250.75	湿地景观、珍稀物种	典型的沼泽化低河漫滩地貌景观、鸟类、鱼类等珍稀物种资源	农耕文化、女真历史
三清山	江西玉山县、德兴市	山岳	229.5	山岳峰林景观、宗教遗址	世界上已知花岗岩地貌中分布最密集、形态最多样的峰林，东亚最具生物多样性的环境	中国古代道教建筑、道教文化、民间传说
桑园	陕西留坝县	珍稀动植物及其栖息地	138.06	大熊猫等珍稀濒危动物及栖息地	秦岭中段大熊猫种群向西扩散通道、在涵养水土、保持水土、防风固沙方面起到重要作用	秦汉咽喉、民间戏曲
山口红树林	广西合浦县	森林	80	红树林、海洋动物	我国沿海具有较高的海洋植物多样性和丰富的海洋动物多样性的区域	海丝文化、汉代遗址
山旺古生物化石	山东临朐县	地质遗迹与典型地貌	1.2	古生物化石	化石保存完整清晰，植物化石有苔藓、蕨类、裸子植物、被子植物，动物化石有昆虫、两栖、爬行、鸟和哺乳动物等	炎黄帝传说
陕西天台山	陕西宝鸡市	山岳	120	宗教名山	"陕南第一名山"、冷杉原始林、生物种类繁多、资源丰富、巨石景观等	"神农之乡"、道家名山、宗教遗址
蛇岛老铁山	辽宁大连市旅顺口区	珍稀动植物及其栖息地	90.72	蝮蛇、候鸟及其生境	以蝮蛇为代表的蛇类栖息地，为东北候鸟南北迁徙的重要停歇站	蛇类自然博物馆、蛇文化

（续）

名称	位置	类型	面积（km²）	重点保护对象	自然景观特征	历史文化资源
射洪硅化木	四川射洪县	地质遗迹与典型地貌	12	硅化木和古生物化石	我国西南地区罕见的硅化木化石群，独特的地质地貌，面积最大的古生物化石及天然植被	明代青狮寨遗址、汉代墓群、原始部落遗址鱿人洞
神农山	河南沁阳市	山岳	90	山岳、历史古迹	具有山岳、湖泊、悬崖、深沟峡谷、天然溶洞、森林景观	炎帝传说、儒道佛文化名山
神农源	江西万年县	喀斯特	43.46	喀斯特地貌、历史遗址	以喀斯特地貌景观为主，地表发育有石林和峰丛洼地等岩溶地貌景观，地下发育有规模宏大的地下河洞洞和洞穴廊道	世界最早的稻作文化发祥地，古人类文化遗物
升金湖	安徽东至县	湖泊湿地	333.4	湖泊湿地及珍稀鸟类	中国主要的鹤类越冬地之一，世界上种群数量最多的白头鹤天然越冬地，有"中国鹤湖"之称	寺庙建筑、神话传说、"尧舜之乡"
胜山	黑龙江黑河市	森林	182	原始森林	中国红松分布最北部界线，保存完好的红松原始林，动植物区系种类丰富	侵华日军胜山要塞遗址
嵊泗列岛	浙江嵊泗县	海岸与海岛	549	岛屿、水产渔业	由连塘江与长江入海口汇合处的数以百计的岛屿群构成，具有丰富的水产种质资源	"海上仙山"、历史遗迹
十万大山	广西上思县	森林	582.77	南亚热带森林	珍稀动植物资源及其栖息地，广西南部沿海主要的水源涵养林，山地常绿阔叶林和不同自然地带的典型自然景观	历史遗迹、红色文化
石门台	广东英德市	森林	335.55	南亚热带森林	大面积的原生植被，南亚热带典型常绿阔叶林与中亚热带典型常绿阔叶林过渡的森林景观，还具有典型的喀斯特景观	古人类遗址

200

面向中国国家公园空间布局的自然景观保护优先区评估
NATURAL LANDSCAPE PROTECTED PRIORITIES ASSESSMENT
FOR SPATIAL DISTRIBUTION OF NATIONAL PARKS IN CHINA

（续）

名称	位置	类型	面积（km²）	重点保护对象	自然景观特征	历史文化资源
石首麋鹿栖息地	湖北石首市	珍稀动植物及其栖息地	15.67	麋鹿及其栖息地	野化麋鹿及其栖息的淡水沼泽景观、野生动植物资源丰富，包括黑鹳、东方大白鹳、天鹅、大鸨、白鳍豚等	荆楚文化、长江文化等
蜀冈瘦西湖	江苏扬州市邗江区	湖泊湿地	33.66	湖泊、文物古迹	具有湖泊、沿岸植物、鸟类等	历史古迹、诗词文化、园林文化、江南文化
双河	黑龙江大兴安岭地区	森林	888.49	原始森林、森林沼泽	保存着中国大面积原始兴安落叶松林和樟子松林，是中国寒温带落叶针叶林区的植被类型与野生动物区系的代表	满族、蒙古族历史文化
舜皇山	湖南东安县、新宁县	森林	217.2	中亚热带森林	南岭山地的原生性亚热带常绿阔叶林景观，具有全球性保护价值的银杉、资源冷杉等珍稀、特有野生动植物种及其栖息地	历史传说、舜文化
四子王地质遗迹	内蒙古四子王旗	地质遗迹与典型地貌	97.87	动物化石遗迹	主要由南梁新近纪哺乳动物化石和脑木根古近纪红色地层侵蚀地貌-哺乳动物化石构成	蒙古族民俗文化、草原文化
松花湖	吉林吉林市丰满区	湖泊湿地	554	湖泊、山岳	具有湖泊、山岳、森林、岛屿、鸟类等景观	少数民族民俗文化、历史遗址
松花江三湖	吉林白山市、吉林市	湖泊湿地	1152.53	湖泊湿地及野生动物	丰富的森林景观、水文景观和野生动植物景观，生态区位十分重要	清朝历史文化
嵩山	河南登封市、偃师市	山岳	450	山岳、地质遗迹景观	太古宙、元古宙、古生代、中生代、新生代五个地质历史时期的岩石地层	历史建筑群、佛道儒教圣地、武术文化

（续）

名称	位置	类型	面积（km²）	重点保护对象	自然景观特征	历史文化资源
苏仙岭－万华岩	湖南郴州市北湖区	山岳	46.09	山岳、喀斯特景观	具有山岳、河流、云杉等植物、大型地下河洞溶洞、石笋、石钟乳	太平天国时期古堡、摩崖石刻、民间传说、非物质文化遗产
塔克拉玛干沙漠	新疆巴音郭楞州、阿克苏地区、喀什地区、和田市	沙（荒）漠	330000	沙漠景观、丝路文化遗址	中国最大的沙漠、世界第十大沙漠、世界第二大流动沙漠	丝路文化、古城遗址、少数民族文化
塔里木胡杨林	新疆尉犁县	沙（荒）漠	3954.2	原始胡杨林	世界上分布最集中、保存最完整、最具代表性的原始胡杨林，包括戈壁荒漠、大陆性荒漠半荒漠生物群落等	古西域历史、丝路文化、少数民族文化
太白山	陕西太白县、眉县、周至县	珍稀动植物及其栖息地	563.25	大熊猫等珍稀濒危动物及其栖息地	动植物资源丰富，是大熊猫、金丝猴、羚牛、红豆杉、独叶草、太白红杉等珍稀濒危物种栖息地	道教文化、酒文化、中草药文化
太白湑水河	陕西太白县	珍稀动植物及其栖息地	53.43	水生生物栖息地	水生动物多样性丰富，秦岭细鳞鲑、大鲵、多鳞铲颌鱼等珍稀濒危物种栖息地，川陕哲罗鲑、川陕哲罗鲑栖息地	民间技艺、三国文化
太湖	江苏南部	湖泊湿地	888	湖泊、文物古迹	我国五大淡水湖之一，具有沿岸植物、鸟类等	历史古迹、江南古镇、名寺古刹、江南文化、诗词戏曲
太极洞	安徽广德县	喀斯特	0.14	溶洞群	具有石灰岩溶洞的地下溶洞群、亚热带常绿与落叶阔叶林，前葛氏斑鹿化石和古人类遗迹等	寺庙道观、摩崖石刻

202

面向中国国家公园空间布局的自然景观保护优先区评估
NATURAL LANDSCAPE PROTECTED PRIORITIES ASSESSMENT
FOR SPATIAL DISTRIBUTION OF NATIONAL PARKS IN CHINA

（续）

名称	位置	类型	面积（km²）	重点保护对象	自然景观特征	历史文化资源
大姥山	福建福鼎市	山岳	100	山岳峰林景观	国内唯一的花岗岩丘陵地形上发育的峰林地貌的地区，国内晶洞花岗岩带上唯一的峰林地貌	摩崖石刻、佛道文化、畲族民俗文化
太行山大峡谷	河南林州市	峡谷	225	峡谷、山岳、瀑布	具有峰、峦、台、壁、峡、瀑、潭、泉、姿态万千，是北方山水风光的典型代表	历史遗址、传统民俗文化
太子山	甘肃临夏州	森林	847	水源涵养林	黄河上游重要的水源涵养林、涵养水源、保持水土等生态系统服务功能重要性强	回族风俗、伊斯兰文化
潭獐峡	重庆万州区	喀斯特	69	喀斯特地貌、峡谷、森林	具有峡谷、地缝、幽潭、溶洞、野生动植物栖息地等景观	历史遗址、民间文化
唐古拉山怒江源	西藏安多县	河流湿地	5900	河流、山岳景观	中国西南地区的大河流之一、山高谷深、水流湍急、飞瀑流泉、蕴藏着丰富的动植物资源	独龙族、怒族民俗文化
唐家河	四川青川县	珍稀动植物及其栖息地	400	大熊猫等珍稀濒危动物及其栖息地	森林植被保存完好、区内生物资源富集、大熊猫、金丝猴、扭角羚等珍稀物种及其栖息地	阴平古道、三国历史、民族风情
洮河湿地	甘肃卓尼县、临潭县、迭部县、合作县	河流湿地	2877.59	河流景观、原始森林	原始山地寒温性暗针叶林、黄河上游其栖息地及其水源最重要的水源涵养区之一	藏族民俗文化
桃红岭梅花鹿栖息地	江西彭泽县	珍稀动植物及其栖息地	12500	野生梅花鹿及其栖息地	分布最多的野生梅花鹿华南亚种区、江西省唯一的以灌草丛和灌木植被为主的区域	寺庙、祠堂等古迹
桃花源	湖南桃源县	森林	157.55	森林植物、文化古迹	具有山岳、森林、河流、动植物栖息地等景观	桃花源古镇、诗文墨迹、历史遗迹

（续）

名称	位置	类型	面积（km²）	重点保护对象	自然景观特征	历史文化资源
桃源洞－鳞隐石林	福建永安市	丹霞	1.21	丹霞、喀斯特景观	桃源洞为丹霞地貌景观，有奇峰峭壁、山岳、湖泊，鳞隐石林为喀斯特景观，有石林、地下溶洞、石锥、石柱等	寺庙遗址、宗教文化
腾冲火山	云南腾冲市	火山	129.9	火山群	火山以类型齐全、规模宏大、分布集中、保存较完整而著称于世，有"天然火山地质博物馆"之誉	少数民族文化、传统民俗文化
腾龙洞大峡谷	湖北利川市、恩施市	峡谷	103.8	峡谷景观、喀斯特洞穴	中国最大的伏流洞穴系统，世界上蔚为壮观的河流落水洞和极为罕见的穿洞群	苗族、土家族历史文化
天宝岩	福建永安市	森林	110.15	亚热带森林	大面积天然分布长苞铁杉林、猴头杜鹃林，是我国少有的物种基因库，我国东南地区首次发现的泥炭藓沼泽	古桥、古树、老祠堂等人文景观
天佛指山	吉林龙井市	森林	773.17	松茸、森林	具有珍贵食用菌类资源、赤松、云杉、臭冷杉等针阔混交林	朝鲜族文化、抗日遗址
天华山	陕西宁陕县	珍稀动植物及其栖息地	254.85	大熊猫等珍稀濒危动物及其栖息地	秦岭大熊猫分布核心栖息地之一，处于中国大熊猫分布的最东边沿，包括金丝猴、羚牛等珍稀物种	秦岭文化
天姥山	浙江新昌县	丹霞	143.13	丹霞、历史遗址	包括丹霞、山岳、溪流、湖泊、森林、峡谷等景观	佛教文化、唐诗文化、道教文化、茶道文化和名士文化

204

面向中国国家公园空间布局的自然景观保护优先区评估
NATURAL LANDSCAPE PROTECTED PRIORITIES ASSESSMENT
FOR SPATIAL DISTRIBUTION OF NATIONAL PARKS IN CHINA

（续）

名称	位置	类型	面积（km²）	重点保护对象	自然景观特征	历史文化资源
天目山	浙江杭州市临安区	森林	42.84	中亚热带森林	保存着长江中下游典型的森林，有中生代孑遗植物野生银杏和众多国家珍稀濒危动植物，中国古老山地之一	集儒、道、佛于一体的三教文化名山，历史文化名山
天山天池	新疆阜康市	湖泊湿地	380.69	高山湖泊、雪岭云杉	以完整的垂直自然景观带和雪山冰川、高山湖泊、雪岭云杉林为主要特征	远古瑶池西王母神话、少数民族民俗文化
天柱山	安徽潜山市	山岳	333	山岳景观、人文历史遗迹	全球范围内规模最大、剥露最深，出露最好超高压矿物和岩石组合，"天柱山型"花岗岩地貌，丰富的古新世哺乳动物化石	摩崖石刻、历史遗迹、宗教文化、民间技艺
桐柏山－淮源	河南桐柏县	山岳	108	山岳、河流、历史遗址	淮源、桃花洞、太白顶、水帘洞、山岳、峡谷、瀑布、河流、森林等景观	淮源文化、佛道文化、盘古文化、苏区文化
铜鼓岭	海南文昌市	森林	44	热带雨林	热带季雨林集中分布区、海蚀崖、海蚀穴、海蚀龛等海蚀地貌景观、珊瑚礁及其底栖生物	宗教遗址遗迹
铜陵淡水豚栖息地	安徽铜陵郊区	珍稀动植物及栖息地	315.18	白鱀豚及其栖息地	白鱀豚和江豚的重要栖息地、长江中下游湿地的重要组成部	青铜文化、山水文化、宗教文化
图牧吉	内蒙古扎赉特旗	草原草甸	948.3	草原、湿地、候鸟	草原、湿地面积较大，类型较多，候鸟迁徙路线上的一个重要停歇地，对于全球生物多样性具有重要意义	蒙古族民俗文化

（续）

名称	位置	类型	面积（km²）	重点保护对象	自然景观特征	历史文化资源
吐鲁番火焰山	新疆吐鲁番市高昌区	地质遗迹与典型地貌	882	丹霞等独特地貌	火焰山是中国最热的地方，干旱区丹霞地貌，寸草不生，地下却蕴藏着丰富的石油、天然气和煤	西游记故事，民间传说，维吾尔族民俗文化
托木尔峰	新疆温宿县	山岳	237600	山岳景观及物种资源	中国境内天山山脉的最高峰，我国最大的现代冰川区，冰雪资源丰富	少数民族文化风情
驼梁	河北平山县	森林	213.12	暖温带森林	太行山中段最典型的暖温带森林，太行山中段生物多样性最丰富，最具代表性区域	历史遗址，红色文化
汪清东北虎栖息地	吉林汪清县	珍稀动植物及其栖息地	674.34	东北虎豹等珍稀濒危动植物及其栖息地	东北虎豹种群集中分布区，俄罗斯东北虎种源向中国境内扩散的重要通道和栖息地	朝鲜族民俗文化，红色文化
王朗大熊猫栖息地	四川平武县	珍稀动植物及其栖息地	322.97	大熊猫等珍稀濒危动植物及其栖息地	大熊猫等珍稀野生动植物及其栖息地，是中国现存最大野生大熊猫种群－岷山 A 种群的核心组成部分	土司文化，白马藏族、羌族文化
威宁草海	贵州威宁县	沼泽湿地	96	沼泽湿地景观，珍稀动植物资源	完整的、典型的高原湿地景观，我国特有的高原鹤类黑颈鹤的主要越冬地之一	少数民族民俗文化
围场红松洼	河北围场县	草原草甸	79.7	综合型草地景观	具有草原草甸，滦河，西辽河源湿地景观，植被覆盖率率高，野生动植物资源丰富	满蒙民俗文化
沩山	湖南宁乡市	山岳	190	山岳，河流	湘江支流沩水的发源地，具有山岳、湖泊、河流，森林，动植物等景观	佛教文化，青铜文化，历史遗址
涠洲岛	广西北海市	海岸与海岛	25.13	海底珊瑚礁，火山景观，海蚀景观	我国南部海域分布位置最北的珊瑚礁，"中国最美十大海岛"第二位	宗教文化，客家文化

（续）

名称	位置	类型	面积（km²）	重点保护对象	自然景观特征	历史文化资源
文山	云南文山市、西畴县	森林	3444.06	季风常绿阔叶林	具有季风常绿阔叶林和山地苔藓常绿阔叶林，是华盖木、木兰科植物的分布中心	壮、苗族民俗文化
瓮安江界河	贵州瓮安县	河流湿地	311	河流、峡谷、森林	乌江最具魅力的河段，形成了诸多峡谷景观、喀斯特溶洞、瀑布原始森林	革命历史纪念遗址、现代桥梁建筑、红色文化
乌拉特梭梭林	内蒙古乌拉特后旗	森林	1318	梭梭林、蒙古野驴等栖息地	具有荒漠景观，以梭梭林和蒙古野驴为代表的珍稀濒危动植物景观，古老原始的自然地貌及不同自然地带的典型景观	阴山岩画、长城遗址等
乌蒙山	云南昭通市	森林	388	亚热带森林、动植物栖息地	亚热带湿性常绿阔叶林，同纬度华中华东地区天然植被最近的森林，四川山鹧鸪、白鹇峨眉鹃、黑颈鹤等珍稀物种栖息地	长征历史、少数民族文化、乌蒙部落
乌岩岭	浙江泰顺县	森林	188.62	原始森林、黄腹角雉及其栖息地	中国濒临东海最近的森林，世界珍稀濒危鸟类、中国特产珍禽黄腹角雉栖息地	畲族民俗文化
乌伊岭	黑龙江伊春市	沼泽湿地	3162	森林沼泽、珍稀鸟类	中国高纬度有代表性、典型性和稀有性的林间湿地，欧亚东北亚水禽迁徙过境的重要通道	玛瑙之乡、玉石文化
乌裕尔河湿地	黑龙江富裕县	河流湿地	554.23	河流湿地、动植物栖息地	中国保存下来的最为完整的代表松嫩平原湿地是鱼类、两栖类、鸟类的栖息地和迁徙停歇地	乌裕尔河历史文化
乌云界	湖南桃源县	森林	338.18	中亚热带森林	华中低海拔地区现存面积最大、保存较完整的中亚热带常绿阔叶林原始次生林，湘西北重要的水源涵养区	商代、宋代等历史遗址

（续）

名称	位置	类型	面积（km²）	重点保护对象	自然景观特征	历史文化资源
无量山	云南景东县	森林	309.38	南亚热带森林	具有亚热带中山湿性、半湿润常绿阔叶林，稀野生动植物资源丰富，有云南铁杉、情人树、黑冠长臂猿、黑颈长尾雉等	彝族民俗文化
梧桐山	广东深圳经济特区	森林	31.82	山岳、森林	国内罕有的位于市区、以滨海山地和自然植被为景观主体的区域，包括瀑布、奇石、古树、翠竹	诗词文化、运动文化
五峰后河	湖北五峰县	森林	409.65	中亚热带森林	华中地区乃全国面积最大、原始性最强的常绿阔叶树丝绵木纯林及大面积的珙桐、光叶珙桐林，生物多样性最丰富的地区之一	土家族民俗文化
五老峰	山西永济市	山岳	200	山岳、文化遗址	五老峰由玉柱峰、太乙坪峰、棋盘山、东锦平峰、西锦平峰组成	河洛文化早期传播的圣地、我国北方道教全真派的发祥地之一
五里坡	重庆巫山县	森林	352.77	亚热带常绿阔叶林	原始森林、高山草甸、金丝猴、金钱豹等珍稀濒危野生动植物及其栖息地	新石器时期遗址、史前文明等
五龙山	山西蒲县、隰县	珍稀动植物及其栖息地	206.17	褐马鸡、白皮松及其栖息地	包括世界珍禽褐马鸡和中国特有树种白皮松等	尧文化、龙洞祭祀习俗
武当山	湖北丹江口市	山岳	312	山岳景观、古建筑群	岩石类型丰富、岩性变化大、独特的变质岩峰丛地貌、水杉、珙桐、金钱豹等珍稀动植物	古建筑群文化遗产、道教文化、武当武术
武功山	江西芦溪县	山岳	380	山岳景观、道教遗址	山景雄秀、瀑布独特、草甸奇观、巨型灵芝、天象称奇、野生植物丰富	道教文化、诗词文化、历史遗址

208

面向中国国家公园空间布局的自然景观保护优先区评估
NATURAL LANDSCAPE PROTECTED PRIORITIES ASSESSMENT
FOR SPATIAL DISTRIBUTION OF NATIONAL PARKS IN CHINA

（续）

名称	位置	类型	面积（km²）	重点保护对象	自然景观特征	历史文化资源
武隆喀斯特	重庆武隆区	地质遗迹与典型地貌	200	喀斯特景观	以碳酸盐岩喀斯特地貌为特色，举世罕见的四大奇观有芙蓉洞溶洞群、天生桥群、中石院天坑、天星竖井群	汉唐文化、民间民俗
潕阳河	贵州镇远县、施秉县、黄平县	河流湿地	625	河流、喀斯特地貌	具有河流、湖泊、峡谷、喀斯特、森林、动植物等景观	镇远古城、少数民族民俗文化
雾灵山	河北兴隆县	森林	142.47	温带森林	"京东第一高峰"，植被覆盖率高，林海、日出、云海、佛光、晚霞等景观，京津的绿色屏障和重要的水源供给地	旧石器时代遗迹、五色龙脉传说
西鄂尔多斯	内蒙古鄂托克旗	沙（荒）漠	4361.16	荒漠濒危植物	保存着极其珍贵的古老残遗植物、古地理环境、古生物化石	河套文明
西岭雪山	四川大邑县	珍稀动植物及其栖息地	483	原始森林、大熊猫等物种栖息地	原始林覆盖率高，有银杏、珙桐等珍稀植物，大熊猫、牛羚、金丝猴等珍稀动物，还有瀑布、石林等景观	诗词文化、历史遗址
西樵山	广东佛山市南海区	火山	14	火山地质地貌、森林景观	保存完好的粗面质火山机构，独特的幽深火山峡谷，岩相岩界石界线和多级瀑布	观音文化、石器文化、书院文化、古村落
习水中亚热带常绿阔叶林	贵州习水县	森林	486.66	中亚热带常绿阔叶林	我国乃至全世界亚热带常绿阔叶林最重要、最有代表性的典型区域	红色文化、酒文化、历史遗址等

（续）

名称	位置	类型	面积 （km²）	重点保护对象	自然景观特征	历史文化资源
仙都	浙江缙云县	山岳	166.2	山岳、宗教遗址	包括鼎湖峰、倪翁洞、小赤壁、芙蓉峡、姑妇岩、初阳山、云英谷等	轩辕黄帝三大行宫—三天子都之一、佛道教文化、诗词文化
仙景台	吉林和龙市	山岳	499	山岳、寺庙遗址	具有奇峰、奇岩、奇松、奇花、云海、日出等景观	朝鲜族民俗文化、名寺古刹
仙居	浙江仙居县	森林	301.89	暖温带森林	保存较好的常绿阔叶林，呈原生状态、生物多样性丰富	历史遗迹、中国八大未破解的古文字之一——"蝌蚪文"
仙女湖	江西新余市	湖泊湿地	298	湖泊、传统文化	具有湖泊、岛屿、洞穴、动植物栖息地等景观	中国七仙女传说之乡、七夕节发源地
咸丰忠建河大鲵栖息地	湖北咸丰县	珍稀动植物及栖息地	1043.3	大鲵及其生境	大鲵在我国仅有的几个重要原产地之一、拥有的种群资源居全中国前列	土家族、苗族民俗文化
响堂山	河北邯郸市峰峰矿区	山岳	43.3	山岳、石窟、文物古迹	包括南响堂山、北响堂山、森林植被	磁州窑遗址、玉皇阁、石窟
向海	吉林通榆县	沼泽湿地	1054.67	沼泽湿地景观、重要珍禽	具有草原、湖泊、沼泽、沙丘、榆林、灌丛等景观、是丹顶鹤、白鹳等珍禽的重要栖息地	藏传佛教文化

（续）

名称	位置	类型	面积（km²）	重点保护对象	自然景观特征	历史文化资源
象头山	广东博罗县	森林	106.97	南亚热带森林	较完整的地带性森林景观，是全世界生物多样性保护的核心	茶文化、寺庙遗址
小北湖	黑龙江宁安市	湖泊湿地	208.34	湖泊湿地、红松林	火山堰塞湖，包括森林、灌丛、草甸、沼泽等景观，生物物种多样性丰富	满族文化
小陇山	甘肃徽县	珍稀动植物及其栖息地	319.38	羚牛及其栖息地	中国羚牛秦岭亚种的最西分布区，甘肃省境内羚牛秦岭亚种的最大分布区	山核桃民间工艺
小秦岭	河南灵宝市	山岳	151.6	山岳景观、森林	秦岭东延部分，是难得的尚未完全破坏的生物资源的汇集的过渡地带	秦岭文化
小五台山	河北蔚县、涿鹿县	森林	218.33	温带森林	具有天然针阔混交林、亚高山灌丛、草甸、国家一级重点保护动物褐马鸡栖息地。	佛教文化
小溪	湖南永顺县	森林	263.47	山地常绿阔叶林	世界少有，中国独有的低海拔常绿阔叶原始次生林、峡谷、峰林等地貌景观	土家族民俗文化
新螺白鱀豚栖息地	湖北洪湖市、赤壁市、嘉鱼县	珍稀动植物及其栖息地	416.07	白鱀豚及其栖息地	中国特产的珍稀水生哺乳动物——白鱀豚及其栖息地，是白鱀豚最集中的分布区之一	红色文化、民间歌舞
新青白头鹤栖息地	黑龙江丰林县	珍稀动植物及其栖息地	625.67	白头鹤及其栖息地	大面积群落清晰，保存完整的典型泥碳沼泽湿地，小兴安岭山脉保存最完整的多种典型湿地组合，"中国白头鹤之乡"	兴安岭森林号子民间技艺
新乡黄河湿地鸟类栖息地	河南封丘县、长垣县	珍稀动植物及其栖息地	227.8	珍稀水禽栖息地	保存了大面积不同类型的湿地景观，是天鹅、鹤类等珍禽的重要栖息地	宋、明、清时期历史文化遗址

（续）

名称	位置	类型	面积（km²）	重点保护对象	自然景观特征	历史文化资源
星斗山	湖北利川市、咸丰县、恩施县	森林	683.39	中亚热带森林	具有中亚热带森林景观，世界上唯一现存的水杉原生群落集中分布区，模式标本产地，清江的源头	土司遗址、少数民族文化
兴凯湖	黑龙江密山市	湖泊湿地	2246.05	湖泊景观、野生动植物	具有草甸、沼泽、湖泊、森林等景观，物种多样性十分丰富，具有珍贵的鸟类和淡水鱼资源	中俄界湖、历史事件发生地
兴隆山	甘肃榆中县	森林	333.01	森林	天然原始老云杉林，马麝等珍稀野生动物及其栖息地	宗教遗址、历史遗址
兴义万峰林	贵州兴义市	地质遗迹与典型地貌	2000	喀斯特峰林	中国西南喀斯特地貌，堪称中国锥状喀斯特博物馆，具有峰、龙、坑、缝、林、湖、泉、洞八景	布依族民俗文化
雄江黄楮林	福建闽清县	森林	125.13	中亚热带森林	以福建青冈林为代表的中亚热带常绿阔叶林景观，溪流类湿地景观，珍稀濒危野生植物及其栖息地	民间习俗、礼乐文化
宣城扬子鳄栖息地	安徽宣城市宣州区、郎溪县	珍稀动植物及其栖息地	185.65	扬子鳄及其栖息地	中国特有珍稀物种扬子鳄及其栖息地	吴越文化、楚文化
雪宝顶	四川平武县	珍稀动植物及其栖息地	636.15	大熊猫等珍稀濒危动物及其栖息地	岷山的最高峰，大熊猫、金丝猴、扭角羚等国家重点保护野生动物及其栖息地	藏区苯教七大神山之一
雪宝山	重庆开州区	森林	319.03	亚热带森林	有原始优美的大面积亚高山草甸和森林景观，是我国动物地理区域中的华中区西部山地高原亚区保育很好的陆生野生动物天然基因库	红色文化、唐末集镇遗迹

212

面向中国国家公园空间布局的自然景观保护优先区评估
NATURAL LANDSCAPE PROTECTED PRIORITIES ASSESSMENT
FOR SPATIAL DISTRIBUTION OF NATIONAL PARKS IN CHINA

（续）

名称	位置	类型	面积（km²）	重点保护对象	自然景观特征	历史文化资源
雪窦山	浙江宁波市奉化区	山岳	85.3	山岳、瀑布、名寺古刹等	以千丈岩瀑布为中心，有秒啰、东翠诸峰、屏风山、象鼻峰、石笋峰、乳峰、林梅、三隐潭瀑布等景观	中国五大佛教名山之一、弥勒佛的道场
循化孟达森林	青海循化县	森林	172.9	森林	森林景观垂直地带性强，野生物种十分丰富，对黄河上游河的水源涵养具有重要作用	撒拉族民俗文化
雅砻河	西藏山南市乃东区	河流湿地	9.2	河流景观、藏民族文化古迹	以高原河谷地貌为特征，具有雪山冰川、田园牧场、河滩谷地、高山植被等景观	西藏古代文明的摇篮、藏民族的发祥地、历史古迹
雅鲁藏布江中游河谷黑颈鹤栖息地	西藏林周县	珍稀动植物及其栖息地	6143.5	黑颈鹤及其栖息地	黑颈鹤等珍稀水禽栖息地，全球最大黑颈鹤越冬地	藏族民俗文化、远古文化、民间传说
雅长兰科植物	广西乐业县	珍稀动植物及其栖息地	220.62	兰科植物	保存有较为完整的兰科植物系统，分布着滇黔桂植物区特有的兰科植物种类，是重要动植物种质基因库	少数民族文化、民间技艺
延庆地质遗迹	北京延庆区	地质遗迹与典型地貌	620.38	多种地质地貌景观	具有前寒武纪海相碳酸盐岩、中生代燕山运动地质遗迹、构造、沉积、古生物、岩浆活动及北方岩溶地貌等	长城等历史遗址
炎陵桃源洞	湖南炎陵县	森林	237.86	中亚热带森林	中亚热带湿润地区原始常绿阔叶林森林，黄腹角雉、云豹、金钱豹、资源冷杉、银杉等珍稀动植物资源	古诗词文化

（续）

名称	位置	类型	面积（km²）	重点保护对象	自然景观特征	历史文化资源
盐池湾	甘肃肃北县	珍稀动植物及其栖息地	13600	白唇鹿等珍稀物种栖息地	中国西部候鸟南北迁徙能歇息的必经通道，白唇鹿在青藏高原分布的北界、野驴、野牦牛、藏原羚等有蹄类的集中分布区	少数民族文化、丝路文化
雁荡山	浙江乐清市	山岳	450	山岳、地质遗迹、森林	亚洲大陆边缘巨型火山中白垩纪火山的典型代表，森林景观、野生动植物景观	摩崖石刻、古牌坊等历史遗址、诗词文化
雁鸣湖	吉林敦化市	湖泊湿地	539.4	湖泊景观、珍稀物种栖息地	牡丹江上游湿地，黑鹳、东方白鹳、丹顶鹤等珍稀濒危水禽及东北虎迁移的重要廊道	朝鲜族民俗文化
阳际峰	江西贵溪市	珍稀动植物及其栖息地	109.46	华南湍蛙等两栖动物栖息地，中华秋沙鸭等鸟类越冬地	保存完好的武夷山中段西侧典型的中亚热带常绿阔叶林景观，是我国华东地区两栖动物的资源宝库	畲族民俗文化
阳明山	湖南双牌县	森林	127.95	亚热带森林	保存有完整的亚热带绿阔叶林及中山针叶林，以黄杉、红豆杉等为代表的珍稀植物资源，中国最大的野生杜鹃花基地	佛教遗址、古民居群落
药山	云南巧家县	珍稀动植物及其栖息地	201.41	药用植物	具有中国东部与西部植物区系过渡性质的常绿阔叶林，多种药用植物栖息地	堂琅文化、少数民族文化
鹞落坪	安徽岳西县	森林	123	北亚热带森林	北亚热带常绿-常绿阔叶混交林，大别山区典型代表性森林景观，珍稀动植物栖息地景观	名刹古寺
野三坡	河北涞水县	地质遗迹与典型地貌	498.5	多种地质地貌景观	中国北方极为罕见的融雄山碧水、奇峰怪泉、文物古迹、名刹古寺于一体的地质遗迹景观	文物古迹、寺庙建筑、历史传说

214

面向中国国家公园空间布局的自然景观保护优先区评估
NATURAL LANDSCAPE PROTECTED PRIORITIES ASSESSMENT
FOR SPATIAL DISTRIBUTION OF NATIONAL PARKS IN CHINA

（续）

名称	位置	类型	面积（km²）	重点保护对象	自然景观特征	历史文化资源
伊通火山群	吉林伊通县	火山	7.65	火山景观	基性玄武岩"浸出式"独特的火山成因机制，奇特的火山景观，保存着大量的深源橄榄包体	满族历史文化
医巫闾山	辽宁义县	森林	114.59	暖温带森林	东亚地区特有的天然油松林、华北植物区系保存较完整的天然针阔叶混交林等景观	名刹古迹、山海经传说
沂蒙山	山东临朐县、蒙阴县、沂南县、费县、平邑县	地质遗迹与典型地貌	148	地质遗迹、历史遗迹	有古老地层、太古宙大规模侵入岩系、金钱石、金伯利岩型金刚石原生矿、岱崮地貌等地质遗迹	世界文化遗产齐长城、中国五大镇山之首、古青州海岱文化、红色文化
阴条岭	重庆巫溪县	珍稀动植物及其栖息地	224.23	原始森林及珍稀动植物物种	重庆市内唯一的原始森林，有大量珍稀濒危物种，包括银杏、珙桐、蜡梅、崖柏、白熊、白狐等	历史遗迹、故事传说
鹰嘴界	湖南会同县	森林	159	中亚热带森林	具有代表性和典型性的天然常绿阔叶林景观，湖南省独有的保存最为完好的低海拔森林，中国南方生物基因库	民间戏曲、少数民族文化
永德大雪山	云南永德县	森林	175.41	南亚热带森林	中山湿性常绿阔叶林为代表的南亚热带山地森林、豚鹿、黑冠长臂猿、绿孔雀等物种栖息地	远古文化、少数民族民俗文化
永州都庞岭	湖南道县、江永县	森林	200.66	中亚热带森林	中亚热带向亚热带过渡地带上最具典型性和代表性的森林景观，野生动植物资源	历史古迹、民间技艺

（续）

名称	位置	类型	面积（km²）	重点保护对象	自然景观特征	历史文化资源
友好湿地	黑龙江伊春市	沼泽湿地	606.87	森林沼泽	东北林区森林沼泽景观，珍稀野生动植物资源及其栖息地	满族民俗文化、金祖文化
玉华洞	福建将乐县	喀斯特	43	喀斯特特溶洞	福建省最长最大的石灰岩溶洞，包括藏禾洞、雷公洞、果子洞、石泉、井泉、灵泉等	历史遗址、诗词文化
玉龙雪山	云南玉龙县	山岳	415	雪山、冰川、动植物栖息地	北半球最南的大雪山，有滇金丝猴、云豹、金猫等珍稀动植物资源和亚欧大陆距离赤道最近的温带海洋性冰川	纳西族民俗文化、神话传说
鸳鸯溪	福建屏南县	河流湿地	78.8	河流景观、鸳鸯栖息地	具有溪流、瀑布、山岳、鸳鸯的越冬地、栖息地，包括白水洋、叉溪、水竹洋—考溪、鸳鸯湖景观	历史遗迹、寺庙文化
元江	云南元江县	森林	223.79	亚热带森林	中国干热河谷最典型的河谷型植被，较完整的珍稀阔叶林和丰富的珍稀野生动植物资源	哈尼族、彝族、傣族民俗文化
元谋土林	云南元谋县	地质遗迹与典型地貌	42.9	土林奇观	世界土林奇观之一，土状堆积物塑造的成群的柱状地形，具有土芽型、古堡型、尖笋型、铁帽型	元谋人等遗址、少数民族文化
云龙天池	云南云龙县	湖泊湿地	144.75	湖泊景观、珍稀濒危动植物栖息地	滇西著名的高山湖泊五宝山天池、野生动植物天池、滇金丝猴等珍稀濒危动植物栖息地资源丰富	神话传说、少数民族文化
云蒙山	北京密云区	森林	280	森林景观、地质遗迹	具有原始次生林、燕山晚期云蒙山花岗岩遗迹为主，包括花岗岩山岳型地貌、地质灾害遗迹地貌等	古长城遗址

216

面向中国国家公园空间布局的自然景观保护优先区评估
NATURAL LANDSCAPE PROTECTED PRIORITIES ASSESSMENT
FOR SPATIAL DISTRIBUTION OF NATIONAL PARKS IN CHINA

（续）

名称	位置	类型	面积（km²）	重点保护对象	自然景观特征	历史文化资源
云南大围山	云南屏边县、河口县	森林	439.93	热带山地森林	中国唯一分布有以云南龙脑香为标志的热带常湿润雨林、完整的热带山地森林，生物多样性丰富	少数民族文化、哈尼梯田景观
云雾山	宁夏固原市原州区	草原草甸	66.6	草原景观、野生动植物	中国黄土高原半干旱区典型草原保留面积最大的典型区域，野生动植物的天然基因库	回族民俗文化、红色文化
藏布巴东瀑布群	西藏米林县	瀑布	—	瀑布景观、少数民族人文景观	雅鲁藏布大峡谷中最大的河床瀑布，是大峡谷水能资源最丰富的河谷区域，最原始最神秘的瀑布群	门巴族、珞巴族和藏族集聚区
扎兰屯	内蒙古扎兰屯市	森林	489	森林、草原、湖泊等	具有森林、草原、山地、河流、湖泊、小岛、瀑布等景观	蒙古族历史文化、鄂伦春部落、宗教文化
扎陵湖	青海玛多县	湖泊湿地	526.1	湖泊景观、野生动植物栖息地	黄河上游的大淡水湖，高原多种珍稀鱼类和水禽的理想栖息场所，与鄂陵湖并称为"姊妹湖"	华夏之魂河源牛头碑、藏族民俗文化
湛江红树林	广东湛江市	森林	1900	红树林	中国现存红树林面积最大的地区，是大陆海岸红树林种类最多的地区，有黑脸琵鹭、中国绿蠵等珍稀植物种	历史遗址、民间技艺
张掖丹霞	甘肃肃南县	丹霞	510	彩色丹霞地貌	包括"七彩丹霞"和"冰沟丹霞"，以层理交错的线条、色彩斑斓的色调、灿烂夺目的壮美画图为特色	裕固族民俗文化、丝路文化

（续）

名称	位置	类型	面积（km²）	重点保护对象	自然景观特征	历史文化资源
张掖黑河湿地	甘肃张掖市甘州区、高台县、临泽县	河流湿地	411.65	河流景观、沼泽、滩涂等景观、珍稀鸟类	有河流、沼泽、滩涂等景观，中国候鸟三大迁徙的西部路线之一、全球鸟迁通道之一 "东亚一印度" 通道的中转站	丝路文化
章古台	辽宁彰武县	森林	102	沙地森林	中国少有的集沙地、草原、森林、湿地等地貌景观为一体的区域，辽宁中部城市、辽河平原的重要天然屏障群生态安全的重要天然屏障	辽北佛教景观文化
漳江口红树林	福建云霄县	森林	23.6	红树林	保存了福建面积最大、中国北回归线北侧种类最多、生长最好的红树林天然群落，是湿地生物多样性的宝库之一	"开漳圣王" 文化、闽台文化
肇庆星湖	广东肇庆市	湖泊湿地	20.61	湖泊、山岳、森林等景观	有湖泊、山岳、泉水、南亚热带森林、珍稀水禽栖息地等景观	明清古建筑群落、佛教文化
浙江九龙山	浙江遂昌县	珍稀动植物及其栖息地	55.25	黄腹角雉等珍稀物种栖息地	中国特有物种黑麂的最重要分布中心和最大分布区、黄腹角雉的最重要栖息地和最集中分布地	人文景观遗址、宗教遗迹等
浙江天台山	浙江天台县	山岳	187.1	山岳、天生桥、宗教遗址	世界上极为罕见的 "花岗岩天生桥"，多悬岩、峭壁、瀑布，以石梁瀑布最有名	中国佛教天台宗和道教南宗发祥地、活佛济公故里
珍宝岛湿地	黑龙江虎林市	沼泽湿地	443.64	沼泽湿地景观、珍稀动植物资源	以沼泽湿地和岛状林为主、湿地大部分保持原始状态、亚洲北部水禽南迁的必经之地	中苏战役发生地

218

面向中国国家公园空间布局的自然景观保护优先区评估
NATURAL LANDSCAPE PROTECTED PRIORITIES ASSESSMENT
FOR SPATIAL DISTRIBUTION OF NATIONAL PARKS IN CHINA

（续）

名称	位置	类型	面积（km²）	重点保护对象	自然景观特征	历史文化资源
织金洞	贵州织金县	喀斯特	170	喀斯特溶洞景观	以洞穴、峡谷、天生桥、天坑为核心的高原喀斯特景观，被称为"溶洞之王"	侗、苗、彝族村寨，少数民族民俗文化
周至大熊猫栖息地	陕西周至县	珍稀动植物及其栖息地	563.93	金丝猴等珍稀动物及其栖息地	中国金丝猴种群数量最多，分布最集中的地区，是具有全球保护意义的川金丝猴目前地理位置最北的栖息地	历史遗址，民间技艺
珠江口中华白海豚栖息地	广东珠海市	珍稀动植物及其栖息地	460	白海豚及其栖息地	现存有中国资源数量最大的中华白海豚群体，种群世代比较完整，是中国数量最大的中华白海豚栖息地	珠江文化，沙湾古镇
子午岭	陕西富县	森林	406.21	暖温带森林	黄土高原中部面积最大、保存最完整、最具代表性的森林，维持陇东乃至全陕、宁眠邻地区的生态平衡	黄帝陵等历史遗址
紫柏山	陕西留坝县	珍稀动植物及其栖息地	174.72	林麝等珍稀濒危动物及栖息地	生物多样性丰富，包括林麝、大熊猫、金丝猴、羚牛等珍稀野生动植物及其栖息环境	古栈道遗址，名寺古刹
紫云格凸河穿洞	贵州长顺县、紫云县	喀斯特	56.8	喀斯特溶洞、地下河、苗族村寨	具有峰林、峡谷、溶洞、地下河流、全国唯一幸存的"盲谷"原始森林	苗族村寨，民俗文化
自贡恐龙遗迹	四川自贡市大安区	地质遗迹与典型地貌	56.6	恐龙化石遗迹	中侏罗世恐龙及其他脊椎动物化石的遗址，是世界上最重要的古生物化石埋藏地之一	井盐遗址，井盐生产历史，民间艺术

注：表格中的"自然景观特征""历史文化资源"由各自然景观所在区域的相关书籍信息、网络信息（如白度百科、维基百科）等整理而成。"—"表示数据缺失。

附表 2　较重要自然景观名单

名称	省份	名称	省份	名称	省份	名称	省份
东升湿地	黑龙江	绥芬河	黑龙江	逊别拉河	黑龙江	桑湖	黑龙江
东宁乌青山	黑龙江	五顶山	黑龙江	呼玛河河湿地	黑龙江	漠河九曲十八弯	黑龙江
乌马河紫貂栖息地	黑龙江	龙江三峡	黑龙江	松峰山	黑龙江	暖泉古城	黑龙江
仙洞山梅花鹿栖息地	黑龙江	勃利	黑龙江	东湖湿地	黑龙江	白渔泡	黑龙江
佳木斯沿江湿地	黑龙江	丹清	黑龙江	丹青河	黑龙江	碧水中华秋沙鸭	黑龙江
公别拉河	黑龙江	石龙山	黑龙江	乌苏里江湿地	黑龙江	碾子山	黑龙江
北安森林	黑龙江	望龙山	黑龙江	二龙山	黑龙江	神州北极	黑龙江
双宝山马鹿栖息地	黑龙江	威虎山	黑龙江	伊春河湿地	黑龙江	细鳞河	黑龙江
双岔河	黑龙江	亚布力	黑龙江	六峰湖	黑龙江	翠北湿地	黑龙江
呼兰河口湿地	黑龙江	桃山	黑龙江	北极村	黑龙江	肇岳山	黑龙江
大佳河湿地	黑龙江	日月峡	黑龙江	华夏东极	黑龙江	虎口湿地	黑龙江
完达山	黑龙江	八里湾	黑龙江	卧牛湖	黑龙江	虎头	黑龙江
山口湿地	黑龙江	梅花山	黑龙江	古里河	黑龙江	街津口	黑龙江
平阳河湿地	黑龙江	雪乡	黑龙江	吉兴河	黑龙江	街津山	黑龙江
扎林河湿地	黑龙江	青山	黑龙江	同江三江口	黑龙江	西洼湿地	黑龙江
拉林河口湿地	黑龙江	廻龙湾	黑龙江	名山	黑龙江	通河龙口	黑龙江
朗乡原麝栖息地	黑龙江	金山	黑龙江	哈拉海	黑龙江	汤旺河河湿地	黑龙江
水莲	黑龙江	方正龙山	黑龙江	明月岛	黑龙江	海林莲花湖	黑龙江
汤原黑鱼泡	黑龙江	中央站黑嘴松鸡栖息地	黑龙江	柳树岛	黑龙江	盘中	黑龙江
三道关	黑龙江	七星砬子东北虎栖息地	黑龙江	柳河	黑龙江	红旗湿地	黑龙江

220

面向中国国家公园空间布局的自然景观保护优先区评估
NATURAL LANDSCAPE PROTECTED PRIORITIES ASSESSMENT
FOR SPATIAL DISTRIBUTION OF NATIONAL PARKS IN CHINA

（续）

名称	省份	名称	省份	名称	省份	名称	省份
绥棱努敏河	黑龙江	长寿山	黑龙江	富锦沿江湿地	黑龙江	图们江	吉林
绥滨两江湿地	黑龙江	伊春花岗岩石林	黑龙江	延寿山庄	黑龙江	朱雀山	吉林
肇东沿江湿地	黑龙江	山口地质遗迹	黑龙江	阿木尔	黑龙江	满天星	吉林
肇源沿江湿地	黑龙江	五常大峡谷	黑龙江	齐齐哈尔明星岛	黑龙江	露水河	吉林
讷谟尔河湿地	黑龙江	茅兰沟	黑龙江	龙凤山	黑龙江	通化石湖	吉林
鹤北红松母树林	黑龙江	明水湿地	黑龙江	龙凤湿地	黑龙江	红石	吉林
火山口	黑龙江	太平沟	黑龙江	延边仙峰	吉林	江源	吉林
大亮子河	黑龙江	哈达河	黑龙江	官马莲花山	吉林	鸡冠山	吉林
乌龙	黑龙江	喀尔喀山	黑龙江	肇大鸡山	吉林	吉林长白松	吉林
金泉	黑龙江	嘉荫恐龙化石	黑龙江	箕葱顶	吉林	泉阳泉	吉林
驿马山	黑龙江	嘟噜河	黑龙江	包拉温都	吉林	临江瀑布群	吉林
溪水	黑龙江	四丰山	黑龙江	净月潭	吉林	吉林白石山	吉林
六峰山	黑龙江	塔头湖河	黑龙江	五女峰	吉林	三岔子	吉林
佛手山	黑龙江	大庙	黑龙江	龙湾群	吉林	湾沟	吉林
红松林	黑龙江	大顶子	黑龙江	白鸡峰	吉林	松江河	吉林
七星峰	黑龙江	天恒山	黑龙江	帽儿山	吉林	兰家大峡谷	吉林
金龙山	黑龙江	安兴湿地	黑龙江	半拉山	吉林	抚松地质遗迹	吉林
加格达奇	黑龙江	安邦河	黑龙江	三仙夹	吉林	白山原麝栖息地	吉林
仙翁山	黑龙江	富锦	黑龙江	拉法山	吉林	四平山门中生代火山	吉林

（续）

名称	省份	名称	省份	名称	省份	名称	省份
腰井子羊草草原	吉林	团山	吉林	金龙寺	辽宁	辽河源	辽宁
吉林六顶山	吉林	大伏房	吉林	清原红河谷	辽宁	铁西	辽宁
大安嫩江湾	吉林	大汤河	吉林	大连滨海地质遗迹	辽宁	龙岗山	辽宁
大石头亚光湖	吉林	大连仙浴湾	吉林	冰峪沟	辽宁	龙潭湾	辽宁
扶余大金碑	吉林	朝阳古生物化石群	吉林	大连长山群岛	辽宁	锦州古生物化石和花岗岩	辽宁
牛心套堡	吉林	楼子山	吉林	天华山	辽宁	龙潭大峡谷	辽宁
磨盘湖	吉林	浑河源	吉林	岫岩清凉山	辽宁	虹螺山	辽宁
青山湖	吉林	海城白云山	吉林	望儿山	辽宁	青龙河	辽宁
龙山湖	吉林	猴石	吉林	本溪地质遗迹	辽宁	凤城凤凰山	辽宁
大阳岔	吉林	大孤山	吉林	清风岭	辽宁	义县古生物化石	辽宁
扶余洪泛	吉林	首山	吉林	玉佛山	辽宁	九龙川	辽宁
松花江湿地	吉林	桓仁	吉林	盘锦鸳鸯沟	辽宁	五女山	辽宁
石湖	吉林	陨石山	吉林	绥中碣石	辽宁	五龙山	辽宁
龙凤湖	辽宁	元帅林	吉林	药山	辽宁	关山	辽宁
三块石	辽宁	仙人洞	辽宁	莲花湖	辽宁	北普陀山	辽宁
和尚帽子	辽宁	长山群岛	辽宁	萨尔浒	辽宁	滑石台	辽宁
大连星海湾	辽宁	普兰店	辽宁	觉华岛	辽宁	兴隆	内蒙古
大麦科	辽宁	大赫山	辽宁	辉山	辽宁	旺业甸	内蒙古
卧龙湖	辽宁	冰峪山	辽宁	辽宁龙山	辽宁	好森沟	内蒙古

222

面向中国国家公园空间布局的自然景观保护优先区评估
NATURAL LANDSCAPE PROTECTED PRIORITIES ASSESSMENT
FOR SPATIAL DISTRIBUTION OF NATIONAL PARKS IN CHINA

（续）

名称	省份	名称	省份	名称	省份	名称	省份
五当召	内蒙古	乌梁素海湿地	内蒙古	乌素图	内蒙古	毛乌素沙地柏	内蒙古
喇嘛山	内蒙古	巴彦满都呼恐龙化石	内蒙古	马鞍山	内蒙古	海拉尔西山	内蒙古
莫尔道嘎	内蒙古	巴美湖	内蒙古	二龙什台	内蒙古	潢源	内蒙古
达尔滨湖	内蒙古	巴音杭盖	内蒙古	乌兰布统草原	内蒙古	白狼洮儿河	内蒙古
伊克萨玛	内蒙古	希拉穆仁	内蒙古	乌拉山	内蒙古	白音恩格尔荒漠	内蒙古
乌尔旗汉	内蒙古	平顶山-七锅山	内蒙古	二连盆地恐龙化石	内蒙古	纳林湖	内蒙古
兴安	内蒙古	库布其沙漠	内蒙古	代钦塔拉五角枫	内蒙古	维纳河	内蒙古
绰源	内蒙古	苏尼特	内蒙古	准格尔地质遗迹	内蒙古	老头山	内蒙古
阿里河	内蒙古	蒙格罕山	内蒙古	包头黄河	内蒙古	脑木更第三系剖面遗迹	内蒙古
滦河源	内蒙古	鄂托克甘草	内蒙古	双河源	内蒙古	苏木山	内蒙古
宝格达乌拉	内蒙古	黄岗梁	内蒙古	图里河	内蒙古	荷叶花湿地珍禽	内蒙古
河套	内蒙古	乌兰河	内蒙古	室韦	内蒙古	蔡木山	内蒙古
宁城古生物化石	内蒙古	乌力胡舒湿地	内蒙古	小河沿湿地鸟类	内蒙古	贺斯格淖尔	内蒙古
巴彦淖尔地质遗迹	内蒙古	乌拉盖湿地	内蒙古	岱海湿地	内蒙古	辉腾锡勒	内蒙古
毕拉河	内蒙古	乌斯吐	内蒙古	巴尔虎草原	内蒙古	都斯图河	内蒙古
特金罕山	内蒙古	乌日塔拉	内蒙古	杭锦淖尔	内蒙古	阿尔其山	内蒙古
青山	内蒙古	红山	内蒙古	柴河	内蒙古	阿左旗恐龙化石	内蒙古
乌兰坝-石棚沟	内蒙古	哈达门	内蒙古	根河源	内蒙古	阿拉善黄河	内蒙古
白音库伦遗鸥栖息地	内蒙古	紫尔森	内蒙古	梅力更	内蒙古	乌蒙山古生物化石	内蒙古

（续）

名称	省份	名称	省份	名称	省份	名称	省份
黄旗海湿地	内蒙古	野鸭湖	北京	清凉山	河北	京北第一草原	河北
哈素海湿地	内蒙古	金海湖－大峡谷－大溶洞	北京	溢泉湖	河北	冀南山底抗日地道遗址	河北
杜拉尔	内蒙古	王渡山	北京	狼山	河北	凉城	河北
桦木沟	内蒙古	野鸭湖	北京	白云古洞	北京	南大港湿地	河北
毛盖图	内蒙古	大黄堡	天津	驼梁山	河北	白云山－小西天	河北
浑善达克沙地柏	内蒙古	天津九龙山	天津	翔云岛	天津	白草洼	河北
西山	北京	团泊鸟类	天津	先台山	河北	石臼坨岛	河北
上方山	北京	盘山	北京	蝎子沟	天津	秦王湖－北武当山	河北
鹫峰	北京	黄崖关长城	天津	黑龙山	河北	紫金山	河北
大杨山	北京	青龙湾	北京	丰宁	天津	藤龙山	河北
霞云岭	北京	河北海滨	北京	涞源白石山	河北	赵州桥－柏林禅寺	河北
崎峰山	北京	石佛	北京	临城地质遗迹	河北	铁佛寺	河北
黄松峪	北京	五岳寨	北京	武安地质遗迹	河北	陵山－抱阳山	河北
东灵山－百花山	北京	黄羊山	北京	兴隆地质遗迹	河北	青山关	河北
北云居寺	北京	白石山	北京	迁安－迁西地质遗迹	河北	青松岭大峡谷	河北
云峰寺	北京	古北岳	北京	承德丹霞	河北	青龙山	河北
蔡田岭长城	北京	前南峪	北京	邢台峡谷群	河北	鸡鸣山	河北
汉石桥湿地	北京	水母宫	北京	丰宁海留图	河北	黑山大峡谷	河北
北潭柘－戒台	北京	涿鹿皇帝城	北京	九龙峡	河北	海兴小山火山	河北

（续）

名称	省份	名称	省份	名称	省份	名称	省份
海兴湿地和鸟类	河北	板厂峪	河北	沂河源	河北	牛山	山东
白洋淀湿地	河北	棋盘山	河北	沂源猿人遗址岩溶洞群	河北	峿嵎山	山东
白草洼	河北	金华山—横岭子褐马鸡栖息地	河北	柳埠	河北	留山古火山	山东
都山	河北	五莲山	山东	里口山	山东	山东熊耳山	山东
天生桥	河北	莱芜华山	山东	长清寒武纪地质遗迹	山东	诸城恐龙化石	山东
六里坪	河北	艾山	山东	青岛西海岸	山东	莱阳白垩纪地质遗迹	山东
千鹤山	河北	龙口南山	山东	马塔湖	山东	昌乐火山地	山东
唐海湿地鸟类	河北	新泰莲花山	山东	马谷山	山东	山东三里河	山东
嶂石岩	河北	招虎山	山东	马踏湖	山东	临朐石门坊	山东
御道口	河北	寿山	山东	鲁山	山东	临沐苍马山	山东
木兰围场	河北	东阿黄河	山东	黄河玫瑰湖	山东	临淄齐故城	山东
磐棰峰	河北	峄山	山东	黄骅古贝壳堤	山东	九龙湾	山东
南湖	河北	景阳岗	山东	槎山	山东	仰天山	山东
坝上闪电河	河北	曲阜九仙山	山东	原山	山东	千佛山	山东
天梯山	河北	月亮湾	山东	灵山湾	山东	南四湖	山东
天河山	河北	枣庄抱犊崮	山东	双岛	山东	台儿庄运河	山东
封龙山	河北	枣庄石榴园	山东	蒙山	山东	圣水观	山东
广府古城	河北	武河	山东	伟德山	山东	大乳山	山东
景忠山	河北	水泊梁山	山东	珠山	山东	大泽山	山东

（续）

名称	省份	名称	省份	名称	省份	名称	省份
威海海西头	山东	依岛	山东	大泽山	山东	小洋口	江苏
安丘拥翠湖	山东	刘公岛	山东	太平山	山东	扬州凤凰岛	江苏
济南大明湖	山东	黑铁山	山东	罗山	山东	扬州宝应湖	江苏
济西	山东	龙洞	山东	尼山	山东	无锡梁鸿	江苏
浮来山	山东	招远罗山	山东	鹤伴山	山东	无锡蠡湖	江苏
淄川	山东	浮来山	山东	孟良崮	山东	无锡长广溪	江苏
清风湖	山东	莱阳老寨山	山东	枫桥	江苏	马陵山	江苏
滕州滨湖	山东	银湖	山东	沙家浜	江苏	骆马湖-三台山	江苏
烟台山	山东	胶州湾	山东	海门蛎岈山	江苏	龙池山	江苏
烟台崑嵛山	山东	黄水河河口湿地	山东	濠河	江苏	涟漪湖黄嘴白鹭栖息地	江苏
牙山	山东	大公岛	山东	艾山	江苏	大阳山	江苏
老龙湾	山东	寿光滨海	山东	茅山	江苏	游子山	江苏
胶东艾山	山东	少海	山东	虎丘山	江苏	栖霞山	江苏
荣成赤山	山东	峡山湖	山东	连云港海洲湾	江苏	太湖西山	江苏
莒南天佛	山东	徂徕山	山东	雨花台	江苏	六合地质遗迹	江苏
莱芜雪野	山东	微山湖	山东	古黄河-运河风光带	江苏	汤山方山	江苏
蓬莱	山东	招虎山	山东	夫子庙-秦淮风光带	江苏	九龙口	江苏
蓬莱艾山	山东	招远砂质黄金海岸	山东	姜堰溱湖	江苏	九龙山	江苏
蟠龙河	山东	围子山	山东	宝华山	江苏	云台山-花果山	江苏

226

面向中国国家公园空间布局的自然景观保护优先区评估
NATURAL LANDSCAPE PROTECTED PRIORITIES ASSESSMENT
FOR SPATIAL DISTRIBUTION OF NATIONAL PARKS IN CHINA

（续）

名称	省份	名称	省份	名称	省份	名称	省份
云龙湖	江苏	青田電	浙江	白露山-芝堰	浙江	大溪	浙江
南京长江新济洲	江苏	浙江九龙山	浙江	箬寮-安岱后	浙江	松阳卯山	浙江
启东长江口北支	江苏	双龙洞	浙江	花溪-来溪	浙江	牛头山	浙江
虞山	江苏	华顶	浙江	衢州乌溪江	浙江	三衢	浙江
江苏上方山	江苏	青山湖	浙江	诸暨白塔湖	浙江	径山	浙江
惠山	江苏	玉苍山	浙江	超山	浙江	南山湖	浙江
铁山寺	江苏	紫微山	浙江	大奇山	浙江	大竹海	浙江
江苏紫金山	江苏	五峙山列岛	浙江	兰亭	浙江	桐庐瑶琳	浙江
佘山	上海	三都-平岩	浙江	午潮山	浙江	诸暨香榧	浙江
东平	上海	东白山	浙江	竹乡	浙江	半山	浙江
海湾	上海	东钱湖	浙江	天童	浙江	东江源	浙江
共青	上海	丽水九龙	浙江	铜岭山	浙江	南北湖	浙江
淀山湖	上海	九峰山-大佛寺	浙江	花岩	浙江	南山	浙江
长江口中华鲟	上海	九峰	浙江	龙湾潭	浙江	南明山-东西岩	浙江
溪口	浙江	云中大漈	浙江	五泄	浙江	双苗尖-月山	浙江
鉴湖	浙江	仙华山	浙江	石门洞	浙江	呎山	浙江
长兴仙山湖	浙江	仙岩	浙江	四明山	浙江	响石山	浙江
鸣鹤-上林湖	浙江	六洞山	浙江	双峰	浙江	大鹿岛	浙江
龙王山	浙江	划岩山	浙江	仙霞	浙江	天荒坪	浙江

（续）

名称	省份	名称	省份	名称	省份	名称	省份
寨寨溪	浙江	三元	福建	厦门莲花	福建	卧龙－南屏山	福建
尹家边扬子鳄子栖息地	浙江	龙岩	福建	乌山	福建	圭龙山	福建
岱山岛	浙江	旗山	福建	漳平天台	福建	大仙峰	福建
德清下渚湖	浙江	灵石山	福建	王寿山	福建	姬岩	福建
曹娥江	浙江	福建东山	福建	九龙谷	福建	宁德东湖	福建
望东洋高山湿地	浙江	三明仙人谷	福建	支提山	福建	安溪云中山	福建
杭州湾	浙江	将乐天阶山	福建	九龙竹海	福建	官井洋大黄鱼	福建
杭州西溪	浙江	东狮山	福建	匡山	福建	屏南鸳鸯猕猴栖息地	福建
桃渚	浙江	乌君山	福建	龙湖山	福建	峨嵋峰	福建
桃花岛	浙江	九侯山	福建	天星山	福建	崇武	福建
泽雅	浙江	九阜山	福建	漳州海滨火山	福建	平潭综合实验区海坛湾	福建
常山地质遗迹	浙江	九鲤湖	福建	深沪湾	福建	归宗岩	福建
临海地质遗迹	浙江	九龙湖	福建	天鹅洞群	福建	杨梅洲	福建
新昌硅化木	浙江	九龙漈	福建	石牛山	福建	松溪白马山	福建
承天氡泉	浙江	云洞岩	福建	屏南白水洋	福建	格氏栲	福建
洞头	浙江	仙公山	福建	永安地质遗迹	福建	永安龙头	福建
渔山列岛	浙江	凤凰山	福建	清流温泉地质遗迹	福建	泉州湾河口湿地	福建
玉环漩门湾	浙江	前亭－古雷海湾	福建	三明郊野地质遗迹	福建	洞宫山	福建
瑶溪	浙江	北辰山	福建	七仙洞洞－淘金山	福建	浮盖山	福建

228

面向中国国家公园空间布局的自然景观保护优先区评估
NATURAL LANDSCAPE PROTECTED PRIORITIES ASSESSMENT
FOR SPATIAL DISTRIBUTION OF NATIONAL PARKS IN CHINA

（续）

名称	省份	名称	省份	名称	省份	名称	省份
牛姆林	福建	清流莲花山	福建	英德	广东	白溪	广东
瑞云山	福建	湛卢山	福建	北峰山	广东	百涌	广东
石竹山	福建	牙梳山	福建	大王山	广东	笔架山	广东
福安杪椤	福建	风动石－塔屿	福建	宝晶宫	广东	红海湾遮浪半岛	广东
罗卜岩楠木	福建	香山	福建	海陵岛	广东	罗坑鳄蜥栖息地	广东
翠屏湖	福建	龙海九龙江口红树林	福建	潮州西湖	广东	罗浮山	广东
老鹰尖	福建	龙硿洞	福建	燕岩	广东	翁源青云山	广东
茫荡山	福建	同乐大山	福建	特呈岛	广东	象头山	广东
莱溪岩	福建	大稠顶	福建	玄武山－金厢滩	广东	连南板洞	广东
藤山	福建	始兴南山	广东	白水寨	广东	铁山渡田河	广东
长乐	福建	小流坑－青嶂山	广东	磐石	广东	长潭	广东
闽清黄楮林	福建	左江佛耳丽蚌	广东	莲花山白盘珠	广东	阴那山	广东
陈家山大峡谷	福建	小坑	广东	广东莲花山	广东	陈禾洞	广东
霍童支提山	福建	新丰江	广东	蟠龙洞	广东	鹅凰嶂	广东
青芝山	福建	韶关	广东	金鸡岭	广东	黄牛石	广东
万木林	福建	东海岛	广东	阳西月亮湾	广东	七星坑	广东
三平	福建	流溪河	广东	阴那山	广东	七目嶂	广东
东冲半岛	福建	石门	广东	雷州九龙山红树林	广东	三岳	广东
清水岩	福建	圭峰山	广东	菁溪洞	广东	上川岛猕猴栖息地	广东

（续）

名称	省份	名称	省份	名称	省份	名称	省份
丰溪	广东	凌霄岩	广东	杨东山十二度水	广东	孟信垴	山西
乐昌大瑶山	广东	大鹏半岛	广东	林洲顶	广东	关帝山	山西
乳源大峡谷	广东	封开地质遗迹	广东	枫树坝	广东	管涔山	山西
云开山	广东	恩平地热	广东	秦浦山-双坑	广东	云岗	山西
云髻山	广东	广东阳山	广东	江门台山中华白海豚	广东	山西台骀龙泉	山西
仁化高坪	广东	万绿湖	广东	沙溪	广东	禹王洞	山西
佛冈观音山	广东	九泷十八滩	广东	海丰鸟类	广东	赵杲观	山西
南万红椎林	广东	乳源南水湖	广东	淇澳-担杆岛	广东	方山	山西
南昆山	广东	五指石	广东	清新白湾	广东	交城山	山西
南雄恐龙化石群	广东	从化温泉	广东	潮安凤凰山	广东	太岳山	山西
古兜山	广东	南澳青澳湾	广东	潮安海蚀地貌	广东	老顶山	山西
古田	广东	大角湾-马尾岛	广东	珠江源	广东	乌金山	山西
御景峰	广东	广东孔江	广东	田心	广东	中条山	山西
神光山	广东	飞来峡	广东	黄石坳	广东	壶关峡谷	山西
三岭山	广东	广宁竹海	广东	黑石顶	广东	宁武万年冰洞	山西
雁鸣湖	广东	康禾	广东	龙文-黄田	广东	王莽岭	山西
天井山	广东	怀集桥头燕岩	广东	龙门山	广东	大同火山山群	山西
大北山	广东	新港	广东	云顶山	山西	天脊山	山西
镇山	广东			凌井沟	山西	榆社古生物化石	山西

（续）

名称	省份	名称	省份	名称	省份	名称	省份
云丘山	山西	浑源神溪	山西	万宝山	河南	太昊陵	河南
仙堂山	山西	珏山	山西	卢氏大鲵栖息地	河南	太白顶	河南
六棱山	山西	白龙山	山西	四望山	河南	宿鸭湖湿地	河南
千泉湖	山西	百梯山	山西	固始淮河湿地	河南	平顶山白龟湖	河南
南涅水石刻	山西	皇城相府	山西	寺山	河南	昭平湖	河南
南阳沟	山西	石膏山	山西	凤穴寺	河南	沁阳神农山	河南
卦山-玄中寺	山西	神龙湾-天脊山	山西	石漫滩	河南	浮戏山-雪花洞	河南
古城	山西	精卫湖-白松林	山西	薄山	河南	淮滨淮南湿地	河南
太行水乡	山西	绵山	山西	亚武山	河南	淮阳龙湖	河南
太行龙洞	山西	芦芽山	山西	白云山	河南	湍河湿地	河南
姑射山	山西	菩提山	山西	神灵寨	河南	白龟山湿地	河南
孤峰山	山西	黄河乾坤湾	山西	夹山	河南	青要山	河南
射姑山	山西	忻州云中山	山西	汝阳恐龙化石	河南	高乐山	河南
山里泉	山西	无定河	山西	尧山	河南	黄缘闭壳龟栖息地	河南
崛围山	山西	汾河上游	山西	云台	河南	龙峪湾	河南
平定娘子关	山西	灵丘黑鹳栖息地	山西	五龙口	河南	河南五龙洞	河南
摩天岭	山西	灵空山	山西	偃师伊洛河	河南	南湾	河南
昌源河	山西	运城湿地	山西	商丘古城	河南	甘山	河南
汾河水库	山西	黄崖洞	山西	大伾山	河南	淮河源	河南

（续）

名称	省份	名称	省份	名称	省份	名称	省份
铜山湖	河南	西峡大鲵栖息地	河南	舜耕山	安徽	三叉河	安徽
黄河故道	河南	金岗台	河南	石莲洞	安徽	安徽五柳	安徽
郁山	河南	铜山	河南	横山	安徽	五溪山	安徽
玉皇山	河南	震雷山	河南	敬亭山	安徽	凤阳山	安徽
金兰山	河南	青要山	河南	司空山	安徽	十里山	安徽
河南天池山	河南	青龙峡	河南	合肥环城公园-西郊	安徽	南岳山-佛子岭水库	安徽
始祖山	河南	鲇鱼山	河南	龙川	安徽	大华山	安徽
黄柏山	河南	鹤壁淇河	河南	龙须湖	安徽	大历山	安徽
燕子山	河南	濮阳黄河湿地	河南	万佛山	安徽	大龙山	安徽
棠溪源	河南	皇藏峪	安徽	水西	安徽	天湖	安徽
大鸿寨	河南	大龙山	安徽	青龙湾	安徽	太和沙颍河	安徽
嶂峰山	河南	紫蓬山	安徽	上窑	安徽	太平湖	安徽
漯河市沙河	河南	天堂寨	安徽	大蜀山	安徽	小孤山	安徽
灵山	河南	鸡笼山	安徽	淮南八公山	安徽	岭南	安徽
熊耳山	河南	冶父山	安徽	韭山	安徽	平天湖	安徽
环翠峪	河南	太湖山	安徽	丫山	安徽	板仓	安徽
百泉	河南	神山	安徽	磐云山	安徽	板桥	安徽
老君山-鸡冠洞	河南	妙道山	安徽	马仁山	安徽	查湾	安徽
西山-东坡赤壁	河南	安徽天井山	安徽	万佛山-龙河口水库	安徽	石白湖	安徽

232

面向中国国家公园空间布局的自然景观保护优先区评估
NATURAL LANDSCAPE PROTECTED PRIORITIES ASSESSMENT
FOR SPATIAL DISTRIBUTION OF NATIONAL PARKS IN CHINA

（续）

名称	省份	名称	省份	名称	省份	名称	省份
汤池	安徽	龙子湖	安徽	永丰	安徽	流坑	江西
沱湖	安徽	三十把	江西	阁皂山	江西	潋江	江西
泗县石龙湖	安徽	东江源	江西	三叠泉	江西	玉壶山	江西
涂山-白乳泉	安徽	云居山	江西	天花井	江西	三百山	江西
濉河	安徽	通天岩	江西	五指峰	江西	玉笥山	江西
淮南焦岗湖	安徽	都昌候鸟栖息地	江西	柘林湖	江西	瑞金	江西
玉泉山	安徽	婺源鸳鸯湖	江西	修河	江西	阳岭	江西
白崖寨	安徽	怀玉山	江西	修河源	江西	阳明湖	江西
皇甫山	安徽	三爪仑	江西	华林寨-上游湖	江西	青原山	江西
石台溶洞群	安徽	梅岭	江西	南丰傩湖	江西	青岚湖	江西
秋浦河源	安徽	马祖山	江西	南崖-清水岩	江西	青龙湖-龙凤岩	江西
舒城万佛山	安徽	灵岩洞	江西	孔目江	江西	麻姑山	江西
安徽西山	安徽	明月山	江西	小武当	江西	陡水湖	江西
迪沟	安徽	翠微峰	江西	岩泉	江西	三湾	江西
道源	安徽	天柱峰	江西	杨岐山	江西	云碧峰	江西
铜锣寨	安徽	泰和	江西	水浆	江西	峰山	江西
霍山佛子岭	安徽	鹅湖山	江西	汉仙岩	江西	清凉山	江西
颍州西湖	安徽	上清	江西	洞山	江西	九岭山	江西
齐山-秋浦仙境	安徽	梅关	江西	洪岩	江西	五府山	江西

（续）

名称	省份	名称	省份	名称	省份	名称	省份
毓秀山	江西	车磨湖	江西	野花谷	江西	南河	湖北
岑山	江西	丹江口湿地	湖北	金沙湖	湖北	十八里长峡	湖北
军峰山	江西	大老岭	湖北	金蟾峡	湖北	万江河	湖北
碧峰潭	江西	九峰山	湖北	长江岛	湖北	三潭	湖北
圣水堂	江西	玉泉寺	湖北	长江宜昌中华鲟	湖北	五祖寺-挪步园	湖北
石城地质遗迹	江西	大口	湖北	太子山	湖北	五道峡	湖北
铜钹山	江西	龙门河	湖北	红安天台山	湖北	双龙峡	湖北
瑶里	江西	清江	湖北	坪坝营	湖北	唐崖河	湖北
白水仙-泉江	江西	柴埠溪	湖北	吴家山	湖北	大冶保安湖	湖北
百丈山-萝卜潭	江西	潜山	湖北	千佛洞	湖北	天台山-七里坪	湖北
相山	江西	八岭山	湖北	双峰山	湖北	天堂湖	湖北
秦山	江西	沧水	湖北	沧浪山	湖北	宜都天龙湾	湖北
罗汉岩	江西	三角山	湖北	古银谷	湖北	惠亭湖	湖北
羊狮幕	江西	中华山	湖北	湖北牛头山	湖北	木兰山	湖北
裘都	江西	木兰山	湖北	诗经源	湖北	桃花山	湖北
船屋	江西	鄱阳恐龙蛋化石群	江西	偏头山	湖北	桐柏山太白顶	湖北
药湖	江西	五峰	湖北	九女峰	湖北	梁子湖湖湿地	湖北
象湖	江西	清江地质遗迹	江西	虎爪山	湖北	梨花湖	湖北
赣县大湖江	江西	洪湖湿地	江西	五脑峰	湖北	武山湖	湖北

234

面向中国国家公园空间布局的自然景观保护优先区评估
NATURAL LANDSCAPE PROTECTED PRIORITIES ASSESSMENT
FOR SPATIAL DISTRIBUTION OF NATIONAL PARKS IN CHINA

（续）

名称	省份	名称	省份	名称	省份	名称	省份
雷山	湖北	桃花江	湖南	南华山	湖南	古丈红石林	湖南
青龙山-白水寺	湖北	柘溪	湖南	黄山头	湖南	酒埠江	湖南
鸣凤	湖北	两江峡谷	湖南	天门山	湖南	乌龙山	湖南
麻城浮桥河	湖北	青洋湖	湖南	黑麋峰	湖南	印山-天堂山西江	湖南
黄冈遗爱湖	湖北	湖南凤凰山	湖南	熊峰山	湖南	吉首峒河	湖南
网湖湿地	湖北	五强溪	湖南	九龙江	湖南	大京	湖南
野人谷	湖北	五雷山	湖南	西瑶绿谷	湖南	大峰山-波月洞	湖南
烈山	湖北	仙庚岭	湖南	嵩云山	湖南	天子山	湖南
磁湖	湖北	千龙湖	湖南	月岩	湖南	天湖	湖南
神农峡	湖北	南洲	湖南	峰峦溪	湖南	姑婆山	湖南
花纹山竹海	湖北	三道坑	湖南	天泉山	湖南	宁乡金洲湖	湖南
荆门漳河	湖北	印家界	湖南	天堂山	湖南	安仁	湖南
莫愁湖	湖北	地理冲	湖南	坐龙冲	湖南	彰珠山	湖南
蕲春赤龙湖	湖北	大远源口	湖南	福音山	湖南	新墙河	湖南
西陵峡震旦纪地质剖面	湖北	天光山	湖南	蓝山	湖南	昭山	湖南
谷城汉江	湖北	幕阜山	湖南	氡溪	湖南	松雅湖	湖南
赤壁陆水湖	湖北	康龙森林	湖南	矮寨	湖南	栖凤湖	湖南
返湾湖	湖北	神农谷	湖南	飞天山	湖南	桃源沅水	湖南
五尖山	湖南	云山	湖南	凤凰地质遗迹	湖南	横岭湖	湖南

（续）

名称	省份	名称	省份	名称	省份
武冈云山	湖南	中坡	湖南	浯溪碑林	湖南	平天山	广西
毛里湖	湖南	金洞	湖南	湘阴洋沙湖-东湖	湖南	红茶沟	广西
水府庙	湖南	百里龙山	湖南	溇水	湖南	龙滩大峡谷	广西
琼湖	湖南	湄江地质遗迹	湖南	燕子洞	湖南	资源地质遗迹	广西
索溪峪	湖南	石牛寨	湖南	玉池山	湖南	凤山岩溶	广西
紫鹊界梯田-梅山龙宫	湖南	万佛山	湖南	通道万佛山	湖南	香桥岩溶	广西
耒水	湖南	雪峰湖	湖南	道吾山	湖南	七百弄	广西
花岩溪	湖南	金童山	湖南	酉水-吕洞山	湖南	桂平丹霞	广西
花明楼	湖南	两头羊	湖南	钟坡	湖南	姑婆山	广西
蔡伦故里	湖南	九天洞赤溪河	湖南	锡岩仙洞-洣水	湖南	宴石山	广西
边城古苗河	湖南	九重岩	湖南	集成麋鹿栖息地	湖南	寿城	广西
天际岭	湖南	书院洲	湖南	雪峰湖	湖南	建新鸟类	广西
天鹅山	湖南	云阳山	湖南	顶江银杉	湖南	林溪-八江	广西
东台山	湖南	江口鸟洲	湖南	高椅	湖南	架桥岭	广西
夹山	湖南	汨罗江	湖南	黄家湖	湖南	桂林会仙喀斯特	广西
不二门	湖南	法相岩-云山	湖南	黄桑	湖南	水月岩-龙珠湖	广西
峋嵝峰	湖南	泸溪沅水	湖南	龙窖山	湖南	浮山	广西
大云山	湖南	洛塔	湖南	祁阳小鲵栖息地	湖南	玉林天堂山	广西
大熊山	湖南	浏城古大围山	湖南	雪峰山	湖南	王子山雉类栖息地	广西

236

面向中国国家公园空间布局的自然景观保护优先区评估
NATURAL LANDSCAPE PROTECTED PRIORITIES ASSESSMENT
FOR SPATIAL DISTRIBUTION OF NATIONAL PARKS IN CHINA

（续）

名称	省份	名称	省份	名称	省份	名称	省份
红水河来宾段	广西	元宝山	广西	西大明山	广西	黄猄洞天坑	广西
老虎跳	广西	三匹虎	广西	谢鲁山庄	广西	飞龙湖	广西
茅尾海红树林	广西	下雷	广西	那佐苏铁	广西	太平狮山	广西
西岭山	广西	五福宝顶	广西	那林	广西	南边村地质剖面	广西
西江烂柯山	广西	京岛	广西	都峤山-真武阁	广西	古修	广西
金秀老山	广西	元宝山-贝江	广西	钦州茅尾海	广西	古龙河-白龙洞	广西
上林龙穴	广西	八仙天池-百崖槽	广西	银殿山	广西	大化红水河-七百弄	广西
凌云洞穴	广西	六峰山-三海岩	广西	银竹老山	广西	大哄豹	广西
大乐泥盆纪	广西	六景泥盆系地质	广西	隆安龙虎山	广西	太平石山	广西
大容山	广西	勾漏洞	广西	星岛湖	广西	龙泉岩	广西
良凤江	广西	北流大风门泥盆系	广西	青狮潭	广西	龙脊	广西
三门江	广西	北海滨海	广西	青秀山	广西	广西龙虎山	广西
宜州水上石林	广西	南山-东湖	广西	黄姚	广西	弄拉	广西
五皇山	广西	清水冲	广西	黄连山-兴旺	广西	涧洞山	广西
地下河	广西	澄碧湖	广西	龙滩	广西	海洋山	广西
罗城地质遗迹	广西	珍珠岩-金城江	广西	龙潭	广西	上溪	海南
邦亮长臂猿栖息地	广西	白云山	广西	大桂山	广西	会山	海南
恩城	广西	碧水岩	广西	八角寨	广西	佳西	海南
七冲	广西	罗富泥盆系剖面	广西	龙胜温泉	广西		

（续）

名称	省份	名称	省份	名称	省份	名称	省份
保梅岭	海南	甘什岭	海南	云雾山	重庆	梁平东山	重庆
六连岭	海南	番加	海南	南天湖	重庆	桥口坝	重庆
加新	海南	礼纪青皮林	海南	古剑山-清溪河	重庆	铁峰山	重庆
南林	海南	邦溪坡鹿栖息地	海南	后坪天坑	重庆	红池坝	重庆
南湾猕猴栖息地	海南	鹦哥岭	海南	四面山	重庆	歌乐山	重庆
头岭	海南	黎母山	海南	大昌湖	重庆	玉龙山	重庆
蓝洋温泉	海南	云月湖	海南	大板营	重庆	黑山	重庆
七仙岭温泉	海南	南丽湖	海南	大足石刻	重庆	九重山	重庆
石山火山山群	海南	新盈红树林	海南	天生三桥	重庆	大园洞	重庆
七指岭	海南	木色湖	海南	黑石山-滚子坪	重庆	观音峡	重庆
万宁老爷海	海南	百花岭	海南	龙河	重庆	巴尔盖	重庆
万泉河	海南	石山	海南	龙泉	重庆	重庆天池山	重庆
东山岭	海南	神州半岛	海南	箐井沟	重庆	黔江小南海	重庆
东方黑脸琵鹭栖息地	海南	乌江彭水长溪河	重庆	双桂山	重庆	定明山-运河	重庆
东郊椰林	海南	天坑地缝	重庆	小三峡	重庆	小南海	重庆
临高角	海南	茶山竹海	重庆	黄水	重庆	小溪	重庆
陵水海湾滨	海南	七曜山	重庆	仙女山	重庆	巴岳山-西温泉	重庆
清澜	海南	东温泉	重庆	茂云山	重庆	张关-白岩	重庆
猕猴岭	海南	乌江百里画廊	重庆	青龙湖	重庆	彩云湖	重庆

238

面向中国国家公园空间布局的自然景观保护优先区评估
NATURAL LANDSCAPE PROTECTED PRIORITIES ASSESSMENT
FOR SPATIAL DISTRIBUTION OF NATIONAL PARKS IN CHINA

（续）

名称	省份	名称	省份	名称	省份	名称	省份
明月山	重庆	青山湖	重庆	丹山	重庆	雅克夏	四川
歇凤山	重庆	青龙瀑布	重庆	九狮山	重庆	天马山	四川
武陵山	重庆	三打古	四川	九顶山	四川	空山	四川
汉丰湖	重庆	下拥	四川	九鼎山-文镇沟大峡谷	四川	云湖	四川
涪江	重庆	东阳沟	四川	喇叭河	四川	乾元山	四川
濑溪河	重庆	九阳山	四川	都江堰	四川	云顶石城	四川
百里竹海	重庆	亿比措湿地	四川	剑门关	四川	佛宝	四川
皇华岛	重庆	勿角	四川	高山	四川	鞍王山	四川
统景	重庆	南莫且湿地	四川	西岭	四川	八台山	四川
迎凤湖	重庆	卡莎湖	四川	七曲山	四川	千佛山	四川
迎龙湖	重庆	古蔺黄荆	四川	福宝	四川	升钟	四川
酉水河	重庆	北川	四川	夹金山	四川	南河	四川
酉水河石堤	重庆	阆中盘龙山	四川	龙苍沟	四川	卡龙沟	四川
龙缸岩溶	重庆	安县地质遗迹	四川	美女峰	四川	叠溪-松坪沟	四川
万盛地质遗迹	重庆	江油地质遗迹	四川	五峰山	四川	古城	四川
綦江木化石-恐龙化石	重庆	清平-汉旺地质遗迹	四川	措普	四川	周公河	四川
酉阳地质遗迹	重庆	栗子坪	四川	天墨山	四川	墨尔多山	四川
长寿湖	重庆	三江	四川	镇龙山	四川	墨尔多山	四川
阿蓬江	重庆	中岩	四川	二郎山	四川	大瓦山	四川

（续）

名称	省份	名称	省份	名称	省份	名称	省份
天仙洞	四川	金花杪椤	四川	螺髻山	四川	瓦灰山	四川
天台山	四川	锦屏山	四川	观雾山	四川	田湾河	四川
太阳谷	四川	阴平古道	四川	贡杠岭	四川	白云	四川
安岳恐龙化石群	四川	香巴拉七湖	四川	重龙-白云山	四川	百里峡	四川
平安	四川	马湖	四川	金汤孔玉	四川	真佛山	四川
广德灵泉	四川	黄荆十节瀑布	四川	铁布	四川	碧峰峡	四川
彝海	四川	黄龙溪	四川	雷波咪嗦泽	四川	窦团山-佛爷洞	四川
彭州湔江	四川	黑龙潭	四川	鞍子河	四川	笔架山	四川
彭祖山	四川	龙泉花果山	四川	驷马河流域湿地	四川	筠连岩溶	四川
朝阳湖	四川	龙潭汉阙	四川	黑水河	四川	紫岩山	四川
琳琅山	四川	龙肘山-仙人湖	四川	黑竹沟	四川	罗浮山-白水湖	四川
李白故里	四川	大小兰沟	四川	宣汉百里峡	四川	老君山	四川
构溪河	四川	宝顶沟	四川	富乐山	四川	芙蓉山	四川
柏林湖	四川	小寨子沟	四川	小相岭-灵光古道	四川	莹华山	四川
杪椤湖	四川	岷山白羊	四川	小西湖-杪椤峡谷	四川	西山	四川
槽渔滩	四川	铁山	四川	火龙沟	四川	平武小河沟	四川
鼓城山-七里峡	四川	荷花海	四川	灵鹫山-大雪峰	四川	新路海	四川
洪坝	四川	凌云山	四川	玉蟾	四川	曼则塘湿地	四川
湾坝	四川	莫斯卡	四川	玉龙湖	四川	木里鸭嘴	四川

（续）

名称	省份	名称	省份	名称	省份	名称	省份
毛寨	四川	燕子岩	贵州	赫章夜郎	贵州	开阳	贵州
水磨沟	四川	竹海	贵州	紫林山	贵州	息烽	贵州
洽勒	四川	万山夜郎谷	贵州	尧人山	贵州	惠水涟江-燕子洞	贵州
泰宁玉科	四川	三都都柳江	贵州	朱家山	贵州	普定梭筛	贵州
洛须白唇鹿栖息地	四川	丹寨龙泉山-岔河	贵州	贵州九龙山	贵州	晴隆三望坪	贵州
片口	四川	仁怀茅台	贵州	长坡岭	贵州	松桃豹子岭-寨英	贵州
瓦屋山	四川	从江	贵州	大板水	贵州	梵净山太平河	贵州
甘洛马鞍山	四川	修文阳明	贵州	青云湖	贵州	泥凼石林	贵州
申果庄大熊猫栖息地	四川	六枝祥洞江	贵州	濉阳湖	贵州	清镇暗流河	贵州
白坡山	四川	六盘水南开	贵州	龙架山	贵州	独山深河桥	贵州
白河金丝猴栖息地	四川	兴仁放马坪	贵州	九道水	贵州	玉屏北侗萧笛之乡	贵州
百草坡	四川	剑河	贵州	台江	贵州	百花湖	贵州
竹巴笼	四川	务川洪渡河	贵州	关岭化石群	贵州	盘县古银杏	贵州
米亚罗	四川	印江木黄	贵州	兴义化石群	贵州	盘县坡上草原	贵州
翠云廊古柏	四川	威宁锁黄仓	贵州	双河洞	贵州	盘县大洞竹海	贵州
越溪河	四川	安龙招堤	贵州	苗岭	贵州	相思河	贵州
草坡	四川	屋脊赫章韭菜坪	贵州	乌江喀斯特	贵州	石阡鸳鸯湖	贵州
百里杜鹃	贵州	贵州凤凰山	贵州	岑巩龙鳌河	贵州	绥阳宽阔水	贵州
石阡佛顶山	贵州	玉舍	贵州	平坝天台山-斯拉河	贵州	罗甸大小井	贵州

（续）

名称	省份	名称	省份	名称	省份	名称	省份
花溪	贵州	九龙池	云南	紫溪山	云南	铜壁关	云南
贞丰三岔河	贵州	五台山	云南	红河哈尼梯田	云南	阿姆山	云南
贵定洛北河	贵州	以礼河	云南	罗古箐	云南	雕翎山	云南
遵义娄山	贵州	佤山	云南	老山	云南	驾车华山松林	云南
锦屏三板桥-隆里古城	贵州	剑湖	云南	紫马古道	云南	麻栗坡老君山	云南
镇远高过河	贵州	化佛山	云南	蔓耗	云南	龙陵小黑山	云南
长顺杜鹃湖-白云山	贵州	千家寨	云南	观音山	云南	云南东山	云南
雷山	贵州	南丹山	云南	豆沙关	云南	来凤山	云南
鲁布格	贵州	南汀河	云南	轿子雪山	云南	花鱼洞	云南
麻江下司	贵州	南溪河	云南	锦屏山	云南	磨盘山	云南
龙里猴子沟	贵州	博南古道	云南	阳宗海	云南	云南龙泉	云南
贵阳香纸沟	贵州	多依河-鲁布革	云南	青华绿孔雀栖息地	云南	大阳河	云南
福泉洒金谷	云南	大朝山-千海子	云南	马过河	云南	鲁布格	云南
二滩鸟类	云南	大黑山	云南	驮娘江	云南	云南五峰山	云南
魏宝山	云南	大板山	云南	黄连河	云南	钟灵山	云南
天星	云南	威信	云南	黄龙	云南	棋盘山	云南
清华洞	云南	白龙洞	云南	糯扎渡	云南	灵宝山	云南
罗平生物群	云南	石门关	云南	紫溪山	云南	铜锣坝	云南
临沧大雪山	云南	秀山	云南	菜阳河	云南	小白龙	云南

（续）

名称	省份	名称	省份	名称	省份	名称	省份
五老山	云南	云南狮子山	云南	扎日南木错湿地	云南	嘉乃玉错	西藏
圭山	云南	云南白竹山-嘉凤	云南	比日神山	云南	嘎朗	西藏
新生桥	云南	云岭	云南	洞错湿地	云南	多庆错	西藏
宝台山	云南	元阳观音山	云南	然乌湖	云南	娜如沟	西藏
云南威远江	云南	剑湖湿地	云南	班公错湿地	云南	巴结巨柏	西藏
云南小草坝	云南	北海湿地	云南	巴松湖	云南	当惹雍错	西藏
帽天山	云南	十八连山	云南	色季拉	云南	扎日	西藏
云南异龙湖	云南	南捧河	云南	姐德秀	西藏	搭格架喷泉群	西藏
云南抚仙-星云湖泊	云南	古林箐	云南	曲登尼玛	西藏	日喀则岩洛	西藏
云南方山	云南	墨江秒椤	云南	白朗年楚河	西藏	雅尼	西藏
云南昙华山	云南	威远江	云南	荣拉坚参大峡谷	西藏	鲁朗林海	西藏
云南普洱五湖	云南	富宁驮娘江	云南	尼木	西藏	玉华宫	陕西
普渡河	云南	广南八宝	云南	易贡地质遗迹	西藏	千家坪	陕西
梅树村	云南	建水燕子洞	云南	羊八井	西藏	上坝河	陕西
永善三江口	云南	拉市海高原湿地	云南	三色湖	西藏	月亮洞	陕西
云南永德大雪山	云南	海子坪	云南	勒布沟	西藏	柞水溶洞	陕西
云南洱源西湖	云南	海峰	云南	卡久	西藏	江神庙-灵岩寺	陕西
云南浴仙湖	云南	碧塔海	云南	卡日圣山	西藏	泾渭湿地	陕西
云南漫湾-哀牢山	云南	工布	西藏	哲古	西藏	劳山	陕西

（续）

名称	省份	名称	省份	名称	省份	名称	省份
千湖湿地	陕西	黄陵	陕西	白云山	陕西	王顺山	陕西
天竺山	陕西	青峰峡	陕西	石门山	陕西	陕西五龙洞	陕西
太安	陕西	翠华山	陕西	磻溪钓鱼台	陕西	汉中天台	陕西
新开岭	陕西	洛川黄土	陕西	神木红碱淖	陕西	黎坪	陕西
昌江棋子湾	陕西	黄河蛇曲	陕西	福地湖	陕西	金丝大峡谷	陕西
柴松	陕西	金丝峡	陕西	红石峡-镇北台	陕西	通天河	陕西
桥山	陕西	南宫山	陕西	药王山	陕西	木王	陕西
汉江湿地	陕西	杜水溶洞	陕西	蒲城卤阳湖	陕西	榆林沙漠	陕西
洛南大鲵栖息地	陕西	照金丹霞	陕西	西安浐灞	陕西	鬼谷岭	陕西
牛尾河	陕西	三原清峪河	陕西	铜川赵氏河	陕西	蟒头山	陕西
留坝摩天岭	陕西	三国遗迹五丈原	陕西	香山-照金	陕西	凤翔东湖	陕西
略阳水生生物栖息地	陕西	三国遗迹武侯墓祠-定军山	陕西	香溪洞	陕西	千湖	陕西
皇冠山	陕西	东秦岭地质剖面	陕西	黄河龙门-司马迁祠墓	陕西	午子山	陕西
老县城	陕西	丹凤丹江	陕西	黄龙铺-石门地质剖面	陕西	南沙河	陕西
野河	陕西	关山草原	陕西	骊山	陕西	南湖	陕西
铜川香山	陕西	凤县嘉陵江	陕西	鹰嘴石	陕西	合阳黄河湿地	陕西
黑河	陕西	淳化冶峪河	陕西	陇县水生生物栖息地	陕西	周公庙	陕西
洪庆山	陕西	瀛湖	陕西	楼观台	陕西	大白石头河	陕西
少华山	陕西	玉山	陕西	朱雀	陕西	宁强汉水源	陕西

面向中国国家公园空间布局的自然景观保护优先区评估

NATURAL LANDSCAPE PROTECTED PRIORITIES ASSESSMENT
FOR SPATIAL DISTRIBUTION OF NATIONAL PARKS IN CHINA

（续）

名称	省份	名称	省份	名称	省份	名称	省份
宝峰山	陕西	兰州秦王川	甘肃	渭河源	甘肃	黄河三峡湿地	甘肃
屋梁山	陕西	兴隆山	甘肃	天祝三峡	甘肃	黄河石林	甘肃
旬河源	陕西	刘家峡恐龙遗迹	甘肃	沙滩	甘肃	黑河湿地	甘肃
旬邑马栏河	陕西	北山森林	甘肃	腊子口	甘肃	龙泉寺-五龙山	甘肃
和政古生物化石	甘肃	哈思山	甘肃	大峪	甘肃	白龙江	甘肃
炳灵丹霞	甘肃	大苏干湖	甘肃	大峡沟	甘肃	菱芨泉	甘肃
官鹅沟	甘肃	寿鹿山	甘肃	小峡洞	甘肃	马鬃山	甘肃
冶力关	甘肃	贵清山	甘肃	小苏干湖	甘肃	鸡峰山	甘肃
阿夏大熊猫栖息地	甘肃	贵清山-遮阳山	甘肃	干海子候鸟栖息地	甘肃	哈里哈图	青海
博峪河	甘肃	郎木寺	甘肃	甘肃张掖	甘肃	麦秀	青海
插岗梁	甘肃	铁木山	甘肃	昌岭山	甘肃	坎布拉	青海
多儿	甘肃	马牙雪山-天池	甘肃	昌马河	甘肃	年保玉则	青海
尖山	甘肃	马蹄寺	甘肃	永昌北海子	甘肃	互助北山	青海
裕河金丝猴栖息地	甘肃	康县大鲵栖息地	甘肃	沙枣园子	甘肃	贵德地质遗迹	青海
秦州大鲵栖息地	甘肃	敦煌雅丹	甘肃	焉支山	甘肃	阿尼玛卿山	青海
万象洞	甘肃	吐鲁沟	甘肃	疏勒河中下游	甘肃	大通北川河源区	青海
三滩	甘肃	石佛沟	甘肃	石海	甘肃	青海乐都药草台	青海
东大山	甘肃	松鸣岩	甘肃	肃南-临泽丹霞地貌	甘肃	克鲁克湖-托素湖	青海
云屏	甘肃	云崖寺	甘肃	莲花台	甘肃	哈拉湖	青海

（续）

名称	省份	名称	省份	名称	省份	名称	省份
天峻山	青海	水塔沟	青海	帕米尔高原湿地	新疆	唐布拉	新疆
孟达	青海	温泉北鹁鸪栖息地	青海	照壁山	新疆	党家岔	宁夏
贵南直亥	青海	玛纳斯	新疆	巩乃斯	新疆	苏峪口	宁夏
都兰热水	青海	白石头	新疆	神木园	新疆	灵武地质遗迹	宁夏
格尔木胡杨林	青海	夏尔希里	新疆	胡杨林	新疆	海原南华山	宁夏
诺木洪	青海	奇台荒漠草地	新疆	西部戈壁	新疆	吴忠黄河	宁夏
金银滩草原	青海	尼雅	新疆	金塔斯山地草原	新疆	固原清水河	宁夏
青海北山	青海	巩留野核桃	新疆	阿克苏多浪河	新疆	沙湖	宁夏
群加	青海	怪石峪	新疆	阿勒泰克兰河	新疆	沙湖	宁夏
仙米	青海	拉里昆	新疆	魔鬼城	新疆	泾河源	宁夏
乌伦古湖	新疆	贾登峪	新疆	巴楚胡杨林	新疆	石嘴山星海湖	宁夏
乌鲁木齐南山	新疆	额尔齐斯河科克托海湿地	新疆	乌苏佛山	新疆	石峡沟泥盆系剖面	宁夏
乌齐里克	新疆	兑桑溶洞	新疆	夏塔古道	新疆	银川湿地	宁夏
伊犁小叶白蜡	新疆	金湖杨	新疆	奇台硅化木-恐龙化石遗迹	新疆	青铜峡鸟岛	宁夏
克科苏湿地	新疆	巩留恰西	新疆	温宿盐正	新疆	黄沙古渡	宁夏
和布克赛尔	新疆	哈日图热克	新疆	塔城巴尔鲁克山	新疆	青铜峡	宁夏
喀拉峻草原	新疆	哈巴河白桦	新疆	布尔根河狸栖息地	新疆		
新源山地草甸类草地	新疆	塔西河	新疆	白哈巴	新疆		
柴窝堡湖	新疆	两河源头	新疆	江布拉克	新疆		

246

面向中国国家公园空间布局的自然景观保护优先区评估
NATURAL LANDSCAPE PROTECTED PRIORITIES ASSESSMENT
FOR SPATIAL DISTRIBUTION OF NATIONAL PARKS IN CHINA

附表 3　一般重要自然景观名单

名称	省份	名称	省份	名称	省份	名称	省份
东方红湿地	黑龙江	蛤蟆河口湿地	黑龙江	苏木河	黑龙江	驼山海滨	辽宁
伏尔加庄园	黑龙江	锦山	黑龙江	丰满大石门沟	吉林	小黑山	辽宁
兴安岭大峡谷	黑龙江	锦江	黑龙江	丹江	吉林	平顶山	辽宁
双子山	黑龙江	青色草原	黑龙江	伊通河河源	吉林	度仙谷	辽宁
运粮河	黑龙江	莲花湖	黑龙江	双辽	吉林	抚顺湾甸子	辽宁
长岭湖	黑龙江	那丹哈达岭	黑龙江	叶赫	吉林	朝阳洞	辽宁
苍山石林	黑龙江	金顶山	黑龙江	石佛洞	吉林	本溪大地森林	辽宁
嫩江圈河	黑龙江	铧子山	黑龙江	大砬子	吉林	本溪环城森林	辽宁
密山马兰花	黑龙江	集贤七星峰	黑龙江	布库里山	吉林	核伙沟	辽宁
库尔滨湿地	黑龙江	青年沿江	黑龙江	扶余宁江	吉林	牛河梁	辽宁
朗香花岗岩林	黑龙江	高峰	黑龙江	扶余沙洲	吉林	盘锦森林	辽宁
林口六合	黑龙江	鹤岗清源湖	黑龙江	日光山	吉林	六股河湿地	辽宁
洞庭峡谷	黑龙江	麒麟山	黑龙江	明月湖	吉林	锅头岭	辽宁
农丰湿地	黑龙江	黑龙江龙湖	黑龙江	七鼎龙潭寺	辽宁	饶阳河湿地	辽宁
南大圩子沟	黑龙江	将军石湿地	黑龙江	丹东天华	辽宁	红铜沟	辽宁
友谊湿地	黑龙江	择林	黑龙江	丹东蒲石河	辽宁	翠崖山	辽宁
同江莲花河	黑龙江	石人沟湿地	黑龙江	丹东黄奇山	辽宁	西平森林	辽宁
大庆小黑山	黑龙江	科洛河	黑龙江	五峰	辽宁	辽阳石洞沟	辽宁
守虎山	黑龙江	老等山	黑龙江	大连长兴岛	辽宁	铁岭城子山	辽宁

（续）

名称	省份	名称	省份	名称	省份	名称	省份
阜新元宝山	辽宁	丰镇红山	内蒙古	阿贵庙	内蒙古	倒马关	河北
鞍山白云山	辽宁	乌兰哈达地质遗迹	内蒙古	霸王河	内蒙古	兴隆滦河	河北
高山台	辽宁	兴和地层剖面	内蒙古	绿海	北京	冶河	河北
龙潭湾	辽宁	双合尔山	内蒙古	雁翅九河	北京	北大山	河北
凌河口湿地	辽宁	蔡右后旗天鹅湖	内蒙古	太安山	北京	河北千佛山	河北
化石沟	辽宁	欧青河	内蒙古	白河堡	北京	千松坝	河北
巴尔虎山	辽宁	沙布台	内蒙古	朝阳寺木化石	北京	千顶洼	河北
法库五龙山	辽宁	灯笼河	内蒙古	大滩	北京	张北三台河	河北
石城黑脸琵鹭栖息地	辽宁	胡列也吐湿地	内蒙古	金牛湖	北京	张北大营滩	河北
辽阳双河	辽宁	额济纳旗梭梭林	内蒙古	喇叭沟门	北京	张北汉诺坝	河北
乌兰哈达火山群	内蒙古	苏木山	内蒙古	拒马河	北京	张家口清水河	河北
三道沟	内蒙古	通辽市区森林	内蒙古	怀沙河怀九河	北京	御带山	河北
乌兰坝	内蒙古	大冷山	内蒙古	大兴杨各庄	北京	快活林	河北
乌斯吐	内蒙古	大板	内蒙古	琉璃庙	北京	承德柳河下游	河北
兴隆沼	内蒙古	恩格贝	内蒙古	穆家峪红门川	北京	承德滦河武烈河	河北
南天门	内蒙古	昆都仑	内蒙古	青龙老岭	河北	承德滦河老牛河	河北
吐尔基山	内蒙古	科尔沁沙地	内蒙古	丰宁滦河源	河北	摩天岭	河北
嘎仙洞	内蒙古	罕山	内蒙古	河北云雾山	河北	木兰围场钓鱼台水库	河北
耿庆沟	内蒙古	阿善	内蒙古	井陉静港	河北	木兰南大天	河北

（续）

名称	省份	名称	省份	名称	省份	名称	省份
木兰敖包山	河北	河北和平森林	河北	渤海森林	河北	东平湖	山东
老爷山	河北	坝上蔡罕淖尔	河北	溢泉湖	河北	东明庄子湖	山东
藏龙山	河北	坝头	河北	滦平窟窿山水库	河北	东明黄河湿地	山东
西湾子	河北	塞外森林	河北	祖山	河北	东港河山	山东
遵化地质遗迹	河北	天台山	河北	山东云台山	山东	东阿鱼山	山东
邢台森林	河北	官厅森林	河北	五峰山	山东	中山寺	山东
都山	河北	宽城蟠龙湖	河北	五莲潮白河	山东	临沂甲子山	山东
金莲山	河北	宽城都阴河	河北	五龙山	山东	临沂纺河	山东
阜平森林	河北	小五台山	河北	仙坛	河北	临沭发山	山东
隆化伊玛吐河	河北	松云岭	河北	威海五渚河	山东	临沭苍源河	山东
隆化莲花山	河北	河北西陵	河北	威海羊亭河	山东	临清黄河故道	山东
青塔湖	河北	桑干河	河北	威海羊亭河	山东	临港绣针河	山东
鹫峰山	河北	桑洋河	河北	孙子故里	山东	乐陵金丝小枣	山东
河北黄金海岸	河北	桦皮岭	河北	宁阳大汶河	山东	乐陵马颊河	山东
南宫湖	河北	沽源葫芦河	河北	无棣碣石山	山东	泗水马龙门山	山东
南寺掌	河北	泉林	河北	昌乐仙月湖	山东	济南华山	山东
卧龙湖	河北	洋河河谷	河北	曲阜崇文湖	山东	济南水帘峡	山东
双塔山	河北	涉县森林	河北	枣庄剪子山	山东	济南长清张夏－崮山华北寒武系标准剖面	山东
双龙山	河北	清凉湾	河北	枣庄岩马湖湿地	山东		

（续）

名称	省份	名称	省份	名称	省份	名称	省份
济宁运河入湖口	山东	大青山	山东	文峰山	山东	沂河源	山东
兰山柳青河	山东	宁阳洸青河	山东	枣庄杨峪	山东	济宁高新区廖河	山东
养马岛	山东	寿光巨淀湖	山东	枣庄樱花岛	山东	海阳小孩儿口	山东
北郊温泉	山东	寿光渤海	山东	枣庄牛郎山	山东	淄博文昌湖	山东
千乘湖	山东	岔河	山东	枣庄税郭沙河	山东	清泉寺	山东
单县东渔丘山	山东	峄城古运荷乡	山东	枣庄莲清湖	山东	滕州北沙河	山东
南野青山	山东	峡山潍河	山东	枣庄袁寨山	山东	滕州城郭河	山东
卧龙岭	山东	嵩山	山东	枣庄西伽河	山东	滕州柴胡店	山东
台儿庄黄丘山	山东	巨野新巨龙	山东	枣庄龙门观	山东	滕州灵泉山	山东
合卢寺	山东	巨野洙水河	山东	枣庄龟山	山东	滕州荆河	山东
嘉祥吉祥湖	山东	平原马碱竖河	山东	栖霞白洋河	山东	滕州薛河	山东
嘉祥老僧堂	山东	平原马颊河	山东	棋山	山东	滕州鲁班	山东
嘉祥青山	山东	平邑仲子河	山东	正棋山	山东	潍坊寒亭浞河	山东
土马河	山东	平邑曾子山	山东	武城四女寺	山东	潍坊滨海白浪河	山东
圣经山	山东	平邑金线河	山东	禾山	山东	潍城大于河	山东
城顶山	山东	幽雅岭	山东	汶上大汶河	山东	潭溪山	山东
塔山	山东	庆云两河三堤	山东	汶上红沙河	山东	烟台磁山	山东
大寨山	山东	打渔张	山东	汶上莲花湖	山东	大沽夹河	山东
大峰山	山东			沂南北大山	山东	清平林场	山东

250

面向中国国家公园空间布局的自然景观保护优先区评估
NATURAL LANDSCAPE PROTECTED PRIORITIES ASSESSMENT
FOR SPATIAL DISTRIBUTION OF NATIONAL PARKS IN CHINA

（续）

名称	省份	名称	省份	名称	省份	名称	省份
马鬐山	山东	莒县北溪	山东	马耳山	山东	高密北胶新河	山东
天福山	山东	新泰寺山	山东	泗水凤仙山	山东	高密官河	山东
天鹅湖	山东	新泰新汶	山东	泗水尹家城	山东	鱼台王庙旧城	山东
威海乳山山河	山东	许家崖	山东	神童山	山东	鱼台鹿洼	山东
禹城鳌龙	山东	费城涞河	山东	神舟古栗园	山东	鲁北平原森林	山东
章丘七星台	山东	费县紫荆河	山东	莒县莲生湖	山东	山东龙口	山东
竹山	山东	费县荷花湾	山东	莒县袁公河	山东	东台永丰林千宝湖	江苏
红坛寺	山东	邹城北宿	山东	莒县西湖凤烟雨	山东	北固山	江苏
织女洞	山东	邹城十八盘	山东	蒙阴岱崮	山东	华都森林	江苏
织女湖	山东	邹城蓝陵	山东	蓬莱平畅河	山东	南京固城湖	江苏
聊城小湄河	山东	邹城香城	山东	新泰青云湖	山东	长江绿水湾湿地	江苏
胡山	山东	郓城宋金河	山东	泗水黄山	山东	南湖	江苏
胶州湾	山东	郓城古银杏	山东	蓬莱睡虎山	山东	古栗森林	江苏
腊山	山东	郓城白马河	山东	薛城周营沙河	山东	古黄河	江苏
荣成人河港	山东	郓城马陵山	山东	蟠龙山	山东	大洞山	江苏
莱芜九龙大峡谷	山东	郓城县雷泽湖	山东	马谷山	山东	太仓金仓湖	江苏
莱阳金岗口	山东	金乡彭越湖	山东	驼山	山东	太华山	江苏
莲青山	山东	金乡羊山	山东	高唐清平	山东	宜兴云湖	江苏
昌南涞溪河	山东	阳谷森泉	山东	高密五龙河	山东	宿豫杉荷园	江苏

（续）

名称	省份	名称	省份	名称	省份	名称	省份
宿迁古黄河	江苏	贾汪叠层石	江苏	台州鉴洋湖	浙江	会稽山	浙江
江苏平山	江苏	阜宁金沙湖	江苏	嘉兴白白漾	浙江	余姚四明湖	浙江
张家港暨阳湖	江苏	扬州三江营	江苏	四海山	浙江	天台山	浙江
微山湖湖滨	江苏	扬州北湖	江苏	夏之红	浙江	三衢石林	浙江
泥仓溇	江苏	扬州射阳湖	江苏	大洋山	浙江	宁海南溪温泉	浙江
泰州春江	江苏	扬州润扬	江苏	大陈岛	浙江	安吉南北湖	浙江
溧阳上黄水母山	江苏	扬州绿洋湖	江苏	灵岩山	浙江	安吉竹溪	浙江
灌云潮河湾	江苏	扬州花鱼塘	江苏	石垟森林	浙江	富晒谷	浙江
灌南硕项湖	江苏	新沂骆马湖	江苏	石柱湿地	浙江	巾子峰	浙江
牛首山	江苏	无锡阳山	江苏	磐安七仙湖	浙江	平湖东湖	浙江
盐城大纵湖	江苏	昆山阳澄东湖	江苏	秀洲莲泗荡	浙江	承天氡泉	浙江
盱眙天泉湖	江苏	武进滆湖	江苏	绍云括苍山	浙江	松阴溪	浙江
宿迁骆马湖湿地	江苏	香雪海	江苏	罗坑山	浙江	桃花岕	浙江
新沂骆马湖湿地	江苏	高邮界东湖	江苏	罗成地质遗迹	浙江	武义熟溪	浙江
高邮湖湿地	江苏	黄草山	江苏	茶山	浙江	永竹湾	浙江
睢宁白塘河	江苏	龙青山	江苏	东岗山	浙江	永嘉五星潭	浙江
苏州肖甸湖	浙江	兰溪兰江	浙江	东白山高山	浙江	江夏森林	浙江
苏州荷塘月色	浙江	南堡	浙江	东阳江	浙江	海盐钱江潮源	浙江
苏州虞泽	浙江	南浔千金	浙江	仙宫湖	浙江	湖山	浙江

（续）

名称	省份	名称	省份	名称	省份	名称	省份
浙江白云	浙江	福建雪峰山	福建	永定仙紫森林	福建	九龙峰	广东
草鱼塘	浙江	顶尖森林	福建	汀州森林	福建	云勇森林	广东
西湖荡	浙江	东华山	福建	浦城地质遗迹	福建	五华天柱山	广东
谷来香榧	浙江	东海洋	福建	漳平五一森林	福建	仁化渐溪湖	广东
镇海九龙湖	浙江	东狮山	福建	灵应森林	福建	仁化森林	广东
黄贤森林	浙江	东肖森林	福建	福安白云山	福建	八乡山	广东
龙渊森林	浙江	仙风山	福建	科山	福建	刘家山	广东
大雷山	福建	光泽地质遗迹	福建	紫云森林	福建	北峰山	广东
大谷山	福建	北洋绮	福建	福建罗山	福建	华发水郡	广东
天竺山	福建	十八重溪	福建	罗岩山	福建	南台山	广东
天马山	福建	古田溪	福建	罗汉山	福建	广东南山	广东
富春溪	福建	壶公山	福建	罗溪森林	福建	南雄恐龙遗迹	广东
尖山寨	福建	大丰山	福建	莆田来漈草堂	福建	双髻山	广东
尤溪汤川地质遗迹	福建	大佑山	福建	七星顶	广东	坪天嶂	广东
庵山	福建	惠安文笔山	福建	广东东山	广东	增城地质遗迹	广东
德化唐寨山	福建	明溪火山山口	福建	黄圃海蚀地貌	广东	大北山	广东
莲花山	福建	杨梅岭	福建	丰溪森林	广东	大屏嶂	广东
葛坑森林	福建	枕头山	福建	天品嶂	广东	大岭山	广东
长汀楼子坝	福建	永兴岩	福建	长潭	福建	天湖	广东

（续）

名称	省份	名称	省份	名称	省份	名称	省份
宝山	广东	饶平青岚	广东	三合牡丹	广东	孝义胜溪湖	山西
尖峰山	广东	鲁古河	广东	东华山	广东	宁武马营海	山西
帽峰山	广东	鸿图嶂	广东	东岭	广东	安国寺	山西
惠东红树林	广东	鹤山古劳水乡	广东	中央山	广东	安泽县府城	山西
揭西黄满寨	广东	鹿湖顶	广东	中阳陈家湾	广东	安泽	山西
李望嶂	广东	黄山洞	广东	云龙山	广东	蔚汾河	山西
杨坑洞	广东	黄岐山	广东	交城华鑫湖	广东	尧都区东部	山西
河岭嶂	广东	黄龙湖	广东	人祖山	广东	尧都区涝洰河	山西
河排森林	广东	罗壳山	广东	南垭	广东	曲沃绘河	山西
海景森林	广东	花滩森林	广东	历山	广东	朔城区恢河	山西
清溪	广东	茂名恐龙化石	广东	和谐园	广东	杀虎口	山西
火山峰	广东	茂名森林	广东	四县垴	广东	柏连山	山西
王子山	广东	连平陂头	广东	团圆山	广东	柳林三川河	山西
王寿山	广东	金钟山	广东	壶流河湿地	广东	棋盘山	山西
益塘水库	广东	银瓶山	广东	天龙山	山西	榆次区田家湾	山西
河溪鸟类	广东	午城黄土	山西	太宽河	山西	汾阳文湖	山西
罗定龙湾	广东	新绛县汾河	山西	太七里峪	山西	沁县北方水城	山西
广东红山	广东	桑干河	山西	太行山	山西	洪涛山	山西
霍山	广东	七佛山	山西	太行水乡	山西	浊漳河	山西

（续）

名称	省份	名称	省份	名称	省份	名称	省份
涞水河源头	山西	静升河	山西	苍头河	山西	嵩北森林	河南
清水河	山西	介休汾河	山西	药林寺	山西	息州森林	河南
玉华山	山西	介休森林	山西	葡峰	山西	济源南山	河南
珏山	山西	侯马市香邑湖	山西	韩信岭	山西	濮阳张挥	河南
白马寺山	山西	八缚岭	山西	飞龙山	山西	濮阳黄埔	河南
孟县梁家寨	山西	六棱山	山西	马营海	山西	焦作森林	河南
神池县西海子	山西	关帝林局梅洞沟	山西	高丹河	山西	独山	河南
离石东川河	山西	冠山	山西	黑茶山	山西	登封大熊山	河南
薛公岭	山西	屯留绛河	山西	岚河	河南	登封香山	河南
虎头山	山西	岚县岚河	山西	卢氏塔子山	河南	光山紫水	河南
诸龙山	山西	庵山	山西	双龙山	河南	孟津小浪底	河南
贺家山	山西	平遥县惠济	山西	周口森林	河南	社旗赵河	河南
超山	山西	应县南山	山西	城望顶	河南	神仙洞	河南
铁桥山	山西	忻府区滹沱河	山西	大寺森林	河南	禹州华夏植物群	河南
阳城析城山	山西	文水县世泰湖	山西	大虎岭	河南	河南上寺	河南
阳城莽河猕猴栖息地	山西	管头山	山西	女郎山	河南	中牟森林	河南
阳泉桃河	山西	紫金山	山西	孟州森林	河南	河南丹霞山	河南
陵川南方红豆杉林	山西	繁峙臭冷杉林	山西	安山	河南	二郎山	河南
霍山	山西	红泥寺	山西	安阳龙泉	河南	全宝山	河南

（续）

名称	省份	名称	省份	名称	省份	名称	省份
河南凤凰山	河南	禹州	河南	凤凰湖	安徽	明光女山	安徽
南河渡	河南	紫云山	河南	南陵奎湖	安徽	杏花湿地	安徽
博浪沙	河南	芒砀山	河南	卧龙山	安徽	桐河润湿地	安徽
博爱靳家岭	河南	范县范水	河南	大巩山	安徽	泥河湿地	安徽
摩云山	河南	范县黄河	河南	大渔滩	安徽	濉溪凤栖湖	安徽
新乡凤凰山	河南	菩提寺	河南	天台山	安徽	安徽燕山	安徽
新县长洲河	河南	西九华山	河南	安阳山	安徽	界首莲浦湖	安徽
方城七峰山	河南	跑马岭	河南	宛陵湖	安徽	白鹭岛	安徽
方城赵河	河南	郑州湿地	河南	目连山	安徽	茅仙洞	安徽
望夫山	河南	长葛森林	河南	金岭	安徽	西津河	安徽
杏山	河南	韶山	河南	老嘉山	安徽	金紫山	安徽
林州万宝山	河南	鹿邑涡河	河南	芜湖东草湖	安徽	阚泽	安徽
林州白泉	河南	黄庙沟	河南	宿州仙湖	安徽	阜南谷河	安徽
栾川倒回沟	河南	黄毛尖	河南	小南岳	安徽	阳岱山	安徽
栾川	河南	龙虎森林	河南	小格里	安徽	颍东区东湖	安徽
桃花峪	河南	安徽东庵	河南	巢湖柘皋河	安徽	高井庙森林	安徽
永城日月湖	河南	临泉泉鞍洲	河南	巢湖槐林	安徽	龙眠山	安徽
汤阴云梦	河南	临泉鹭鸟洲	河南	庐州森林	安徽	信丰香山	江西
洛阳周山	河南	五溪山	河南	怀远涂淮	安徽	兴国丹霞	江西

面向中国国家公园空间布局的自然景观保护优先区评估
NATURAL LANDSCAPE PROTECTED PRIORITIES ASSESSMENT
FOR SPATIAL DISTRIBUTION OF NATIONAL PARKS IN CHINA

（续）

名称	省份	名称	省份	名称	省份
分宜万年湖	江西	宜丰森林	江西	弋阳中华秋沙鸭栖息地	江西
十岭	江西	枫树山	江西	通天寨	江西
广昌森林	江西	梅子山	江西	铜鼓	江西
彭泽长江	江西	梦山	江西	青山	江西
德安隆平湿地	江西	武安山	江西	马岗岭	江西
李腊石	江西	江西武当山	江西	马形山	江西
西华山	江西	水鸡柴森林	江西	高安瑞州湿地	江西
象山	江西	永修鹤田	江西	鸡冠山	江西
贵溪大禾源	江西	汝水	江西	黄备山	江西
贵溪	江西	洪岩洞	江西	龙南桃江鲶头湿地	江西
万寿寺	江西	洪源森林	江西	龙南渥江	江西
三尖峰	江西	浮梁森林	江西	龙口源	江西
上饶五指山	江西	江西灵山	江西	龙宫洞	江西
上高森林	江西	狮山	江西	龙泉山	江西
东江源椰髻钵山	江西	玉华山	江西	仙人寨	江西
东湖南山	江西	理田源	江西	仙隐洞	江西
丰城玉龙河	江西	瑶湖	江西	会昌山	江西
临川白鹭栖息地	江西	百丈峰	江西	信丰桃江	江西
义门陈森林	江西	百岛	江西	宜丰新昌湖	江西

256

（续）

名称	省份	名称	省份	名称	省份	名称	省份
寨山	江西	孝昌观音湖	湖北	罗田又水河	湖北	公安淤泥湖	湖北
江西小金山	江西	宜城鲤鱼湖	湖北	罗田跨马墩	湖北	南岳山	湖北
屏山	江西	尧治河	湖北	老母荒	湖北	来凤百福司地质遗迹	湖北
罗田岩	江西	屈家岭青木垱河	湖北	荆门象河	湖北	枝江玛瑙河	湖北
翠云峰	江西	巴山	湖北	荆门飞钱河	湖北	寒阳熊河	湖北
萍乡南岗口	江西	当阳百宝寨	湖北	钟祥杨津遗迹	湖北	柳树垭	湖北
萍乡	江西	房县野人谷	湖北	钟祥石门湖	湖北	武穴长江外滩	湖北
梅铺恐龙化石	湖北	房县青峰山	湖北	长北山	湖北	永灵山	湖北
七尖峰	湖北	掇刀官冲湿地	湖北	随城山	湖北	潴洋海	湖北
丹江口石鼓	湖北	狮子峰	湖北	鹤峰屏山董家河	湖北	江陵龙渊湖	湖北
湖北云雾山	湖北	田野	湖北	麻城明山	湖北	洪湖新滩	湖北
湖北五台山	湖北	白玉垭	湖北	黄州滨江	湖北	滨江	湖北
京山	湖北	监利锦沙湖	湖北	黄州道仁湖	湖北	潜江	湖北
南漳水镜湖	湖北	刺滩沟	湖北	黄荆山	湖北	牛河	湖北
咸安地质遗迹	湖北	梭步垭石林	湖北	木兰花溪	湖北	葛山	湖北
大众山	湖北	隐水洞	湖北	龙口森林	湖北	桐湖	湖北
大崎山	湖北	石首山山底湖	湖北	龟峰山	湖北	索子长河	湖北
大悟九房沟	湖北	竹溪长峡	湖北	京山石龙水库	湖北	蕲春仙人湖	湖北
大百川	湖北	绿林山	湖北	保康关山	湖北	雍山	湖北

258

面向中国国家公园空间布局的自然景观保护优先区评估
NATURAL LANDSCAPE PROTECTED PRIORITIES ASSESSMENT
FOR SPATIAL DISTRIBUTION OF NATIONAL PARKS IN CHINA

（续）

名称	省份	名称	省份	名称	省份	名称	省份
襄阳崔家营湿地	湖北	武冈云山	湖南	回龙圩高尚湖	湖南	九锅箐	重庆
赵西垸	湖北	永兴龙华山	湖南	大山冲	湖南	凉风垭	重庆
通山望江岭	湖北	江垭	湖南	大石	湖南	太阳山	重庆
郧西天河	湖北	洪家山	湖南	天供山	湖南	彭溪河湿地	重庆
郧西口	湖北	湘山	湖南	太平山	湖南	芙蓉江黑叶猴	重庆
鄂州洋澜湖	湖北	澧县城头山	湖南	太阳山	湖南	楠竹山	重庆
钖义山	湖北	铜钟岭	湖南	祁东杏湖	湖南	玉峰山	重庆
三台山	湖南	魏源湖	湖南	福寿山	湖南	王二包	重庆
仙岳山	湖南	鹅形山	湖南	紫云峰	湖南	大黑山	四川
八面山	湖南	黄家垅	湖南	紫金山	湖南	天鹅	四川
夸父山	湖南	黄金洞	湖南	湖南红枫	湖南	大蓬山	四川
宁乡靳江	湖南	齐白石森林	湖南	蓝山荦水河	湖南	安岳恐龙化石群	四川
宝庆森林	湖南	龙虎山	湖南	衡阳横江	湖南	宝兴森林	四川
岐山	湖南	冷水滩湘江	湖南	衡阳黄门寨	湖南	寨子城	四川
常宁庙前地质遗迹	湖南	包围山	湖南	象狮坡	湖南	屏山金沙海	四川
打鼓坪	湖南	北峰山	湖南	连云山	湖南	佛珠峡	四川
排牙山	湖南	卧龙峡	湖南	通道万佛	湖南	党岭	四川
新田河	湖南	四方山	湖南	那溪森林	湖南	冷达沟	四川
桃源星德山	湖南	四明山	湖南	歧跃山	重庆	包座湿地	四川

（续）

名称	省份	名称	省份	名称	省份	名称	省份
卡娘	四川	大坡岭	四川	盐边格萨拉	四川	阿木拉	四川
卡松渡	四川	威螺山	四川	喀哈尔乔湿地	四川	石城山	四川
友谊野生动物	四川	广元朝天	四川	嘎金雪山	四川	碧山湖	四川
八月林	四川	庆大沟	四川	大相岭	四川	红龙湖	四川
三台白鹳	四川	庐山	四川	宝兴河	四川	罗家洞	四川
七星山	四川	方山	四川	布拖乐安	四川	色达果根塘	四川
七星火山	四川	松涛	四川	志巴沟	四川	莲宝叶则	四川
三溪口	四川	汉源湖	四川	恰郎多吉	四川	营山望龙湖	四川
九龙山	四川	清风寺	四川	扎嘎神山	四川	观雾山	四川
云台山	四川	灵山	四川	日巴雪山	四川	观音山	四川
云台湖	四川	灵岩山	四川	日干桥沼泽	四川	资中圣灵山岩溶	四川
凉风坳	四川	牛滩白鹭	四川	易日沟	四川	金城山	四川
凤凰山	四川	玉皇观	四川	曲河	四川	金川措朗	四川
剑南春	四川	玉蟾	四川	朗村	四川	金珠	四川
千佛寨	四川	玉隆	四川	柯洛洞	四川	长江	四川
南充嘉陵江	四川	珠壮	四川	格木	四川	雄龙西湿地	四川
周公山	四川	白云寨	四川	热打尼丁	四川	雪峰	四川
土地岭	四川	白牛寨	四川	田菜斑竹林	四川	雷音铺	四川
大凉山谷克德	四川	白鹿	四川	色达年龙	四川	菁山岭	四川

（续）

名称	省份	名称	省份	名称	省份	名称	省份
大竹百岛湖	四川	八一石花水洞	海南	甘溪森林	贵州	个旧董棕林	云南
盘龙山	四川	峨蔓火山海岸	海南	甘溪	贵州	五莲峰	云南
龙滴水	四川	儋州莲花山	海南	从江月亮山	贵州	横河梁子	云南
高县七仙湖	四川	名人山	海南	仙鹤坪	贵州	母屯海湿地	云南
高石梯	四川	海口三十六曲溪	海南	兴仁清水河	贵州	牟定白马山	云南
黄丹	四川	海口潭丰洋	海南	坡岗喀斯特植被	贵州	菌子山	云南
黑滩	四川	海口铁炉溪	海南	老冬寨	贵州	鸟道雄关	云南
龙池坪	四川	白沙陨石坑	海南	莲花山十里杜鹃	贵州	鲁甸黄杉铁杉	云南
龙门洞	四川	新英湾红树林	海南	黎平太平山	贵州	黑虎山	云南
东兰地质遗迹	广西	铁炉港红树林	海南	野钟黑叶猴	贵州	龙华山	云南
南丹九龙沟	广西	三戈水	贵州	七指峰	贵州	石宝山	云南
平果平治河岩溶	广西	鸟当	贵州	万佛山	贵州	茨碧湖	云南
武宣地质遗迹	广西	云关山	贵州	龙头大山	贵州	象鼻温泉	云南
灵川海洋山	广西	兰鼎山	贵州	贵州罗汉山	贵州	鸟吊山	云南
田东地质遗迹	广西	冷水河	贵州	革东古生物化石	贵州	鹤庆朝霞	云南
融安石门	广西	凉风垭	贵州	云南梁王	云南	元谋土林	云南
那坡枕状玄武岩	广西	大沙河	贵州	梅树村	云南	南涧凤凰山	云南
钦州那雾山	广西	榕江月亮山	广西	盐津乌蒙峡谷	云南	南涧土林	云南
东方猕猴洞	海南	贵州春蕾	海南	三峰山	云南	大浪坝	云南

（续）

名称	省份	名称	省份	名称	省份	名称	省份
太保山	云南	莽措湖	西藏	桃花沟	甘肃	老君山	甘肃
小道河	云南	觉村	西藏	武山水帘洞	甘肃	金塔黑河	甘肃
搭格架喷泉群让	西藏	觉龙	西藏	海潮坝	甘肃	金龙山	甘肃
日喀则群让	西藏	邓柯	西藏	玉门硅化木	甘肃	腾格里化木	宁夏
拉措湖	西藏	丹凤上运石	陕西	白云山	甘肃	贺兰山北武当	宁夏
果拉山	西藏	商洛森林	陕西	仁寿山	甘肃	贺兰溪河	宁夏
柴维	西藏	大木坝	陕西	关山	甘肃	农垦暖泉森林	宁夏
玉湖沟	西藏	太安森林	陕西	卓尼大峪沟	甘肃	大武口森林	宁夏
生达	西藏	女娲山	陕西	南屏山	甘肃	永宁珍珠湖	宁夏
都瓦	西藏	府谷杜松	陕西	唐帽山	甘肃	海原大地震遗迹	宁夏
八冻措湖	西藏	陕西方山	陕西	嘉峪关大峡谷	甘肃	石嘴子溪河	宁夏
哈加	西藏	各台山	陕西	夏家沟	甘肃	银川城郊森林	宁夏
嘎玛	西藏	秦王山	陕西	夏河白石崖	甘肃	仓家峡	青海
多拉	西藏	翠峰山	陕西	天斧沙宫	甘肃	夏群寺	青海
德登	西藏	蒌河	陕西	崇信龙泉	甘肃	德令哈柏树山	青海
拉妥湿地	西藏	黄巢堡	陕西	张掖平山湖	甘肃	玛奇卡	青海
约巴	西藏	龙门洞	陕西	峨曲则岔石林	甘肃	哈密翼龙-雅丹	新疆
若巴	西藏	林兆紫云山	甘肃	积石山石海冰川遗迹	甘肃	白松	新疆